HISTOIRE ET PHILOSOPHIE DES SCIENCES
sous la direction de Bernard Joly et Vincent Jullien

12

L'Invention du nombre

Olivier Keller

L'Invention du nombre

Des mythes de création aux *Éléments* d'Euclide

PARIS
CLASSIQUES GARNIER
2016

Olivier Keller, agrégé de mathématiques et docteur de l'EHESS, collabore depuis trente ans à la Commission inter-Irem d'histoire et d'épistémologie des mathématiques. Il a notamment publié : *Aux origines de la géométrie. Le Paléolithique et le monde des chasseurs-cueilleurs* (Paris, 2004) et *Archéologie de la géométrie. Peuples paysans sans écriture et premières civilisations* (Paris, 2006).

ISBN 978-2-406-05971-4 (livre broché)
ISBN 978-2-406-05972-1 (livre relié)
ISSN 2117-3508

AVANT-PROPOS

Lorsqu'on s'intéresse à l'origine du nombre entier 1, 2, 3, etc., on pense spontanément aux échanges marchands, à la comptabilité ou à la mesure. Si ces activités ont incontestablement donné une impulsion considérable au développement de l'arithmétique, elles n'en constituent pourtant pas à elles seules la préhistoire. Il se trouve en effet que nombre de sociétés archaïques ont inventé des systèmes numériques, alors que leurs échanges purement matériels sont de très faible ampleur, et que lorsque ceux-ci ont lieu, les systèmes en question ne sont pas utilisés. L'origine de l'arithmétique n'est pas plus dans le commerce et la comptabilité que l'origine de la géométrie n'est dans la mesure des terrains, comme j'ai essayé de le montrer dans deux ouvrages antérieurs (Keller 2004, 2006).

La recherche d'une préhistoire du nombre a un sérieux handicap, puisque contrairement à l'évidence d'une intention d'organisation spatiale stricte dans certains objets comme les bifaces du Paléolithique inférieur, il n'y a aucune évidence matérielle du nombre : nul n'a jamais vu, ni touché, ni entendu de nombre. En revanche, la culture contemporaine fait que chacun d'entre nous l'a bien présent à l'esprit par une utilisation quotidienne. Mais plus l'enquête avançait, plus il devint clair que rien de concluant n'en sortirait en se bornant à cette conscience spontanée. Chez beaucoup d'Amérindiens, par exemple, nombre de rituels exigent que tout aille « par quatre » dans les gestes, dans les incantations, etc. ; mais est-ce bien du *nombre* quatre qu'il s'agit ? Et sinon, à quoi avons-nous affaire ? Dans le même ordre d'idées, quelle est la différence de contenu, s'il y en a une, entre quatre traits parallèles tracés sur le front en référence aux quatre points cardinaux et le signe constitué de quatre barres verticales I I I I de la série numérique de l'Égypte antique ? C'est en réfléchissant à tout cela, au fur et à mesure de la collecte documentaire, que je me suis senti obligé, un beau jour, de faire halte et de mettre au net une bonne fois pour toutes ma conception du nombre ;

l'idée générale en est donnée dans le premier chapitre, et je propose dans l'annexe 3 une critique des définitions mathématiques courantes du nombre entier. Ces considérations théoriques peuvent être laissées de côté sans inconvénient dans une première lecture ; il est probable en effet que le lecteur éprouvera le besoin d'y revenir après avoir pris connaissance des formes « merveilleuses » de l'un-multiple dans les sociétés archaïques.

Il découle en particulier de mon point de vue qu'il n'y a pas de prémices du nombre chez les animaux et les bébés humains, ce qui est montré en détail dans l'annexe 1. Cette conception du nombre impose également de considérer avec beaucoup de prudence certains signes préhistoriques (tirets, pointillés, encoches), et de les qualifier tout au plus de marques de pluralité, comme on le verra dans le deuxième chapitre. Il s'en suit que le matériau de l'enquête, en ce qui concerne les tout premiers pas vers le nombre, est presqu'exclusivement ethnographique ; d'où le sous-titre de l'ouvrage, « Des mythes de création aux *Éléments* d'Euclide », sous-titre qui peut paraître paradoxal puisque beaucoup de ces mythes ont été enregistrés chez des peuples sans écriture subsistant dans les temps modernes, et donc postérieurs d'une bonne vingtaine de siècles aux *Éléments* ! Paradoxe vite dissipé si l'on réalise que ces peuples, proches quant aux modes de vie de nos ancêtres *sapiens* préhistoriques, leur sont également proches quant aux modes de pensée ; mais comme cette thèse est plutôt mal vue de nos jours, j'ai cru bon de l'exposer plus en détail dans l'annexe 2.

L'idée centrale de cet ouvrage, exposée dès le premier chapitre, est que la possibilité de concevoir le nombre réside dans la capacité humaine à forger le concept contradictoire de l'un-multiple.

On montre d'abord qu'il s'agit d'un concept réellement central, implicitement reconnu comme tel par la pensée archaïque dans son effort colossal pour comprendre le monde et en particulier sa genèse. La multiplicité de l'un est la forme sous laquelle cette pensée (dite aussi « traditionnelle », ou « primitive ») se représente l'énergie créatrice en général, mais elle ne peut en rester là, car la variété qualitative du monde créé exige d'elle d'imaginer des démultiplications déterminées. Ces actualisations, passage de l'un-multiple à ce que j'appellerai les *quanta*, créent la possibilité du nombre, ainsi que des occasions pour lui de se constituer.

On expose ensuite les procédés techniques par lesquels le nombre se constitue dans les sociétés archaïques, puis comment l'un-multiple donne en pratique toute sa substance avec la généralisation du calcul dans les premiers empires, et enfin de quelle façon cette pratique est pensée dans la première théorie connue du nombre, exposée dans les *Éléments* d'Euclide vers 300 avant notre ère.

On ne pouvait terminer cet essai sans s'intéresser à la numérologie, où l'on voit entre autres comment le nombre, une fois constitué, avec la possibilité infinie de combinaisons qu'offre le calcul, permet de fabriquer des déterminations de l'énergie créatrice beaucoup plus nombreuses et plus fermes qu'avec l'un-multiple simple, et de les organiser à volonté en systèmes explicatifs. Nous essayons, dans ce chapitre final, de rendre raison de la numérologie sous quelques-uns de ses aspects pratiques, comme le tabou sur le dénombrement et certaines divinations basées sur le pair-impair, puis dans des constructions plus globales comme la numérologie védique, et enfin avec la pensée pythagoricienne.

Cet ouvrage est le fruit d'un travail d'enquête de plusieurs années[1]. Enquête incomplète pourtant : le monde de l'Amérique précolombienne et celui de la Chine préhistorique et antique ne sont que peu exploités ; les aspects linguistiques comme les formes grammaticales du duel, du triel et des classificateurs numériques ont été délibérément laissés de côté ; il y a certainement beaucoup à apprendre de la musique et des jeux de hasard, entre autres choses, dans les sociétés primitives, etc. Beaucoup d'aspects restent donc à explorer, en liaison avec le phénomène central de l'apparition et du développement du concept de l'un-multiple au cours de la longue « méditation » enchanteresse, spontanément dialectique, que représente la pensée archaïque.

---

1   Merci à Gilbert Arsac, François Conne, Helen Goethals, Michel Guillemot, pour diverses formes d'aide.

DU NOMBRE ENTIER NATUREL

> Tout ce qui de quelque façon est, est un être concret, par conséquent en lui-même différent et opposé. [...] Ce qui d'une façon générale meut le monde, c'est la contradiction, et il est ridicule de dire que la contradiction ne se laisse pas penser.
> HEGEL[1]

Il importe en premier lieu de savoir de quoi nous parlons, de quoi nous nous proposons de chercher l'invention et la constitution dans les sociétés archaïques. Derrière la liste des entiers naturels non nuls 1, 2, 3, ..., apparemment simple et évidente pour tous, se cachent en effet des difficultés considérables, et suivant la façon dont on les aborde, la question de son développement historique se pose dans des termes complètement différents.

Le plus étonnant sans doute, et en tout cas le plus difficile à comprendre, est que le nombre résulte d'une contradiction. En son fondement réside en effet l'un, le un qui doit être en même temps des uns, le un qui est par conséquent multiple. L'objet de ce chapitre est de le mettre en évidence (réservant pour l'annexe 3 un traitement plus approfondi), et de montrer que les représentations que nous nous faisons du nombre, certainement de première importance en pratique, sont aussi un moyen d'avaler la couleuvre de la contradiction ; nous nous attarderons enfin sur quelques conséquences quant au traitement des documents préhistoriques et ethnographiques.

---

1   *Encyclopédie des sciences philosophiques, I-Science de la logique*, éd. de 1830, 2ᵉ additif au § 120.

LA CONTRADICTION FONDAMENTALE

On a coutume de dire qu'il ne faut pas additionner des carottes et des navets. Ce n'est pas tout à fait vrai : je peux bien dire que trois carottes et deux navets font cinq racines, que trois carottes, deux navets et une salade font six légumes. Dans cette logique, on peut additionner toutes sortes de choses à condition de ne retenir d'elles qu'un caractère commun, comme le caractère « racine » ou le caractère « légume » dans les exemples précédents ; mais à condition aussi que d'autres caractères différencient les légumes entre eux, les racines entre elles, les carottes entre elles et les navets entre eux. Les choses additionnées doivent donc être identiques par un aspect, et distinctes les unes des autres par d'autres aspects. Considérons maintenant l'idée de « mathématiques » d'un côté et une carotte de l'autre : les deux n'ont aucun caractère commun, ... sinon d'être chacun une chose. « Chose » apparaît donc ici comme un pur produit de pensée sans contrepartie concrète, en l'occurrence une façon d'imposer un caractère commun à deux éléments qui n'en ont aucun. Mais bien qu'en tant que choses, et rien d'autre que cela, c'est-à-dire abstraction faite de tout ce qu'elles sont « en vrai », l'idée de mathématiques et une carotte soient absolument indiscernables, les deux ne fusionnent pas pour autant ; il y a en effet une chose et une chose, et en cela elles sont absolument distinctes.

Tel est le sens de « un et un font deux ». On le voit, il ne s'agit pas d'une propriété des choses concrètes, mais d'une assertion en contradiction flagrante avec toute réalité concrète et même avec le sens commun, comme il semble au premier abord. Un et un sont en effet le même absolument (et pas seulement sous un aspect donné) et différents absolument (et non pas seulement sous des aspects donnés) : telle est la contradiction irréductible au fondement du nombre. Le nombre ne peut exister sans le « un » qui est en même temps « des uns », c'est-à-dire sans le un qui est en même temps multiple.

On remarquera que quoi que l'on saisisse par la pensée comme « un », cet acte résulte d'une libre désignation de notre part, et non d'une quelconque réalité matérielle : si j'ai devant moi une tasse de café, un stylo et un ordinateur, je peux bien décider que j'ai deux choses, à savoir le genre récipient alimentaire et le genre instrument de travail ; ou bien cinq choses, à savoir la tasse, le café, le capuchon de stylo, le corps du stylo, l'ordinateur ; je peux encore distinguer entre le haut et le bas de la tasse, et ainsi de suite. Le « un » est un acte libre de la pensée saisissante qui peut s'imposer à toute réalité, mais la réciproque est fausse : aucune réalité ne peut le refléter directement. Prenons même une notation des plus rudimentaires d'une pluralité, telle que :

$$I\ I\ I\ I\ I$$

Peut-on dire que ce graphisme, dans son apparence, par lui-même, exprime de façon univoque une multiplicité déterminée de l'un, à savoir « cinq » ? Comme chaque bâtonnet « I » diffère des autres au moins par le lieu, il n'est objectivement pas le même que ses collègues. Objectivement, donc, nous n'avons pas affaire à l'« un » unique et en même temps démultiplié ; à proprement parler, on ne le voit pas dans ce graphisme, mais nous pouvons le penser à travers lui, et c'est avec cette pensée préalable, et seulement avec elle, que ce graphisme peut être considéré comme un schéma représentatif du nombre « cinq ». De plus, rien ne nous contraint à « voir » « cinq » dans le graphisme ci-dessus : le schéma « I I I I I » est en effet une chose, ce qui m'autorise à y voir « un » ; mais il est aussi « I I » et « I I I », donc je peux y voir « deux » ; il est aussi « I I » et « I I » et « I », donc « trois » ; il est encore une origine et une extrémité pour chaque bâtonnet, donc « dix », etc.

ÉCHAPPATOIRES ORDINAIRES

Quand on dit « j'ajoute 1 à 1 », on peut se le représenter par « je prends 1 puis un autre 1 » : comme si 1 se faisait pardonner d'être différent de lui-même parce qu'il serait seulement à un autre moment. La contradiction « 1/autre 1 » est simplement transformée en « moment/ autre moment », plus facile à saisir par l'intuition. Ou bien, quand on regarde l'écriture 1 + 1, le 1 se fait pardonner d'être différent de lui-même parce qu'il l'est en un autre lieu, de l'autre côté du signe +. La contradiction « 1/autre 1 » est simplement transformée en « lieu/autre lieu », elle aussi plus facile à saisir par l'intuition.

La possibilité d'un autre 1 que 1 tout en restant le même, c'est-à-dire la différence « en soi » de 1, est donc représentée en différence extérieure, temporelle ou spatiale. L'image temporelle est bien adaptée à la définition du nombre par additions successives, à partir de 1, et aux définitions savantes à partir de l'ordinal ; on la retrouve dans les thèses affirmant qu'historiquement, le nombre fit son apparition principalement comme ordinal. L'image spatiale est bien adaptée aux définitions du nombre à partir des bijections, c'est-à-dire des correspondances un à un entre deux collections d'objets, et elle transparaît dans les thèses affirmant qu'historiquement, le nombre fut d'abord principalement cardinal, par l'abstraction des collections concrètes.

Il ne s'agit pas de critiquer les représentations elles-mêmes, assurément indispensables, mais d'attirer l'attention sur le fait qu'elles ne sont que des représentations et non le représenté. Quand nous « voyons » le nombre trois dans le graphisme « I I I » ou que nous « l'entendons » dans trois coups de gong successifs, ces images ne sont correctes que si nous y « percevons » ce qui est en réalité imperceptible, à savoir dans chaque bâtonnet la même chose séparée d'elle-même par deux espaces et dans chaque son la même chose séparée d'elle-même par deux intervalles de temps.

On ne peut échapper à l'un-multiple par l'intuition de l'espace ou du temps. Que je me représente en effet 1 et 1 comme « 1 à côté de 1 » (espace) ou comme « 1 puis 1 » (temps), leur réunion en une seule chose qui s'appelle 2 doit être considérée soit comme l'annulation de la médiation spariale (« à côté de »), soit comme annulation de la médiation temporelle (« puis »), ce qui montre bien que l'espace et le temps ne font rien à l'affaire[1]. Mais qu'en est-il de cette réunion ? Comment la réunion du même avec lui-même peut-il donner autre chose que ce même ? Comment 1 réuni à 1 peut-il être autre chose que 1 ? Ce ne peut être que parce que 1 est différent de 1. On ne peut éviter cela si l'on veut que 1 + 1 soit différent de 1 et que l'addition numérique en général ait un sens.

Il n'est certainement pas facile de faire la distinction entre le concept de l'un-multiple et ses représentations temporelles et spatiales, tout en

---

1   « […] les nombres sont en dehors de l'espace et du temps » (Frege, [1884] 1969, p. 137).

manipulant le premier avec les secondes. C'est que depuis la plus tendre enfance, nous avons appris les techniques de manipulations du nombre au moyen de ces représentations, et qu'en choisissant pour celles-ci des collections d'objets les plus semblables possibles (de même forme et de même taille, ou le même type de sons, etc.), on finit par croire plus ou moins à une réalité matérielle des « uns ».

La philosophie, dès ses débuts, s'est heurtée à ce concept contradictoire de l'un-multiple. Certains, comme Maurice Caveing, pensent qu'il s'agit d'un pseudo-concept, tout en lui attribuant un rôle historique, mais nuisible :

> Cet objet idéal [le nombre comme pluralité d'unités] n'en est en réalité pas un, puisque ce qui pourrait constituer un tel objet serait seulement sa non-contradiction, alors que celui-ci se présente précisément comme contradictoire [...] Ils [les Grecs] consacrent ainsi dans un pseudo-concept, qui aura de considérables conséquences intra- et extra-mathématiques, ce qui n'était, tout compte fait, qu'un trait du système de notation. Il est vrai que celui-ci symbolisait directement les collections dénombrées elles-mêmes, et que, par son truchement, c'est finalement l'apparence de ces collections qui s'est imposée comme modèle pour ce pseudo-concept. La contemplation des formes dans le sensible, caractéristique de la « theôria » grecque, produisait là un de ses fruits les plus contestables (Caveing 1992, p. 196, 198).

Oui, en effet, la pluralité de l'un est contradictoire, mais c'est précisément grâce à cela que ce concept vit et se développe, pour donner naissance au fruit incontestable du nombre entier, puis du nombre rationnel ; l'ouvrage que nous présentons ici n'est rien d'autre que la défense et l'illustration de cette thèse. Mais si, comme nous l'avons vu, la contradiction ne peut être balayée comme une illusion provenant d'un système de notation, cela n'établit pas pour autant sa légitimité logique. Et si légitimité logique il y a, comment s'en débrouillent les mathématiciens, pour qui la contradiction est l'ennemi numéro un ? Ces questions difficiles sont abordées dans l'annexe 3 qui, n'étant pas absolument indispensable pour entrer dans le vif du sujet, peut être lue ultérieurement. Mais le lecteur, intrigué par les citations suivantes, aura peut-être envie de s'y reporter sans trop attendre :

> Il reste toujours la question de savoir si les axiomes nous permettent de construire les cardinaux. La réponse est négative. (Fraenkel, 1976, p. 62. Fraenkel est l'un des pères fondateurs de la théorie abstraite des ensembles.)

On sait bien, après l'échec de différentes tentatives, qu'on ne peut pas construire entièrement les fondements des mathématiques [...] On sait bien que les fondements ultimes des mathématiques sont inaccessibles. Si bien qu'en dernier ressort, on ne sait pas ce qu'est un nombre. (Houzel 2007, p. 20. Houzel est mathématicien et historien des mathématiques.)

QUESTIONS DE MÉTHODE

Au vu des arguments que nous donnons dans l'annexe 1, il nous paraît clair qu'il n'y a aucun sens inné du nombre chez l'homme et dans le monde animal en général. Par conséquent, il y a bien une invention du nombre dans les sociétés humaines, et non un développement d'une idée préexistante sous forme embryonnaire.

Au vu des arguments donnés dans le présent chapitre et dans l'annexe 3, il apparaît que le nombre n'est pas non plus une propriété des choses concrètes, puisqu'il se fonde sur la négation de tout concret. Par conséquent, l'invention du nombre ne peut être le produit spontané de la manipulation physique et sociale des choses, par exemple à l'occasion des premiers échanges entre communautés primitives et dans l'administration des premiers états.

S'il est vrai que le nombre n'est ni inné, ni une propriété des choses, mais un pur produit de la pensée humaine, créé comme tout produit de pensée pour saisir et s'approprier le monde, il en découle que le nombre a une préhistoire et une histoire – c'est-à-dire une gestation, une naissance et un développement – inséparables du développement général des modes de pensée.

Pour essayer de comprendre le processus, nous remonterons dans la suite de l'ouvrage le plus loin possible en arrière, à partir des formes les plus archaïques de pensée telles que peuvent nous les révéler la documentation ethnographique – dont la légitimité est discutée dans l'annexe 2 – et archéologique (discutée dans le prochain chapitre).

Au sujet de la documentation qui interviendra dans notre recherche, il est important, pour éviter certains contre-sens classiques, d'avoir à l'esprit les points suivants :

1. Le nombre n'existe que comme collectivité, à savoir celle des multiples déterminés les uns par les autres en un système. Par conséquent, au vu de signes comme « 3 » ou « I I I », on ne peut affirmer qu'il s'agit de signes de nombres que si l'on sait par ailleurs que chacun d'entre eux est un élément d'une liste avec des lois internes déterminées : 1, 2, 3, …, pour le premier, I, II, III…, pour le second. On voit bien sur cet exemple le risque que l'on prend, sans autre connaissance du contexte, à parler d'emblée de nombres dès que l'on voit des groupes d'encoches sur le manche d'un outil, ou des groupes de points ou de tirets sur la paroi d'une grotte ornée. Nous illustrerons cela dans le chapitre suivant.

2. Si donc certaines représentations peuvent être prises à tort pour des représentations de nombres, il n'en reste pas moins que le nombre doit être représenté pour être manipulé. D'où la possibilité de l'erreur inverse de la précédente : ne voir dans tel signe que du « matériel », et non ce dont il est le signe, et lui refuser par conséquent la qualité de signe numérique. Lorsqu'une collection d'objets ou de signes est le support d'une représentation de nombre, nous l'appellerons *collection-type*, expression que j'emprunte au mathématicien Henri Lebesgue (1975). Notre collection-type officielle est constituée des signes 1, 2, 3…, seuls ou en combinaison, avec le signe auxiliaire 0. Mais nous utilisons aussi des collections de substitution comme les signes I, II, III…, les doigts de la main, des chapelets, des nœuds dans un mouchoir, plus commodes pour certains dénombrements. Le fait d'utiliser plusieurs collections-types, soit indifféremment, soit en liaison avec des pratiques spécifiques, ne permet donc aucunement de nier leur caractère possible de représentantes du nombre, ni d'affirmer qu'elles révèlent une inaptitude toute primitive à l'abstraction. Il en est de même dans les cas où l'on fusionne le nombre et l'objet dénombré, et, pire encore, lorsque le type de fusion dépend du type d'objet ; personne n'aurait l'idée de voir dans les expressions solo, duo, trio, quartette, quintette, sextuor, ou dans les mots bicyclette, triplette, quadrige, des

preuves ou des traces de preuves d'inaptitude à l'abstraction de la part des francophones.

3. On peut retrouver les deux types d'erreurs que nous venons de souligner au sujet de la manipulation-mère du nombre, le comptage. L'acte de compter des objets consiste en une correspondance un à un, dite *bijection*, entre ces objets et la collection-type. Si celle-ci est une liste standard totalement ordonnée, comme nos 1, 2, 3..., ou comme les lettres de l'alphabet et des combinaisons de celles-ci, le résultat du comptage sera le dernier élément de la liste. Si la collection-type consiste en doigts des mains et des pieds, ou en bâtonnets, en cailloux, en nœuds, le résultat du comptage sera donné par une pluralité déterminée de doigts, de bâtonnets, de cailloux ou de nœuds ; ce serait une erreur de refuser la qualification de numérique à cette représentation, comme on le fait souvent, sous le prétexte qu'il s'agit d'objets concrets ou qu'il y manque la représentation ordinale. Le tout est de savoir si nous avons affaire ou non à une vraie collection-type. L'erreur inverse est de prendre systématiquement une bijection pour un nombre ; pour compter, je dois certainement faire une bijection, mais je n'ai pas besoin de savoir compter pour mettre un verre devant chaque assiette de la table. Les bébés humains et beaucoup d'animaux ont suffisamment de mémoire pour être capables de superposer mentalement des collections (pas trop grandes) qu'ils ont vues auparavant et des collections qu'ils ont sous les yeux, et l'on a tendance à en déduire qu'ils ont un sens du nombre ou même qu'ils savent compter ces petites collections (voir annexe 1). C'est le cas dans l'expérience mille fois racontée du corbeau et du châtelain :

Un châtelain avait résolu de tuer un corbeau qui avait fait son nid dans la tour de guet de son château ; [...] à son approche, le corbeau quittait son nid, se mettait en surveillance sur un arbre voisin et revenait quand l'homme avait quitté la tour. [D'où la ruse] : le châtelain fit entrer deux hommes dans la tour ; au bout de quelques instants, l'un sortait, l'autre restait ; mais l'oiseau ne s'y trompait pas, il attendait pour revenir que le second fût parti à son tour. On recommença avec 2, 3, 4 hommes, mais toujours sans succès. Finalement, 5 hommes entrèrent dans la tour ; 4 en sortirent, le dernier resta. Cette fois, le corbeau perdit le compte ; incapable de distinguer entre 4 et 5, il regagna rapidement son nid (Dantzig 1931, p. 10).

L'expérience prouve seulement que le corbeau est capable de faire la comparaison par superposition entre les images des hommes qu'il a en mémoire et celles les individus réels qu'il voit défiler ; le plus simple à imaginer est en effet cette comparaison qualitative immédiate. Le fait que le pauvre volatile s'embrouille à partir de 5 individus montre les limites de sa mémoire visuelle ; il est certainement abusif d'en déduire qu'il sait compter jusqu'à 4.

Pour nous délasser de ces considérations arides et nous mettre enfin dans l'ambiance du voyage que nous allons accomplir, contemplons cette splendide pièce que nous devons au génial Jean-Jacques, document digne d'un musée de l'ethnographie des Lumières, et pourtant beaucoup plus sensé que nombre de considérations actuelles sur le sujet :

Platon montrant combien les idées de la quantité discrète et de ses rapports sont nécessaires dans les moindres arts, se moque avec raison des auteurs de son temps qui prétendaient que Palamède avait inventé les nombres au siège de Troie, comme si, dit ce philosophe, Agamemnon eût pu ignorer jusque-là combien il avait de jambes ? En effet, on sent l'impossibilité que la société et les arts fussent parvenus où ils étaient déjà du temps du siège de Troie, sans que les hommes eussent l'usage des nombres et du calcul : mais la nécessité de connaître les nombres avant que d'acquérir d'autres connaissances n'en rend pas l'invention plus aisée à imaginer ; les noms des nombres une fois connus, il est aisé d'en expliquer le sens et d'exciter les idées et que ces noms représentent, mais pour les inventer, il fallut, avant que de concevoir ces mêmes idées, s'être familiarisé avec les méditations philosophiques, s'être exercé à considérer les êtres par leur seule essence et indépendamment de toute autre perception, abstraction très pénible, très métaphysique, très peu naturelle et sans laquelle cependant ces idées n'eussent jamais pu se transporter d'une espèce ou d'un genre à un autre, ni les nombres devenir universels. Un sauvage pouvait considérer séparément sa jambe droite et sa jambe gauche, et les regarder ensemble sous l'idée indivisible d'une couple sans jamais penser qu'il en avait deux ; car une chose est l'idée représentative qui nous peint un objet, et autre chose l'idée numérique qui le détermine. Moins encore pouvait-il calculer jusqu'à cinq, et quoique appliquant ses mains l'une sur l'autre, il eût pu remarquer que les doigts se répondaient exactement, il était bien loin de songer à leur égalité numérique. Il ne savait pas plus le compte de ses doigts que de ses cheveux et si, après lui avoir fait entendre ce que c'est que nombres, quelqu'un lui eût dit qu'il avait autant de doigts aux pieds qu'aux mains, il eût peut-être été fort surpris, en les comparant, de trouver que cela était vrai (Rousseau [1754] 1992, note 1 p. 208).

Le nombre est « inventé », et ceci à la suite d'un effort intellectuel qui résulte de considérations « très pénibles, très métaphysiques, très peu naturelles », on ne doit pas confondre « l'idée numérique » et sa représentation ; en particulier, la bijection des doigts d'une main sur les doigts de l'autre ne suffit pas pour « songer à leur égalité numérique ». Affirmations parfaitement exactes, et quel talent dans leur énonciation !

CECI N'EST PAS – NÉCESSAIREMENT – UN NOMBRE

De l'interprétation de certains documents graphiques préhistoriques

Parmi les peintures, gravures et dessins de l'art pariétal et mobilier du Paléolithique supérieur, certains sont reconnaissables, d'autres ne le sont pas. Dans la première catégorie, il y a en très grande majorité des représentations d'animaux, puis des représentations d'humains et de végétaux en quantité relativement faible. Dans la seconde catégorie, il y a ce que les préhistoriens appellent les signes, et parmi ceux-ci des pointillés, des tirets et des encoches. En réalité, que tel élément de l'art pariétal ou mobilier soit reconnaissable ou non, il est foncière-ment signe, dont l'interprétation est ce qui fascine les chercheurs et le public. Les documents préhistoriques, muets par définition, dégagent un délicieux parfum de mystère. Ils attirent, on les devine chargés de sens, on cherche à les faire parler, et différentes écoles se disputent le terrain de l'interprétation : problème d'autant plus délicat que le fait de reconnaître quelque chose, un bison dessiné ou gravé par exemple, ne nous apprend rien sur sa signification.

Cependant, il est un cas où tout paraît aller de soi. Avec des poin-tillés, des tirets et des encoches, on croit spontanément reconnaître des unités, et on croit tout aussi naturellement reconnaître des nombres dans les groupements de ces signes. Cette prétendue évidence une fois reconnue, le sens et le contexte n'ont plus aucun mystère, puisque tout le monde sait ce qu'est un nombre et à quoi il peut servir. D'où la production de fables mathématiciennes, déjà bien peu crédibles si on regarde de près les documents, et qui tombent en ruine si on les confronte aux documents ethnographiques analogues. Plus grave, le penchant à l'affabulation conduit à négliger l'essentiel : l'invention, par nos ancêtres du Paléolithique supérieur, du signe au sens large.

FABLES MATHÉMATICIENNES

En 1896, l'éminent préhistorien Édouard Piette publie les décors des galets peints et gravés du Mas d'Azil[1] (Fig. 1). Comme beaucoup de décors sont constitués de peintures en bandes parallèles et en disques, il n'en faut pas plus à l'auteur pour attribuer le nombre un à une bande et le nombre dix à un disque, en s'appuyant sur le fait que « les Égyptiens qui avaient le système décimal représentaient chaque dizaine par une courbe » ; il suggère également que des signes plus grands valent cent, mais il n'écarte pas la possibilité d'une base douze plutôt que dix.

Fig. 1 – Deux galets du Mas d'Azil avec leurs deux faces.
Les ronds et les barres sont en ocre rouge. Dessin de l'auteur
d'après Piette, 1896, « Les galets coloriés du Mas d'Azil »,
L'Anthropologie, vol. VII-3, fig. 12-13 p. 393.

En 1937, Karl Absolon présente dans *The Illustrated London News* un radius de loup de 18 cm, découvert à Vestonice (République Tchèque) et daté de 30 000 ans. L'os comporte 55 encoches dont 25, nous dit l'auteur, sont groupées par 5 ; l'objet est donc, affirme-t-il sans autre forme de procès, une preuve directe que l'homme préhistorique faisait des calculs. Or, on a beau scruter les photographies, il n'y a pas moyen

---

1   La grotte du Mas d'Azil, en Ariège, a livré en outre des documents célèbres comme les rondelles gravées en os et le « faon aux oiseaux », élément de propulseur en bois de renne. On situe les objets à la charnière du Paléolithique supérieur et du Mésolithique (autour de -10 000).

de discerner un groupement par cinq. Un autre objet monte en scène en 1987 ; c'est un péroné de baboin daté de -35 000, avec 29 encoches, « qui peut prétendre au titre de plus vieil artefact mathématique connu » (Bogoshi et coll., 1987), l'argument avancé étant qu'il ressemble aux marques calendaires utilisées de nos jours par les Bushmen de Namibie.

Aujourd'hui, l'objet le plus célèbre est sans conteste un os trouvé à Ishango, en République Démocratique du Congo. Un fragment de quartz encastré à l'une des extrémités montre qu'il s'agit d'un manche d'outil, daté d'environ -20 000. Il présente dans le sens de sa longueur (10 cm) trois rangées d'encoches à peu près parallèles, regroupées en paquets inégaux ; plusieurs sont effacées ou à peine visibles, ce qui rend déjà suspecte a priori toute interprétation fondée sur leur dénombrement (Fig. 2 et 3).

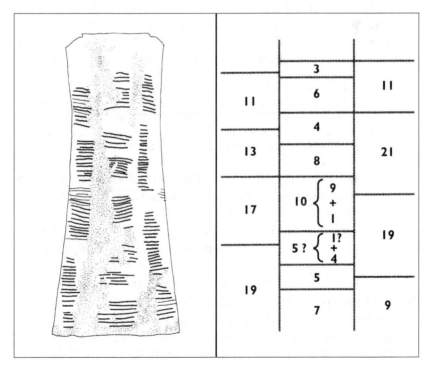

Fig. 2 et 3 – Vue étalée de l'os d'Ishango et décompte des encoches.
Dessin de l'auteur d'après Huylebrouck, 2005, « L'Afrique, berceau des mathématiques », *Dossier Pour la science*, vol. 47, fig. 3, p. 49.

Publié en 1957 par l'archéologue belge Jean de Heinzelin, l'objet connaît aujourd'hui une gloire certaine. Il est visible au Museum des Sciences Naturelles de Bruxelles, où le visiteur est invité à découvrir « la plus vieille calculette de l'humanité ». En 2007, un congrès international *Ishango, 22000 and 50 years later : the cradle of mathematics ?* s'est tenu à Bruxelles, et *Le Monde* du 28 février, sous le titre « Les os incisés d'Ishango[1] font naître la numération en Afrique », rapporte :

> [...] ils pourraient constituer le plus ancien témoignage des capacités mathématiques de l'humanité, quinze millénaires avant l'apparition de la numération, en même temps que de l'écriture, chez les Mésopotamiens (Irak actuel).

L'objet est désormais incontournable, aussi bien dans beaucoup d'ouvrages d'histoire des mathématiques que dans des revues grand public, où il est vénéré comme le plus ancien, ou au moins l'un des plus anciens témoignages de l'activité scientifique humaine. Il peut même provoquer un lyrisme proprement cosmique, puisque, comme l'expliquent des intervenants au congrès de 2007 :

> [...] la couverture médiatique débuta en Belgique en 1996 lorsque Dirk Huylebrouck écrivit *The Bone that began the Space Odyssey* dans *The Mathematical Tourist*, et se poursuivit à l'occasion des tentatives faites pour envoyer l'os dans l'espace, à titre d'hommage à la contribution centre-africaine au développement de la technologie (Cornelissen et coll., 2007).

À tout seigneur tout honneur, l'os d'Ishango a donné lieu à au moins trois interprétations complètement différentes. La première, due à son découvreur Jean de Heinzelin (1962), propose de voir dans une colonne, avec ses paquets de 11, 13, 17 et 19 encoches, les nombres premiers compris entre 10 et 20. Dans une autre colonne, avec ses paquets de 11, 21, 19 et 9 encoches, il faudrait y lire une sorte de calcul symétrique 10 + 1, 20 + 1, 20 − 1, 10 − 1, mais aucune disposition des encoches ne vient en appui de cette hypothèse. Dans la troisième colonne enfin, nous aurions, en lisant de haut en bas, des duplications et une division en deux, avec un paquet de 3 suivi de 6 encoches, puis 4 suivi de 8, et enfin 10 suivi de 5 ; mais il y a un 7 qui reste désespérément seul. La seconde interprétation nous est proposée par Alexander Marshack

---

1 Il y a en effet un deuxième os d'Ishango, dévoilé au congrès de 2007, avec une interprétation tout aussi fabuleuse, qu'il serait superflu de relater ici.

(1972) : il s'agirait d'un calendrier lunaire, car deux colonnes ont un total de 60 encoches chacune, et la troisième donne 48, soient respectivement deux lunaisons et à peu près une lunaison et demie. La troisième interprétation provient de deux scientifiques belges, le mathématicien Dirk Huylebrouck et Vladimir Pletser, ingénieur à l'Agence Spatiale Européenne. Notre os serait une table d'addition, les paquets d'une colonne étant additionnés et les résultats reportés sur l'une ou l'autre des deux restantes (Pletser et Huylebrouck, 2007) ; mais de l'aveu même des auteurs, dans la dernière version qu'ils ont imaginée de la « table », toutes les additions suggérées sont fausses, « pour une raison inconnue », disent-ils[1].

L'arbitraire « mathématicien » de ces interprétations, qui par ailleurs saute aux yeux, a pourtant une raison profonde. L'adage bien connu, suivant lequel on peut faire dire tout ce que l'on veut aux statistiques, devrait s'étendre aux mathématiques en général. Le problème avec les mathématiques en effet, c'est qu'en tant que formes abstraites, on peut les plaquer sur beaucoup de choses ; puis, ayant plaqué ces formes sur un contexte quelconque, on se laisse emporter par la rigueur intrinsèque des formes abstraites au point de prendre ce qui n'est qu'un canevas formel pour un contenu réel. Avec un peu de patience, tout le monde peut en faire l'expérience, comme Jean-Pierre Adam (1988) qui s'est saisi des diverses dimensions d'une guérite de marchande de billets de loterie, avenue de Wagram à Paris, et qui a réussi à il lui a fait avouer entre autres la distance terre-soleil, le nombre pi, le cycle de Méton. Plus simplement : trois encoches d'un côté, deux de l'autre, cinq un peu plus loin, il n'en faut pas plus pour faire croire à une addition. Au besoin, on n'hésite pas, comme nous venons de le voir, à faire rentrer de force le document réel dans le canevas formel. Si nécessaire, on invente ensuite quelque contexte concret et on imagine une histoire pour ne fabriquer en fin de compte qu'une fiction mathématique. C'est ce à quoi nous venons d'assister avec les spéculations de De Heinzelin, Marshack, Pletser et Huylebrouck. On peut citer aussi l'historien russe Boris Frolov (1968, 1979) qui, à partir de graffitis préhistoriques sur des documents d'Europe de l'Est, conclut à l'existence de divers systèmes

---

1   Je propose une réfutation détaillée des interprétations calculatoires de l'os d'Ishango dans un article accessible en ligne sur le site Bibnum : *Les fables d'Ishango, ou l'irrésistible tentation de la mathématique fiction.*

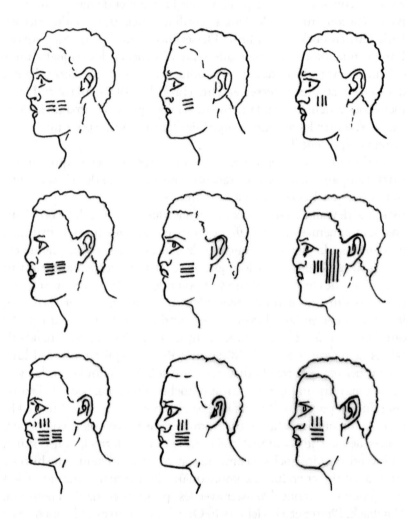

FIG. 4 – Exemples de marques de familles sur des visages yorubas.
Dessin de l'auteur d'après Johnson, 1921, *The History of the Yorubas*,
Lagos, CMS Bookshops, p. 104.

de dénombrements basés sur 3, 5, 7 et leurs multiples. Mentionnons enfin les deux ingénieurs anglais, Alexander Thom et son fils Archie qui, à partir de relevés d'alignements mégalithiques en Bretagne et en Angleterre, ont réussi à leur faire avouer des constructions géométriques fondées sur des triplets pythagoriciens[1] ; le mathématicien de premier plan B.L. van der Waerden (1983) s'y est laissé prendre. On peut parier qu'il naîtra encore bien des fictions, grâce en particulier aux dizaines de baguettes gravées en os ou en ivoire, datées de -35 000 à -10 000 ans environ, qui attendent dans les musées français le mathématicien fabuliste pour être promues au rang de document scientifique et sortir ainsi de l'obscurité de leur tiroir[2], sans compter les nombreux pointillés et tirets présents sur les parois des grottes ornées.

CONTRE-EXEMPLES ETHNOGRAPHIQUES

La meilleure indication de l'irréalité des fictions mathématiques réside dans l'examen des documents des peuples sans écriture. Pas un seul de ces documents, et ils sont pourtant nombreux, ne vient en appui du type d'interprétations que nous venons de passer en revue : on peut bien avoir des nombres, mais des nombres premiers, des tables de duplications ou d'addition, point. Pour commencer, des regroupements de tirets ou d'encoches ne représentent pas nécessairement des multiplicités. Les Yorubas de la fin du XIXe siècle, par exemple, portaient sur leur visage des marques faites de tirets parallèles regroupés par trois ou quatre, quelques fois un peu plus (Fig. 4), mais il ne s'agissait que de signes d'appartenance à des « familles », sans aucun caractère quantitatif.

En second lieu, s'il est vrai qu'encoches et tirets représentent très souvent des multiplicités, celles-ci ne sont pas nécessairement des nombres. Claudia Zaslavsky (1995) raconte que certaines femmes africaines font de temps en temps une encoche dans le manche de leur cuillère en bois. Marquent-elles des jours ? Jouent-elles avec des nombres ? Nullement : elles font une marque chaque fois qu'elles reçoivent un coup de leur

---

1   Pour une critique détaillée, on pourra consulter (Keller, 2004).
2   Un grand nombre de baguettes sont reproduites dans (Chollot-Varagnac, 1980).

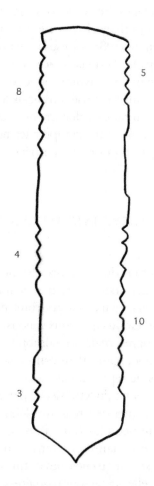

Fig. 5 – «*Message-stick*» utilisé par les aborigènes d'Australie.
Dessin de l'auteur d'après Howitt, 1904, *The native tribes of South-East Australia*, Londres, Macmillan and Co, fig. 44, p. 704.

mari ; et dès que le manche de la cuillère est rempli, elles demandent le divorce. Dans le même ordre d'idées, Karl Menninger (1977) rapporte que Pieter Brueghel, inquiet des perpétuels mensonges de sa jeune compagne, avait prévenu celle-ci qu'à chaque nouvelle tromperie, il ferait une encoche dans une baguette suffisamment longue ; la baguette fut très vite remplie et il ne fut plus question de mariage. Avec ces deux exemples, nous avons certes des correspondances un à un (bijections) entre les coups ou les mensonges d'un côté et les encoches de l'autre, mais comme nous le savons, une bijection n'est pas un nombre ; pratiquement d'ailleurs, le critère de la rupture n'est pas numérique, mais spatial, avec le remplissage du manche de la cuillère de l'épouse africaine ou de la baguette de Brueghel.

Les exemples ethnographiques abondent, comme le lecteur s'en doute, mais pour avoir une idée claire du problème, un seul de plus nous suffira. Car il s'agit d'un document qui, comme beaucoup, pourrait donner lieu à une fiction mathématique, si nous n'en connaissions la signification ; celle-ci nous montre en effet tout autre chose, et principalement que des encoches pourtant identiques sur un même objet peuvent avoir des sens très différents. Il s'agit des « message-sticks » utilisés par des aborigènes d'Australie, et décrits par Howitt (1904, chap. 11) au début du siècle. Ils comportent des encoches bien régulières et partagées en groupes bien distincts, gravées sur des baguettes ou sur des planchettes, lesquelles deviennent de ce fait des proies idéales pour le mathématicien fabuliste. Voici l'une d'entre elles (Fig. 5), avec ses cinq, puis dix encoches sur le côté droit, et ses huit, puis quatre, puis trois encoches sur le côté gauche. Laissons maintenant vagabonder notre esprit calculateur.

Le total étant de 15 de chaque côté, nous avons à l'évidence la comparaison entre deux « bases ». À droite, la base 5 avec 5 et son double ; à gauche la base 3 avec 3, puis 4, c'est-à-dire *une* fois 3 plus *un*, suivi par 8, c'est-à-dire *deux* fois trois plus *deux*. De plus, comme 8 (à gauche) est presqu'en face de 5 (à droite), et que 4 et 3 (à gauche) sont presqu'en face de 10 (à droite), ce ne peut être l'effet du hasard, et en effet il y a le même écart de 3 entre 8 et 5 d'une part, et entre 4+3 et 10 d'autre part. On peut donc lire sur notre planchette que $8 - 5 = 10 - (4 + 3)$.

Ce qui précède n'est qu'une affabulation, bien sûr, mais ni plus ni moins hasardeuse que celles qui nous ont occupés plus haut. Voici maintenant le sens authentique du « *message-stick* ». Il s'agit d'un aide-mémoire à usage du porteur d'un message destiné à un certain groupe. Le sens général est le suivant :

> Je suis actuellement à une distance de cinq « camps » [étapes] de chez vous. Au bout de tant de temps je viendrai vous rendre visite, untel et untel sont avec moi. Envoyez moi un peu de farine, de thé, du sucre et du tabac. Comment vont Bulkoin, sa femme et Bunda ? (Howitt, 1904, p. 695).

Et l'aide-mémoire fonctionne ainsi :

> Cinq encoches sont les cinq « camps » qui séparent l'auteur du message et son destinataire [...] ; dix encoches donnent le temps au bout duquel le premier rendra visite au second ; huit encoches les huit personnes qui campent avec l'auteur du message ; quatre encoches les objets demandés ; et les trois dernières les trois personnes dont on demande des nouvelles (*ibid.*).

Certaines encoches représentent donc des individus déterminés, à savoir trois personnes (Bulkoin, sa femme et Bunda) et quatre denrées (farine, thé, sucre et tabac) ; pour leur usage, il n'y a pas plus de raison de faire intervenir les nombres trois et quatre, que quand plusieurs nœuds à un mouchoir font office de pense-bêtes, ou qu'inversement lorsqu'ayant écrit une liste de tâches, on coche chacune d'entre elles au fur et à mesure de leur accomplissement. Il suffit de faire directement les correspondances successives un à un. Les autres groupes d'encoches représentent des ensembles aux individus non spécifiés, à savoir des jours, des étapes et des accompagnants. Ici aussi, que ce soit pour la confection ou pour l'usage de ces groupes d'encoches, le nombre n'est pas nécessaire, puisqu'il n'y a pas besoin de compter, des appariements directs suffisent. Quelle que soit la catégorie toutefois, chaque élément, que ce soit une personne précise, une denrée particulière, un accompagnant anonyme, etc., disparaît en tant que tel au profit d'un signe unique, et chaque ensemble – les amis, les accompagnants anonymes, les denrées, les étapes, les jours – perd objectivement toute particularité qualitative pour se changer en groupe d'encoches, c'est-à-dire en pluralité d'identiques. Et cette réalité incontestable est à elle seule un véritable prodige.

LE SIGNE, UNE INVENTION PRODIGIEUSE

À trop se focaliser sur d'improbables « traductions », numériques ou autres, des documents préhistoriques, on passe à côté du prodige ou on le néglige, le prenant à tort pour une banalité ; on sous-estime l'évènement considérable, parce que fondateur, de l'invention de la « matière première » de toutes ces « traductions », à savoir le signe, et on ne se pose pas la question de sa transformation éventuelle en signe pour le signe, sans signification autre que celle de pluralité d'identiques, représentation de l'un-multiple.

Le signe est sans doute l'invention la plus paradoxale et la plus féconde caractérisant notre espèce *sapiens-sapiens*, en laissant de côté le problème d'éventuels prémices chez les espèces antérieures. Invention paradoxale, d'abord, parce pour comprendre (manifester, saisir, agir sur) une chose, on en fabrique socialement une autre ; et parce que cette autre chose – mot, graphisme, sculpture, churinga[1], objet quelconque –, signe de la première, finit par devenir bien davantage que cela, par sa mutation en vérité de son original, en tant que symbole puissant. C'est donc que le vrai est ailleurs que dans l'immédiat, et la pensée archaïque va jusqu'au bout de cette idée en fabriquant un second monde (dit surna-turel), vérité et puissance du premier (dit naturel) ; mais cet ailleurs est aussi là, à portée de main suivant un protocole précis (rituel), de même que le signe d'un objet est un autre objet présent à portée de main. C'est donc que la scission entre la chose perçue et sa vérité est bien une donnée fondamentale de l'archaïsme, mais qu'elle se la représente sous la forme d'une scission entre choses. Ce que l'on pense d'une chose est perçu comme une autre chose. La pensée et son activité se projettent sur les choses et leur attribuent un pouvoir symbolique : la pensée est

---

1   Les churinga des aborigènes australiens sont des plaques ovoïdes de bois ou de pierre, qui portent en permanence les motifs graphiques de l'individu ou du groupe. Ils sont utilisés dans certaines cérémonies (l'individu mâle découvre son churinga lors de son initiation), et soigneusement cachés le reste du temps à l'endroit où l'ancêtre totémique est censé avoir disparu sous terre, ou bien à l'endroit où il a semé des « esprits-enfants » qui peuvent engrosser les femmes qui passent dans le secteur. Le graphisme signifiant est plus vrai que le signifié, et le pire des crimes est son utilisation par un étranger au groupe, punissable par la crevaison des yeux ou par la mort.

imaginée comme matière et la matière est conçue comme spiritualité active, matière et esprit sont un seul bloc. Le second monde est par conséquent la vision chosifiée de la pensée archaïque par elle-même.

Invention féconde, ensuite, non seulement en tant que source lointaine de l'art oratoire, de l'art graphique et de l'écriture, mais surtout parce que le dédoublement formel entre la chose et son symbole puissant est une voie de passage vers le dédoublement réel entre le phénomène et son essence, et parce que l'invention du second monde et sa maîtrise est une voie de passage vers la découverte de la pensée de la pensée, c'est-à-dire la philosophie.

PROBABLES SIGNES PRÉHISTORIQUES
DE PLURALITÉ ABSTRAITE

Revenant à l'art pariétal et mobilier de la préhistoire, soulignons d'abord une évidence : la plupart des représentations reconnaissables, sinon toutes, se réfèrent objectivement à des classes et non à des individus, même si, dans la subjectivité de l'artiste, il s'agissait éventuellement d'un être particulier. Lorsqu'un contour, une fraction de contour ou même une simple paire de cornes signalent un bison, celui-ci est objectivement un bison quelconque. Ce mode de symbolisation implique donc la réduction des bisons réels à des objets identiques, puisque tout autre bison sera référencé par le même schéma : le signe du bison est par principe un et multiple. Il n'y a rien que de très banal dans cette observation, qui vaut aussi bien pour les mots ou pour tout autre type de signe.

S'agissant maintenant des représentations non reconnaissables, il est possible que certaines d'entre elles transcrivent non pas l'un-multiple de telle ou telle espèce, mais l'un-multiple en soi, la pluralité à l'état pur, comme les encoches sur les *message-sticks* australiens. Pour tenter de les repérer, les critères suivants paraissent nécessaires :

> — en tant que signe de n'importe quelle chose, il est très exacte-
> ment signe de rien. On ne doit donc rien y reconnaître, sinon
> le signe en soi, la marque pour la marque. Il est clair qu'un

point ou un tiret correspondent mieux à ce concept qu'un bison ou un rectangle.

– son caractère multiple impose un graphisme qui suggère le mieux possible l'identité des plusieurs, avec des points de même grosseur et des tirets de même taille, tous bien distincts et lisibles. La disposition spatiale des signes doit être la plus régulière possible, faute de quoi elle pourrait distraire de l'austère un-multiple et suggérer une diversité des plusieurs ou même une figure reconnaissable ; des points en ligne valent mieux qu'un nuage de points, des points en ligne droite valent mieux que des points en cercle ou en spirale, sans parler des nombreux contours d'animaux en pointillés.

– l'un-multiple ne peut exister que sous forme de pluralités limitées. Aux critères précédents il faut donc ajouter qu'un groupe de signes désignant une pluralité doit être clairement reconnaissable comme tel par des séparations adéquates, et que son ampleur doit être telle que l'œil puisse la saisir d'un seul coup.

Nous pouvons donc faire l'hypothèse raisonnable que sur les documents préhistoriques, les points et tirets satisfaisant à ces conditions sont objectivement, sinon subjectivement, des signes de la pluralité à l'état pur, c'est-à-dire des traces d'appariements entre toutes sortes d'objets concrets d'une part, et un ensemble de plusieurs identiques d'autre part (Fig. 6). Hypothèse apparemment minimaliste, mais qui rend compte de l'invention de portée considérable que nous avons caractérisée plus haut.

Les points, tirets, etc. ne sont pas nécessairement des signes de nombres, nous avons assez insisté là-dessus ; mais, tout de même, pourrait-ce en être ? On ne pourrait l'affirmer qu'avec la preuve que le signe III, par exemple, est élément de l'ensemble ordonné I, II, III, IIII, etc. ; or rien, dans le graphisme préhistorique, n'apporte cette preuve. On penserait plus facilement à des nombres si l'on pouvait discerner un système de multiples dans un même groupe de signes, avec par exemple un grand tiret pour 5 ou 10 petits, ou un point pour 5 ou 10 tirets, mais à notre connaissance les documents susceptibles de ce genre de lecture sont rarissimes d'une part et peu convaincants d'autre part. Il y a bien des barres et des points sur certains galets du Mas d'Azil, par exemple,

Fig. 6 – Partie du « panneau indicateur » de la grotte de Niaux (Ariège).
Les ponctuations sont en rouge, sauf le double alignement
en haut à droite, et un point en haut à gauche. Clottes, 1995,
Les cavernes de Niaux. Art préhistorique en Ariège, Paris, Seuil.
Avec l'aimable autorisation de Jean Clottes.

mais pas sur la même face (Fig. 1) ; sur un fragment osseux trouvé dans la grotte de Remouchamps (Belgique), il y a bien sept groupes de cinq cupules disposées comme le 5 sur un dé, mais comme il n'y a pas d'autre disposition des cupules, on pense plutôt à un simple décor.

D'un autre côté, ce n'est pas parce que nous n'avons probablement affaire qu'à des signes de pluralité et non à des nombres, que les nombres étaient inconnus des auteurs de ces signes, puisque de nos jours encore, le recours à des marques diverses d'appariements est une pratique courante. Par ailleurs, il a très bien pu exister des marques d'appariements non graphiques ; l'archéologie préhistorique a livré des masses considérables de coquilles et de dents animales percées, des perles d'ivoire par milliers, toujours interprétés comme des éléments de parure, mais qui pourraient avoir servi aussi de marques d'appariements à l'instar des coquillages dits « cauris ».

La seule certitude, à mon sens, est donc que l'on peut attribuer à nos ancêtres du Paléolithique supérieur l'invention du signe en général, et le signe de pluralité abstraite en particulier. Celui-ci est certes objectivement le signifiant de l'un-mutiple déterminé, mais son existence ne nous renseigne pas sur la façon dont le concept de l'un-multiple s'est imposé à la pensée archaïque. Les documents de la préhistoire, à eux seuls, sont incapables de nous le faire comprendre ; les traces muettes de la pensée archaïque étant insuffisantes, il faut changer de terrain d'enquête, accepter un comparatisme ethnographique raisonnable (Annexe 2), et puiser dans la riche documentation sur la pensée des peuples sans écriture.

LES CLASSIFICATIONS PRIMITIVES

Si l'on se contentait des sources archéologiques, il faudrait donc s'en tenir à l'hypothèse que les chasseurs-cueilleurs de la préhistoire avaient probablement une idée de la pluralité d'unités. De là au nombre proprement dit, le vide documentaire serait énorme, puisqu'il faudrait sauter à la fin du quatrième millénaire, en Égypte et en Mésopotamie, pour rencontrer des signes qui peuvent être qualifiés de numériques avec quelque sûreté.

L'ethnographie, dont l'utilisation est justifiée dans l'annexe 2, permet à sa façon de combler le vide. Pour commencer, elle nous fait découvrir une grandiose pensée archaïque – ou primitive, ou traditionnelle, comme on voudra – qui saisit le monde comme un tout avec le lien de parenté en toile de fond, et voilà déjà l'Un en gestation ; mais ce tout, en tant que totalisation, est le tout du divers, et voilà également le Multiple en gestation. Animisme, totémisme et grandes classifications sont les modes de totalisation de la pensée primitive qui décrivent un univers merveilleux, modes enchanteurs au sein desquels l'austère un-multiple est en germe.

SAPIENS CONÇOIT LE MONDE

Le propre de l'espèce humaine *sapiens* est de saisir le monde, y compris elle-même, et de s'imposer à lui en le transformant autant que possible ; non pas imiter ou refléter passivement, mais comprendre. Com-prendre au sens premier du mot, c'est-à-dire saisir en un tout l'immense variété environnante. Il n'est aucun peuple sans écriture, aussi proche des débuts chasseurs-cueilleurs soit-il, qui n'ait quelque idée du monde matériel et humain comme une totalité, une totalité créée et une totalité solide-ment charpentée en un vaste système : « Or, cette exigence d'ordre est à la base de la pensée que nous appelons "primitive", mais seulement pour autant qu'elle est à la base de toute pensée », affirme Lévi-Strauss dans *La Pensée sauvage*. Or aucune pensée, sauvage ou pas, n'est simple contemplation admirative ou craintive, ni la simple impression venue du monde extérieur par le canal des sens sur une matière molle ou sur une âme indéterminée, ni encore une vaine structuration satisfaite de ses propres jeux formels, c'est-à-dire une pensée sans pensée, ce à quoi Lévi-Strauss, quoiqu'il en dise, réduit en réalité la pensée humaine. Toute pensée est au contraire un travail de saisie, de mise en ordre et de reconstruction du monde pour se l'approprier au sens fort, c'est-à-dire en faire sa production.

Nous la voyons toute jeune chez les chasseurs-cueilleurs, émouvante de hardiesse et de naïveté, persuadée d'avoir tout expliqué dans ses mythes et d'avoir maintenu l'ordre au moyen de ses rites. Son seul *a priori*, et il est de taille, c'est elle-même, sûre d'elle mais ne doutant de rien parce qu'inconsciente de soi dans un premier temps : elle sait, tout simplement. Au fond, dans ses premières manifestations faites de mythes et de rites, nous la voyons afficher son programme définitif : cataloguer, expliquer, maintenir dans l'unité, et produire. Tout le reste : la connaissance effective, le concept, l'efficacité, la considération de soi (la philosophie), lui sera donné de surcroît, dans son corps à corps permanent avec le monde matériel et humain ; on peut dire comme Claude Lévi-Strauss dans *La pensée sauvage* que « les rites et les croyances magiques apparaîtraient alors comme autant d'expressions d'un acte de foi en une science encore à naître » (Lévi-Strauss, 2008, p. 571).

D'où nous vient cette particularité qui signale notre rupture radicale avec le monde animal et végétal, bien que nous en soyons les descendants ? La science ne permet pas encore de répondre à cette question, mais Lévi-Strauss a formulé à sa façon le programme de recherche afférent :

> Pour comprendre l'essence de la culture, il faudrait donc remonter vers sa source et contrarier son élan, renouer tous les fils rompus en cherchant leur extrémité libre dans d'autres familles animales et même végétales. Finalement, on découvrira peut-être que l'articulation de la nature et de la culture ne revêt pas l'apparence intéressée d'un règne hiérarchiquement supérieur à un autre qui lui serait irréductible, mais plutôt d'une reprise synthétique permise par l'émergence de certaines structures cérébrales qui relèvent elles-mêmes de la nature, de mécanismes déjà montés mais que la vie animale n'illustre que sous forme disjointe et qu'elle alloue en ordre dispersé (Lévi-Strauss, 1967, préface).

On remarquera toutefois que, contrairement à ce que semble penser Lévi-Strauss, ce qui relève de la nature peut très bien lui être irréductible, de la même façon que le règne animal est irréductible au règne végétal, bien qu'il en soit issu et qu'il s'en nourrisse.

Et d'ailleurs l'espèce *homo*, physiquement, ne serait-elle pas elle-même une sorte de « reprise synthétique », dans la mesure où d'une part l'hybridation pourrait avoir joué un rôle décisif dans sa formation, et où d'autre part cette espèce a probablement évolué de la même façon dans des environnements radicalement différents, en opposition complète à ce qui se passe dans le monde non-humain ? Hypothèse rarement prise en compte de nos jours, où les spécialistes paraissent un peu perdus dans un maquis d'espèces et de sous-espèces d'*homo* et de buissons évolutifs variés. En revanche, que la préoccupation principale de la pensée primitive telle que l'ethnographie nous la restitue, propre aux *sapiens* par conséquent, soit d'opérer une synthèse de ce qui est à première vue « disjoint » et « dispersé », ça n'est pas une hypothèse, c'est une certitude.

Des préoccupations « synthétiques » des espèces *habilis*, *ergaster*, *erectus* et néandertal antérieures aux *sapiens*, nous ne savons rien ou pas grand-chose, sinon qu'ils étaient capables d'élaborer des processus techniques de plus en plus amples et de mieux en mieux contrôlés, en coordonnant des activités qui tendent continuellement à se diviser dans le temps et dans l'espace : recherche de nourriture, fabrication d'outils de pierre, campement. Fabrication d'outils scindée en collecte de la matière première et fabrication proprement dite ; fabrication proprement dite organisée en une chaîne opératoire qui, d'un même galet-matière première, réussit à extraire une grande variété d'outils. En parlant de « chaîne opératoire », c'est-à-dire de plan de travail, on sous-entend du même coup que le technicien humain ne sépare jamais les variétés produites de la pensée unitaire qui les a engendrées. On peut rappeler à ce sujet l'image frappante due à André Leroi-Gourhan (1964) : la longueur de tranchant obtenu par kilogramme de matière première passe de 40 cm pour les premiers galets taillés du Paléolithique archaïque, à un mètre pour les bifaces du Paléolithique inférieur, quatre mètres pour l'industrie moustérienne du Paléolithique moyen, dix mètres pour l'industrie laminaire du Paléolithique supérieur, et enfin de cinquante à cent mètres pour les microlithes de la fin du Paléolithique supérieur et du Mésolithique. Et comme la progression ne concerne pas seulement la longueur, mais aussi les variétés de tranchant, le calcul de Leroi-Gourhan est une belle illustration de synthèse de plus en plus savante (chaîne opératoire) dominant une variété croissante.

Peut-on postuler des transitions ou des sauts qualitatifs, depuis la structuration artificielle de la pierre par les pré-*sapiens*, lentement mûrie pendant plus de deux millions d'années, jusqu'à la structuration théorique du monde par les *sapiens* ? Nous n'en savons rien. Il est seulement probable que la transition, si transition il y eut, a duré cent cinquante mille ans au moins, puisque les plus anciennes traces de *sapiens* sont africaines et qu'elles datent de deux cent cinquante mille ans, alors que les premiers indices massifs d'une conception du monde (traces de rituel funéraire, graphisme, art pariétal) n'antécèdent pas cent mille ans.

Le genre *homo* saisit donc la pierre et lui impose une structure et des formes qui n'ont rien de naturel ; *homo* s'impose aussi physiquement au monde, dans la mesure où il est capable de domestiquer à peu près n'importe quel environnement, contrairement aux autres espèces animales limitées à des niches écologiques déterminées. L'espèce *sapiens*, quant à elle, se saisit du monde par la pensée et lui impose *a priori*, en deçà de toute expérience possible, unité et variété contrôlée sous les formes de l'animisme, du totémisme et des systèmes classificatoires, autant de modes dont nous allons essayer de comprendre la logique.

ANIMISME

On a souvent qualifié d'animiste la pensée primitive, non sans raison. Elle a en effet une vive conscience d'une âme, au sens de fluide vital, essence et substance unique de toute la variété du monde. Cette âme est parfois nommée Esprit Suprême, comme chez les Amérindiens Pawnee, avec pour conséquence que « nous devons adresser une incantation spéciale à chaque chose que nous rencontrons, car Tirawa, l'Esprit suprême, réside en toutes choses, et tout ce que nous rencontrons en cours de route peut nous secourir » (Lévi-Strauss, 2008-a, p. 569). Cette essence commune peut se présenter sous une forme très fruste, lorsque tout peut être immédiatement autre :

Repérant un arbre au bois tendre, l'homme l'abat et le fend en deux. Cet arbre n'est pas un arbre, mais l'homme qui vit au point d'eau appelé Lunja ne le sait pas. Il taille deux plats dans le bois, en expose un au soleil et part chasser. À son retour, le plat a disparu. L'homme le cherche partout et ne trouve que des traces d'un petit serpent. Le plat s'est changé en serpent mais l'homme qui se met à le pister ne le sait pas (Glowczewski, 1991, p. 323).

L'âme commune peut dériver d'une situation originelle, lorsqu'on affirme comme les Bambara du Mali que dans les temps anciens, les arbres et les humains pouvaient s'accoupler pour donner naissance à des animaux et à des plantes, avant que le démiurge Faro ne mette fin au désordre de cette promiscuité inter-espèces (Dieterlen, 1988). Une idée du même genre est partagée par les Amérindiens Ojibwa :

> Nous savons ce que les animaux font, quels sont les besoins du castor, de l'ours, du saumon et des autres créatures parce que jadis, les hommes se mariaient avec eux, et qu'ils ont acquis ce savoir de leurs épouses animales […] Les Blancs notent tout dans un livre, pour ne pas oublier ; mais nos ancêtres ont épousé les animaux, ils ont appris tous leurs usages, et ils ont fait passer ces connaissances de génération en génération (Lévi-Strauss, 2008-a, p. 599).

Au travers de ces premiers exemples d'animisme vague, nous pouvons déjà discerner des formes phénoménales de l'un-multiple. Nous avons en effet un Tout qui s'oppose à ses diverses variétés ; mais dans ces variétés, c'est le Tout lui-même qui réapparaît, soit comme substance réelle ou Esprit Suprême de chacune, soit encore comme réminiscence d'une communauté originelle des hommes et des animaux. Et comme, suivant cette conception, chaque chose est au fond la même chose, il en découle d'une part qu'un arbre n'est pas vraiment un arbre et d'autre part que l'apparence de chaque chose n'est qu'un déguisement modifiable à volonté ; rien de choquant, donc, à ce qu'un arbre soit un homme ou qu'un plat de bois soit un serpent. L'un-multiple est bien là, mais le multiple ne se manifeste encore que comme l'apparence de l'un ; au fond, il n'y a guère que le Tout, dans une seule chose.

La pensée ne peut en rester là ; elle ne peut se contenter de cette simple essence unique mais indéterminée. Si son entreprise véritable est bien de faire du monde « son » monde, la pensée doit se montrer capable de donner de la chair et du sang à ce Tout. L'un des moyens inventés pour cela est l'exact opposé de l'animisme vague : c'est la recherche de l'unité des choses dans mille détails concrets au moyen d'une débauche d'analogies, ce que nous appellerons l'animisme pluriel. Et comme l'analogie révèle le Tout, c'est-à-dire la cohérence, elle dicte de ce fait les règles de vie.

Suivant cette « raison analogique », les particularités inspirent des métaphores et imposent des comportements pratiques de façon parfaitement arbitraire et parfaitement poétique. Chez les Ndembu, en Zambie :

> Le sorcier ndembu, qui est surtout un voyant, ne doit pas consommer la viande du céphalophe [petite antilope] parce que le cuir de cet animal est irrégulièrement tacheté ; sinon, sa prescience risquerait de s'égarer à droite et à gauche, au lieu de se concenter sur les questions importantes. Le même raisonnement lui interdit aussi le zèbre, les animaux à pelage sombre (qui obscurciraient sa claivoyance), une espèce de poisson à arêtes acérées (qui risqueraient de piquer son foie, organe de la divination), et plusieurs sortes d'épinards à feuilles « glissantes », afin que son pouvoir ne fuie pas au dehors (Lévi-Strauss, 2008-a, p. 660).

Chez tous les peuples traditionnels dans toutes les régions du monde, les exemples abondent de ces filtrages poétiques de la variété environnante, fondés sur un art consommé de la métaphore et de la métonymie. Cet univers d'analogies enchanteresses est en même temps un code d'infinies contraintes compliquées à l'image de celles qui s'imposent au sorcier ndembu ; espérons tout de même que le malheureux sorcier, privé du délice de l'antilope, se consolait en songeant à la poésie de sa situation. Ces particularités objectivement arbitraires, comme les motifs du pelage, abstraites dans le mauvais sens du terme, vont de pair avec des conséquences elles aussi arbitraires, puisque la même particularité peut donner lieu à des prescriptions opposées. Chez les Fang du Gabon par exemple, l'écureuil est prohibé aux femmes enceintes

> parce que cet animal se réfugie dans les cavités des troncs d'arbre et la future mère, qui consommerait sa chair, risquerait que le fœtus n'imite l'animal et refuse d'évacuer l'utérus. Le même raisonnement s'appliquerait aussi bien aux belettes et blaireaux qui vivent dans des terriers ; pourtant, les Indiens Hopi [sud-ouest des États-Unis] suivent une ligne de réflexion inverse : ils tiennent la viande de ces animaux pour favorables à l'accouchement à cause de leur aptitude à se creuser dans le sol une voie pour s'échapper quand ils sont poursuivis par le chasseur : ils aident donc l'enfant à « descendre vite » (Lévi-Strauss, 2008-a, p. 623).

Dans le même ordre d'idées, s'agissant des humains des communautés primitives, le Tout est communauté de substance, et il se concrétise par mille formes d'échanges rituels. Ce sont des échanges de vies humaines, réelles ou symboliques, comme chez ces aborigènes de la région des lacs en Australie du Sud, où une mort peut être compensée par une autre, mais où l'on préfère la compenser par des femmes (donneuses de vie) ou par la circoncision d'un novice (tuer rituellement l'enfant qui est dans le novice). Ce sont des échanges de sang, comme chez les Arunta (ou Aranda) d'Australie lorsqu'avant une expédition punitive, l'un des hommes est désigné pour donner son sang à boire à tous les autres, créant ainsi une fraternité censée éliminer tout risque de trahison (Spencer et Gillen, 1899). Ou encore des échanges plus directs de substance dans la consommation de chair humaine ; du temps de Spencer et Gillen, les Luritcha mangeaient leurs ennemis. À la même époque, dans toute une série de tribus du Territoire du Nord, les morts étaient enveloppés dans de l'écorce et cuits dans une sorte de four creusé dans le sol avant d'être découpés et mangés suivant des règles strictes : telle section de la tribu ne pouvait consommer que les morts de telle autre section, un défunt ne pouvait être englouti par ses enfants mais pouvait l'être par sa femme, etc. (Spencer, 1914).

Il est encore un autre type d'échanges, plus intimes et plus spirituels, lorsqu'on va jusqu'à prêter son *churinga*, objet sacré s'il en est puisqu'il contient l'esprit de son ancêtre totémique, ou lorsqu'on crée des réseaux d'alliances au moyen de l'échange de chants, de danses et de récits du patrimoine tribal.

À l'opposé de l'animisme vague, où l'un-multiple est principalement un, nous avons donc un animisme pluriel, selon lequel le Tout n'est qu'un amas de liaisons analogiques fondées sur des particularités arbitraires des choses, ou sur des communautés parentales ou autres. Cette fois-ci, l'un-multiple est principalement multiple. L'un, c'est-à-dire le lien, la cohérence, s'éparpille en effet dans l'animisme pluriel en un maquis de règles de vie sans articulation entre elles. Si on en restait là, on n'aurait des variétés multiples du monde qu'un tableau « irrégulièrement tacheté », à l'image de la prescience du sorcier ndembu qui aurait transgressé l'interdiction de consommer de l'antilope.

Une véritable com-préhension (saisie ensemble) du monde naturel et humain exige de penser un Tout articulé, ce qui veut dire qu'il doit faire face à ses parties et se reconnaître en elles. Pour cela il est soumis à un mouvement contradictoire : il se scinde d'une part, et il redonne sens à sa propre unité d'autre part. C'est ce que l'on retrouve dans le totémisme d'une part et dans le travail d'Hercule des classifications primitives d'autre part[1].

TOTÉMISME

Le totémisme est une classification fondée sur la scission du Tout en deux mondes opposés, le monde des humains et le monde naturel, ainsi que sur l'union des deux au moyen de correspondances substantielles. Les humains, individuellement ou par groupes, se mettent en correspondance avec des espèces végétales ou animales, des phénomènes naturels, des éléments du paysage, etc., et s'assimilent avec ces espèces, phénomènes et éléments. Il s'agit d'un animisme pluriel ordonné.

Chez les Arunta d'Australie, disent Spencer et Gillen cités par Mauss (Durkheim et Mauss, 1903), il n'y a pas un objet animé ou inanimé qui ne donne son nom à quelque groupe totémique d'individus ; l'objet en question peut être le vent, le soleil, l'eau, le rat, un type de chenille, le kangourou, le lézard, une baie, le prunier, une espèce de fleur, etc. On compte cinquante-quatre espèces totémiques dans un groupe, cent cinquante-deux dans un autre, quatre cents dans un troisième. Les Ojibwa d'Amérique du Nord ont des clans à noms d'animaux, clans eux-mêmes divisés en bandes dont le totem est une partie de l'animal concerné : tête, arrière-train, graisse sous-cutanée, etc. (Lévi-Strauss, 2008-b). Chez les Banyoro et les Bahima d'Ouganda, les clans se nomment d'après des types de vaches (striée, brune, pleine…) ou des parties du même animal (langue, tripes, cœur…) (Lévi-Strauss, 2008-a).

Les noms d'animaux, avec les noms de végétaux, sont les plus connus, mais il y a aussi des groupes associés à la passion sexuelle, l'adolescence,

---

1 La littérature ethnographique fourmille de données sur les classifications. Trois ouvrages synthétiques de référence : Émile Durkheim et Marcel Mauss, *De quelques formes de classification* (1903), et Claude Lévi-Strauss, *Le totémisme aujourd'hui* et surtout *La pensée sauvage* (1962). La pagination des textes de Lévi-Strauss correspond à l'édition Gallimard-Pléiade de ses *Œuvres* (2008).

diverses maladies, divers objets manufacturés, le sommeil, la chaleur, le froid, le cadavre, le fantôme (*ibid.*). Au nord-ouest de l'Australie, on rencontre même le totem de l'homme blanc, du marin, de tel bateau ou de tel avion de transport. Il semble donc que plutôt que de choses de la nature, face auxquelles se posent les humains, il vaudrait mieux qualifier les enseignes totémiques de choses trouvées là et pensées comme naturelles, ou simplement extérieures, par le peuple concerné ; quoi qu'il en soit, l'écrasante majorité des totems sont des animaux, des plantes et des phénomènes naturels au sens propre.

Un même peuple élabore souvent plusieurs formes de totémisme. Il peut s'agir d'un lien individuel qui relie par exemple le sorcier à telle espèce animale ; ou, comme chez les Arunta, d'un lien entre l'individu et « l'animal, plante ou phénomène naturel associé par les mythes à la localité dans laquelle (ou près de laquelle) la mère a ressenti le début de sa grossesse » (Lévi-Strauss, 2008-b, p. 487). Chez les Mota, en Mélanésie,

> beaucoup de personnes observent des prohibitions alimentaires parce que chaque personne pense être un animal ou un fruit, trouvé ou remarqué par sa mère pendant qu'elle était enceinte. Dans un tel cas, la femme rapporte la plante, le fruit ou l'animal au village où elle s'informe du sens de l'incident. On lui explique qu'elle donnera naissance à un enfant qui ressemblera à la chose, ou sera cette chose même. Elle replace alors celle-ci à l'endroit où elle l'a trouvée et, s'il s'agit d'un animal, lui construit un abri avec des pierres ; elle lui rend visite chaque jour et le nourrit. Quand l'animal disparaît, c'est qu'il a pénétré dans le corps de la femme, d'où il ressortira sous forme d'enfant (Lévi-Strauss, 2008-a, p. 638).

Le lien totémique ordinaire, toutefois, établit une correspondance entre choses et groupes humains : hommes et femmes, les deux moitiés de tribu (Australie), les sections et sous-sections (Australie), clans et sous-clans. Les Dieri (Australie du Sud) ont simultanément un totémisme de moitié, un totémisme sexuel, un totémisme de clan matrilinéaire et un totémisme de résidence patrilocale.

Bien que les liaisons totémiques soient arbitraires à nos yeux, ce n'est certainement pas ainsi qu'elles sont perçues par les intéressés. On pourra bien trouver, il est vrai, un interlocuteur désabusé pour qui « ce ne sont que des noms », mais son opinion est à contre-courant. Les correspondances en question sont qualitatives, dans la mesure où l'on y croit dur comme fer, avec de sérieuses conséquences pratiques. Nous avons déjà rencontré quelques exemples ; en voici d'autres, pour bien souligner les identifications substantielles réalisées par les correspondances totémiques. Dans la majorité des tribus australiennes, consommer la plante ou l'animal de son totem est strictement interdit, et les membres du totem doivent se livrer périodiquement à des rites de multiplication de l'espèce éponyme. Chez les Ojibwa, chaque clan a un nom d'animal, et celui-ci est censé s'offrir plus volontiers aux flèches des chasseurs de son clan. En Australie, chaque sexe peut avoir un totem, comme chauve-souris et hibou, ou roitelet et fauvette, et il s'en suit la coutume fréquemment observée :

> Si un totem masculin ou féminin est blessé par un représentant de l'autre sexe, le groupe sexuel entier se sent insulté, et une bagarre entre hommes et femmes s'ensuit. Cette fonction emblématique repose sur la croyance que chaque groupe sexuel forme une communauté vivante avec l'espèce animale (Lévi-Strauss, 2008-b, p. 484).

Chez les Warlpiri du désert central d'Australie,

> tout ce qui porte le nom des êtres totémiques « en descend » : animaux, plantes, etc. sont « parents » et « frères » des hommes qui sont issus des mêmes Rêves qu'eux. Les membres du clan Oppossum-Prune noire, par exemple, appellent « frères » ou « pères » ces marsupiaux et ces fruits (Glowczewski, 1991, p. 26).

Ces Rêves-ancêtres[1] sont des nomades qui ont modelé le paysage et nommé des sites, et tout Warlpiri a des droits et des responsabilités particulières sur les terres associées à son totem : priorité de résidence et d'utilisation des ressources, droit d'autoriser ou de refuser le campement et la chasse à des étrangers au totem (Glowszewski, 1991).

On constate donc que le totémisme est issu d'un face à face homme/nature, avec des correspondances spécifiques par lesquelles ce « face à face » se change en identification qualitative. Des formes phénoménales plus précises de l'un-multiple se font jour, dans la mesure où, par les nombreuses identifications totémiques possibles, tel individu sera par exemple en même temps kangourou par son clan, fauvette par son

---

1   L'expression « Rêve » provient des ethnologues et a ensuite été adoptée par les aborigènes eux-mêmes. Le concept de Rêve se réfère à un temps initial, mais ce temps initial devient actuel et regénérant par le rituel ; il se réfère aussi à des ancêtres mythiques disparus, mais les vivants fusionnent réellement avec eux lors de cérémonies appropriées ; il se réfère enfin à des actes créateurs aux temps primordiaux, mais on doit les reproduire régulièrement sans quoi toute vie prendrait fin.

sexe, telle plante par l'endroit où sa mère a ressenti sa grossesse, etc. Et si tel totem est symbolisé par un objet ou un signe, l'individu qui en fait partie sera également cet objet ou ce signe. C'est ainsi que dans le monde totémique, chaque individu se pense exactement comme une multiplicité d'espèces et d'objets, et « se pratique » comme tel en vertu de sa communauté de substance avec ces espèces et objets.

Dans ce cadre, le monde est certes une dualité (humain/nature) une et structurée, mais un certain désordre subsiste, puisque la liste des emblèmes totémiques est arbitraire, et que ceux-ci s'entrecroisent, le tout sans logique interne ; le multiple (l'éparpillement) domine, la synthèse véritable du Tout est absente. C'est à cela que les classifications totalitaires vont remédier.

CLASSIFICATIONS

Avec les classifications totalitaires, les correspondances totémiques ont toujours droit de cité, mais au sein d'une organisation systématique. Par ailleurs le dualisme groupe ou individu humain/espèce naturelle disparaît en tant que principe organisateur ; on n'a plus deux colonnes face à face, mais une organisation que nous pouvons schématiser de nos jours en arbre ou en tableau à deux entrées ou davantage. Telle est la tendance, à côté de laquelle subsistent bien sûr les autres formes que nous avons examinées.

Il semble que l'organisation en arbre ait pour origine le modèle de la tribu et de ses subdivisions. Nous avons vu précédemment comment l'individu, en se démultipliant en choses diverses, se projette sur le monde ; le groupe humain projette aussi son organisation fondée sur la parenté. En Australie aborigène, la tendance générale est de considérer le monde comme une tribu, divisé comme elle en « moitiés », sections, sous-sections. Chaque groupe porte généralement un nom (totémique) d'animal ou de végétal dans la plupart des cas, et les membres du même totem se disent de la même « chair », ils sont « frères et sœurs ». La division minimale est en moitiés (dites parfois phratries) exogames, patri- ou matrilinéaires ; on aura par exemple la moitié Faucon et la moitié Corneille, ou Cacatoès blanc et Cacatoès noir, ou Cacatoès blanc et Corneille. Les Haida de Colombie britannique se partagent entre la moitié Aigle et la moitié Corbeau ; en Nouvelle Irlande (Mélanésie), ce sont les moitiés Aigle de mer et Épervier pêcheur. Tous les observateurs cités par les ethnologues ont été frappés par le fait que tous les objets de la nature (animaux, plantes, constellations…) sont classés dans l'une ou l'autre des moitiés. Les totems se subdivisent au cours du temps et l'arbre correspondant se complexifie. Voici les Wotjobaluk, une tribu australienne des Nouvelles Galles du Sud (Howitt, 1904). Nous avons d'abord les deux moitiés de la tribu et les totems de chaque moitié :

Moitiés	Totems
Gamutch	Vipère sourde
	Mer
	Pélican
	Cacatoès noir
Krokitch	Soleil
	Cacatoès blanc
	Une grotte
	Pélican (autre espèce ?)
	Espèce de python
	Vent chaud
	Tubercule « munya »

Chaque totem est ensuite divisé en sous-totems, par exemple :

Totems	Sous-totems
Soleil (moitié Krokitch)	Bunjil (Étoile formalhaut)
	Dindon
	Opossum
	Une larve
	Tubercule
	Kangourou gris
	Kangourou rouge

	Un serpent venimeux
Vent chaud (moitié Krokitch)	Un petit serpent
	Une espèce de perroquet
	Un petit oiseau
	Lune

Howitt, dans son tableau (*ibid.*, p. 121) donne ainsi 46 sous-totems, des animaux pour l'essentiel, et le classement est probablement incomplet puisque le même auteur remarque que le feu, sous-totem du totem Pélican de la moitié Gamutch, est lui-même subdivisé en signaux (de feu ?).

Dans les classifications en arbre, le nombre de subdivisions en branches, rameaux, brindilles n'est ni défini par avance, ni définitif ; il évolue au cours du temps, à la suite de scissions de groupes ou de la disparition de certains d'entre eux. Avec l'autre type de classement, en tableau à deux ou plus de deux entrées, il y a une plus grande stabilité ; les choses et les êtres tendent à s'organiser d'après un nombre d'items fixé *a priori*. Le trait peut-être le plus frappant est qu'avec la classification en tableaux, le monde ne s'organise plus comme une tribu, mais comme une figure objective, il devient un Tout cartographié, calqué le plus souvent sur les mouvements apparents du soleil ou sur le corps humain (Keller, 2006). Il semble même que dans le passage de la classification en arbre à la classification en tableau, nous ayons une évolution historique réelle, puisque les premières sont produites par les chasseurs-cueilleurs tandis que les secondes n'apparaissent que chez les premiers paysans sédentaires, soit seules, soit associées aux premières comme nous le verrons.

L'exemple classique est le classement par points cardinaux qui peuvent être quatre, cinq, six ou sept. Les Navajo du sud-ouest des États-Unis rangent les êtres dans quatre colonnes, respectivement est, sud, ouest, nord ; la Chine antique utilise cinq catégories, les quatre points cardinaux et le centre, tandis que les Hopi (même région que les Navajo) ont six colonnes : nord-ouest, sud-ouest, sud-est, nord-est, zénith, nadir. Voici une petite partie de l'organigramme Zuñi en sept colonnes (Mauss et Durkheim, 1903) :

	Nord	Sud	Est	Ouest	Nadir	Zénith	Centre
Éléments	Vent, souffle, air	Feu	Terre	Eau		Ciel, soleil	
Saisons	Hiver	Été	Gelées	Printemps			
Animaux, végétaux (éventuellement des clans)	Pélican, grue, coq sauvage, chêne vert	Blaireau, tabac, maïs	Daim, antilope, dindon	Ours, coyotte, herbe de printemps	Grenouille, crapaud, serpent à sonnettes	Aigle	Perroquet « macaw »
Couleurs	Jaune	Rouge	Blanc	Bleu	Noir	Bariolé	Toutes
Activités	Force, destruction	Agriculture, médecine	Magie, religion	Paix, chasse			

La catégorie « centre » est remarquable. Elle n'est pas toujours explicite comme ici, mais elle est toujours présente au moins dans le rituel. D'une façon ou d'une autre, le centre est le nombril du monde, il représente toutes les régions et il a par exemple toutes les couleurs chez les Zuñi ; et comme une région est attribuée à chaque clan ou totem, le centre qui représente toutes les régions représente aussi le peuple entier, conception en harmonie avec l'ethnocentrisme de tous les peuples traditionnels, sans exception. Il est probable que seule une véritable sédentarité, qui correspond généralement à une domestication au moins rudimentaire des plantes ou des animaux, pouvait créer les conditions favorables à cette figuration géométrique de l'ethnocentrisme. De plus, la domestication introduit objectivement une hiérarchie au sein des êtres, et par suite une tendance à considérer les humains comme la substance réelle du monde vivant. D'où la possibilité de faire du corps humain à la fois la figure du monde et un objet de sacrifice puisqu'il est, du monde, la sève fécondante : toutes choses qui n'apparaissent, comme tendance lourde, qu'à partir du Néolithique.

Ceci dit, le même peuple a fréquemment plusieurs classifications et ne s'en tient pas nécessairement à un type (en arbre ou en tableau) déterminé. La réalité est plutôt le mélange des deux. Les Navajo, à côté du rangement par points cardinaux, classent les êtres vivants d'abord en arbre (Lévi-Strauss, 2008-a, p. 601) : les êtres vivants se divisent en êtres sans parole et êtres doués de parole ; les êtres sans parole se divisent en animaux et en plantes ; les animaux se divisent en volants, courants et rampants et les plantes en grandes, moyennes et petites. En plus du classement des animaux par type de locomotion, il y a un classement suivant le moment de leur déplacement (de jour ou de nuit) et son support (sur terre ou dans l'eau). Il ne s'agit pas ici de s'interroger sur la pertinence ou la vraisemblance des items, mais de constater que, sur le plan formel, chaque animal est caractérisé par un triplet type-moment-support, comme rampant-jour-terre pour le lézard, ce qui fait que chaque animal particulier peut être rangé dans l'une des douze cases d'un tableau à trois dimensions. Les plantes sont rangées dans un tableau à deux dimensions, suivant la taille (grande, moyenne, petite) et les propriétés (sexe, vertus médicinales, aspect visuel ou tactile).

Chez les Dogon, les diverses versions du récit cosmogonique aboutissent également à un entrecroisement de types de classifications (Griaule
et Dieterlen, 1965 ; Griaule, 1966 ; Dieterlen, 1952) :

- en arbre généalogique d'abord, avec les diverses tentatives
  créatrices du démiurge Amma, qui aboutissent d'une part à
  la formation de l'univers (à partir d'un point-œuf du monde
  qu'Amma féconde par sa parole, ou à partir de boules de glaise
  qu'il lance dans l'espace), et d'autre part à l'apparition d'êtres
  vivants divins (dits Nommo, issus directement de l'œuf du
  monde, ou provenant de rapports sexuels entre Amma et la
  Terre) et d'êtres vivants humains, en quatre couples eux-mêmes
  à l'origine des quatre tribus des Dogon.
- en tableaux à deux entrées ensuite : la boule de glaise qui est
  à l'origine de la terre s'étend d'abord dans le sens nord-sud,
  puis est-ouest. Un couple de Nommo et les quatre couples
  d'humains originels sont placés dans une arche rectangulaire
  orientée qui descend sur terre ; les Nommo sont au centre de
  celle-ci et les quatre couples disposés aux quatre sommets,
  fixant du même coup les directions attribuées à chacune des
  quatre tribus que les couples vont engendrer pour peupler la
  terre et l'organiser.
- en schéma corporel enfin : à cause des méfaits de l'un des
  Nommo, Ogo le Renard pâle, Amma sacrifie un autre de
  ces êtres divins, puis reconstitue son corps qui devient,
  concurremment aux quatre directions, un autre symbole de
  la totalité créée et le principe d'une nouvelle classification.
  Le corps est réparti à cet effet en vingt-deux parties, ou bien
  vingt-deux articulations, et à chacune d'entre elles sont associés
  une plante, un totem, une parole créatrice, une catégorie de
  signes, un type d'activité, etc. Nous avons noté plus haut que
  chez les Zuñi une partie, le centre, était assimilée au tout ;
  nous retrouvons cette idée ici avec le centre de l'arche de la
  descente occupé par un couple d'êtres divins, mais aussi dans
  le classement d'après les vingt-deux parties du corps sacrifié,
  puisque la vingt-deuxième partie est le corps tout entier ; la
  plante associée, logiquement, est la calebasse qui est une image

de l'univers, et l'activité associée est, tout aussi logiquement, les échanges et le commerce.

En lieu et place du totémisme simple, où le monde naturel, sous forme d'une liste sans logique interne, fait face au monde des humains (individuellement ou par groupes), avec entre les deux des correspondances entrecroisées arbitraires, nous avons donc, avec les classifications, un Tout qui se scinde et qui récupère son unité dans cette scission. Il est en effet cette fois-ci l'unité réelle de ses variétés. Si le Tout prend la forme de la tribu-monde, il s'ordonne naturellement en moitiés, sections, etc., ou bien clans, sous-clans, etc., mais il ne se disperse pas en ces catégories, puisqu'il les soude pratiquement et émotionnellement par le lien du sang. S'il prend la forme d'une figure objective, on a souvent le spectacle d'un point ou d'une boule originelle qui tourne sur elle-même et qui, par ce mouvement, se scinde en quatre directions cardinales, parfois plus ; tout se classe ensuite suivant ces directions, et il est remarquable que la centralité du point originel se récupère au centre de la figure qu'il a lui-même formée et qui est, comme on le voit dans la pratique rituelle, la véritable synthèse du Tout. Si le Tout prend la forme du corps, la scission est souvent dépeçage sacrificiel et la synthèse est résurrection ; parallèlement, au sein de la classification des choses et des êtres suivant les parties de ce corps, apparaît une catégorie qui est ce corps lui-même et qui regroupe des items à caractères synthétiques. Le Tout est donc « un » en amont (point ou boule initiale, corps premier, ou simplement contenant) et « multiple » dans les variétés en lesquelles il se scinde ; il est « un » en aval lorsqu'il se retrouve en une partie à côté de ses propres parties, par exemple en tant que « centre ».

TABLEAU RÉCAPITULATIF

Sapiens pense le monde = com-préhension = saisie du monde comme un Tout pour en faire sa (re)-production. Modèle général sous-jacent : parenté (liens du sang).		
Mode	Caractéristique	Un-multiple
Animisme vague	Âme unique (principe vital) en toute chose : comme individu, ou comme conséquence d'une indifférenciation originelle, ou comme identité immédiate d'une chose et d'une autre.	Principalement Un : cohérence abstraite du Tout par sa présence immédiate dans chacune des choses, qui ne sont qu'apparence de multiplicité.
Animisme pluriel	Âmes multiples : analogies fondant des communautés de substance et des échanges entre elles.	Principalement multiple : éparpillement en analogies arbitraires, Tout informel.
Totémisme	Projection des individus et des groupes sur des éléments naturels (espèces, éléments, lieux, phénomènes, etc.), et identification des deux (règles de vie, rites).	Principalement multiple : multiplicité anarchique de l'individu et du groupe identifiés à une profusion de totems, Tout informel.
Classifications	Édification d'un Tout « spatialement » articulé. (Articulation « temporelle » du Tout : genèse).	Principalement Un. Multiplicités : des parties qualifiées (rubriques et sous-rubriques), aux individus déqualifiés indifférenciables (éléments des dernières rubriques).

Modèle de la tribu-monde (typique des chasseurs-cueilleurs ?) : classification en arbre.	Unité du Tout, multiplicité des uns indifférenciés (éléments des dernières classes).
Modèle spatio-temporel ethnocentré (typique des agriculteurs-éleveurs ?) : tableau à deux entrées ou plus.	Unité du Tout parfois objectivée par la catégorie « centre ». Multiplicité des uns indifférenciés (éléments des cases du tableau).
Modèle du corps humain.	Les uns (les corps) sont le un (le corps-monde). Multiplicité des uns indifférenciés (éléments des parties du corps-totalité).

À côté de ces formes globales de l'un-multiple, qui assurent la cohésion générale du Tout, il en existe d'autres, plus particulières, qui apparaissent quand la pensée archaïque se met en tête de faire l'historique de certaines diversifications en espèces que les classifications comme telles se contentent de poser.

L'UN-MULTIPLE DANS L'HISTORIQUE DES DIVERSIFICATIONS EN ESPÈCES

Les classifications s'ancrent dans la mémoire d'un peuple au moyen des histoires, des contes merveilleux qui dépeignent l'apparition des espèces en général, leurs propriétés et leurs liens avec l'espèce humaine en particulier. Fréquemment, une espèce descend d'un individu dont les aventures expliquent les caractéristiques de l'espèce dont il est l'exemplaire originel. Voici par exemple une histoire que l'on raconte

dans la région où vivent les Wotjobaluk d'Australie : Kangourou et
Wombat (le phascolome, un marsupial plus petit) était jadis amis, mais

> Un jour, Wombat entreprit de se faire une maison, et Kangourou se moqua de
> lui et le houspilla. Mais quand, pour la première fois, le pluie se mit à tomber,
> et que Wombat s'abrita dans sa maison, il en refusa l'entrée à Kangourou,
> allégant qu'elle était trop petite pour deux. Kangourou, furieux, frappa
> Wombat à la tête d'un coup de pierre, et lui aplatit le crâne ; et Wombat
> riposta, plantant une lance dans l'arrière-train de Kangourou. Ainsi, depuis,
> vont les choses : le wombat a la tête plate et vit dans un terrier ; le kangourou
> a une queue et il vit à découvert (Lévi-Strauss, 2008-b, p. 531).

On raconte une histoire du même type en Australie occidentale où
Corneille ayant commis une faute, son beau-père Faucon « jette le cou-
pable dans le feu et l'y maintient jusqu'à ce que ses yeux rougissent et
que ses plumes soient noircies, tandis que la douleur arrache à Corneille
son cri, désormais caractéristique » (*ibid.* p. 530).

Corneille, Kangourou, Wombat sont donc des exemplaires originels
des espèces qui porteront ces noms. Ces individus sont immédiatement
espèces ; en effet l'aventure particulière que vit l'individu Corneille, par
exemple, crée du même coup l'espèce corneille. Voici encore le Rêve
Varan chez les Warlpiri du désert central d'Australie (Glowczewski,
1991, p. 327) ; il était à l'origine un seul et unique varan, « notre père ».
Celui-ci se mit frénétiquement en quête de femelles, grâce auxquelles il
engendra des êtres « pas vraiment comme des varans, mais plutôt comme
des humains » ; ceci indique une relative indifférenciation initiale, idée
que nous allons retrouver fréquemment sous diverses formes. Dans un
deuxième temps, les descendants de Varan se transformèrent réellement
en hommes, mais du même Rêve provient également « toute la viande
de varan que nous attrapons aujourd'hui ». On voit donc que le varan
est individu unique primordial, espèce varan d'aujourd'hui et substance
première du groupe composé des varans réels et des hommes de ce totem.

Précédant les varans proprement dit, il y a donc une espèce indifférenciée varan-homme. On peut aussi s'interroger sur les antécédents
de Corneille et Faucon. Par ses combats, ses turpitudes, ses aventures
diverses, Corneille a déterminé les particularités qui font justement des
corneilles une espèce ; mais à quoi ressemblait-il avant son châtiment ?
Était-il physiquement semblable à son tortionnaire Faucon ? La réponse
est probablement positive, si l'on tient compte du fait que Faucon, en tant

qu'oncle maternel de Corneille, devait être de la même race que lui ; il en est vraisemblablement de même pour Kangourou et Wombat avant que le premier n'aplatisse la tête du second et que le second ne fabrique une queue au premier en lui plantant une lance dans l'arrière-train.

On voit donc que le mythe, cherchant à décrire la généalogie des classifications, imagine des individus indifférenciés, comme Kangourou et Wombat avant leur bagarre, qui acquièrent des particularités définitives par une aventure, ce qui fait immédiatement de chacun d'entre eux une espèce. C'est un cadre général à peu près uniforme en Australie aborigène : au Temps du Rêve, un individu ou quelques individus, êtres plus ou moins indifférenciés, créent le paysage (collines, rochers, ruisseaux, trous d'eau, etc.) au cours de leurs pérégrinations, sèment des esprits-enfants, et vivent des aventures qui finissent par opérer une différenciation en humains d'une part et en telles ou telles espèces naturelles d'autre part. Il y a donc à l'origine des êtres informes, des sortes de multiples cellules souches identiques auxquelles le héros totémique donne forme et fonction. À l'origine toujours, il y a fréquemment aussi un continu vague que des aventures vont discrétiser. Ce peut être la terre, qui, arpentée par l'ancêtre fondateur, devient d'abord une série de simples lieux qui se créent là où l'ancêtre s'arrête, puis des lieux spécifiques à la suite de telle ou telle aventure. Ce peut être le ciel, qui devait être vide aux commencements puisque les étoiles peuvent être les âmes des héros.

Cette manière de fabriquer une généalogie des classifications est typique de la pensée archaïque ; comme la multiplicité d'identiques est son fondement logique, il vaut la peine de faire voir dès maintenant, avant de le développer plus avant dans les chapitres consacrés au démiurge et aux quanta, comment cette même logique produit des généalogies globales, c'est-à-dire des genèses. En voici une que l'on doit à des aborigènes d'Australie, et une autre à des aborigènes d'Amérique.

Chez les Arunta, il y avait à l'origine d'un côté des Inapertwa, êtres informes dans lesquels on devinait vaguement différentes parties, et de l'autre deux personnages Ungambikula, nom qui signifie « sortis de nulle part » ou « existant par eux-mêmes » (Spencer et Gillen 1899 chap. 10). Les Ungambikula, descendus du ciel et munis de couteaux de pierre, se mirent à sculpter quelques Inapertwa pour en faire des humains ; mais, nous dit-on, les Inapertwa étaient en réalité des étapes dans la transformation de différentes plantes et animaux en humains, lesquels plantes et animaux devinrent naturellement les totems des humains qui en étaient issus. Le mythe explique donc qu'à l'image du ciel et de la terre d'avant les actions des ancêtres démiurges, les êtres vivants étaient eux aussi une multiplicité indifférenciée, une multiplicité de cellules souches identiques qu'il fallut déterminer, « sculpter » progressivement, passant de la nature à l'humain ; des histoires de création spécifiques à chaque totem coexistent avec ce mythe et indépendamment de lui. D'après Spencer, c'est dans un mythe répandu parmi les tribus de la côte nord des Territoires du Nord que l'on trouve la genèse la plus totalitaire en Australie aborigène (Spencer, 1914, chap. 9). Il y a comme précédemment deux démiurges, mais un seul d'entre eux a un véritable rôle ; il s'agit d'une femme, nommée Imberombera, dotée d'un estomac gigantesque rempli d'« esprits enfants » qu'elle déposera ici et là. En marchant, Imberombera crée animaux, plantes, collines et ruisseaux, et dépose ses esprits enfants dans le paysage qu'elle fait surgir en dix endroits, et qu'elle dote d'une langue et de nourriture. Ce sont les semences de dix futures tribus. Elle crée encore cinq couples mâle et femelle dont la nature n'est pas claire, puisque ce ne sont pas encore des humains. Chacun de ces cinq couples engendre à son tour cinq autres couples qui sont envoyés dans les lieux où Imberombera a semé ses esprits enfants ; ces derniers, en pénétrant les femelles des couples en question, donneront naissance aux humains, chaque groupe ayant sa langue et son totem attribués par Imberombera. Il faut donc comprendre que les esprits enfants, tant qu'ils sont encore dans l'estomac d'Imberombera, ne sont que des individus indistincts, une multiplicité d'identiques ; Imberombera les particularise d'abord par le lieu où elle les dépose, puis par la langue et la culture propre à chaque lieu, et enfin en tant qu'humains par leur intégration dans un groupe avec un totem associé.

Chez les Osage[1], tribu amérindienne de la famille linguistique sioux, nous avons comme en Australie aborigène deux moitiés exogames, la moitié Terre, divisée en Terre ferme et Eau, et la moitié Ciel. Ces trois groupes comprennent chacun sept clans avec des sous-clans, et en outre trois clans dont le statut n'est pas clair, peut-être étrangers à l'origine et intégrés depuis.

---

1   Nous avons de bons renseignements sur la conception du monde des Osage et de ses liens avec l'organisation tribale grâce aux rapports d'un indien Omaha (famille Sioux), Francis La Flesche (1921, 1925, 1928).

La tribu est censée représenter l'univers visible dans tous ses aspects connus ; le mythe d'origine doit donc s'efforcer de faire coïncider l'histoire de la tribu avec l'histoire du monde. Et comme, en vertu d'une loi universelle de la pensée archaïque, les grands rites ne sont au fond qu'une recréation, une reproduction de la genèse, il convient que la tribu entière soit à chaque fois symboliquement présente grâce à des représentants des divers clans. Cette totalité s'exprime en particulier au moyen du schéma du cercle orienté, omniprésent chez les Amérindiens : la moitié Ciel et ses divers clans se placent au nord, et le reste de la tribu se partage la moitié sud du cercle. Bien que les Osage croient à un être suprême Wakonda prié trois fois par jour, ce dernier ne joue aucun rôle dans le mythe d'origine ; le monde et la tribu ne naissent pas de lui. À l'origine les futurs humains, les Petits (*the little ones*), comme les appelle La Flesche, étaient au ciel, dans les limbes, puisqu'on nous dit sans autre précision qu'ils sont devenus des personnes ; et toute la genèse consiste à faire de ces personnes un peuple. À nouveau, le point de départ consiste donc en une multiplicité d'identiques. La mutation des Petits de « personnes » en « peuple » consiste pour ceux-ci à descendre sur terre, puis à acquérir simultanément un corps et un nom, c'est-à-dire un totem. Chaque clan a donc sa propre genèse mythique, mais celle-ci doit être en même temps la genèse de toute la tribu qui est l'unité fondamentale (Terre et Ciel) ; il en découle que les variantes, d'un clan à l'autre, ne touchent pas à la structure de la genèse. Celle-ci se présente sous la forme d'un interminable défilé d'individus dotés de la parole, invoqués comme « grands-pères » ou « grands-mères », et dont chacun représente une espèce minérale, végétale ou animale, bien qu'il leur arrive de se présenter dans un premier temps sous forme humaine : ce sont le soleil, la lune, certaines étoiles, l'araignée d'eau, divers types de rochers, le puma, l'ours noir, le cygne blanc, l'aigle, une plante médicinale et d'autres encore. Chacun de ces individus veut devenir totem, et propose à cet effet aux Petits de faire de lui leur « corps » et de prendre son nom, en vantant, suivant les cas, les qualités de longévité, de force ou de courage qu'ils peuvent en attendre. Cette métaphore est riche de signification. Car si un groupe de personnes devient, par exemple, le clan de l'aigle en faisant de cet animal son corps, l'aigle lui-même, qui était jusque-là un individu unique, se démultiplie du même coup et devient espèce ; c'est du moins ainsi que j'interprète le processus d'incarnation décrit dans la genèse Osage : la transformation des « personnes » en « peuple », c'est-à-dire d'une multiplicité indifférenciée en catégories totémiques, est en même temps la transformation d'individus naturels abstraits (comme Aigle, Ours noir ou Grand Élan) en espèces. Et non seulement chacun, Aigle, Ours noir ou Grand Élan, devient espèce, mais il devient espèce appartenant à une moitié donnée dans la tribu Osage, c'est-à-dire dans le monde puisque la tribu est le monde entier. Nous avons ainsi, au fond, identité entre création du monde humain, du monde naturel et de la tribu, ce qui se traduit ici, semble-t-il, par une classification unique.

L'un-multiple nous apparaît donc, après analyse de divers aspects fondamentaux de la pensée archaïque, comme la liaison formelle, le garant implicite de la cohésion du monde. Il affleure en général à la conscience avec des déguisements, comme lorsque l'individu est à la fois Kangourou, Pélican, tel trou d'eau et tel signe graphique. Avec le Tout (la classification) et ses parties, l'un (le Tout) est dissocié du multiple (ses parties), car on ne le retrouve éventuellement en entier que dans l'une de ses classes, à savoir la classe « centre » d'un tableau ou « le corps » comme partie de lui-même (ce qui est déjà une idée remarquable).

Nous venons de voir cependant que lorsqu'elle se pose la question des genèses, c'est-à-dire lorsqu'elle se place en amont des classifications, la pensée archaïque est amenée à poser l'identité des deux aspects, que ce soit l'individu-espèce ou une multitude d'identiques (« cellules souches ») en attente de spéciation. Plus que cela, elle est contrainte de le faire, de par sa logique interne : c'est du moins ce que nous essayerons de montrer[1]. Mais au préalable, nous examinerons ce qui se passe en aval des classifications, avec le problème des individus.

---

1   Voir le chapitre « Le démiurge : au commencement était l'un-multiple. »

L'INDIVIDU ET SON NOM « PROPRE »

L'un-multiple en bout de classification

Il est conforme à la logique classificatoire archaïque que, par exemple, les membres de la section Kangourou d'une tribu soient une même « chair » et une « communauté vivante » avec l'espèce kangourou. Kangourou est l'identité des membres du totem concerné, qui sont de ce fait astreints à des rituels et à des obligations spécifiques dans la vie quotidienne. Mais avec une telle identité, si les Kangourou se démarquent des non-Kangourou, ils ne se différencient pas entre eux ; ils sont, justement des identiques, définis par la ou les mêmes limites. Pour introduire de la distinction chez les Kangourou, il faudra créer des sous-groupes, comme Gris et Noir, eux-mêmes susceptibles de se subdiviser.

Toutefois, on ne peut pas subdiviser à l'infini ; une classification doit s'arrêter quelque part. Il y a nécessairement, à un moment donné de l'histoire de la tribu, une série de classes dernières, ce qui nous amène au problème de la désignation de leurs individus, c'est-à-dire au problème du nom propre. Le paradoxe est que la logique du nom réellement « propre » produit une étiquette arbitraire, attribuable par conséquent à n'importe qui ; c'est ainsi que l'individu est en quelque sorte exclu de sa communauté chaleureuse et se retrouve *quidam* quelconque, un-multiple exactement. Quelques exemples ethnographiques vont nous faire voir cette logique à l'œuvre, ainsi que la résistance qui lui est opposée.

LE PARADOXE DU NOM PROPRE

Revenons à notre clan Kangourou, et supposons que le sous-clan Kangourou Gris soit une classe dernière, c'est-à-dire non subdivisée à son tour. Celle-ci n'aura donc que des éléments, des individus ; comment alors les désigner ? On peut inventer à cet effet d'autres qualificatifs ; on pourra donner à tel nouveau-né Kangourou Gris le nom de « Robe claire », mais cela ne désignera l'individu en question que tant qu'un autre Kangourou à la peau particulièrement claire ne sera pas venu au monde. Avec un peu de chance, « Robe claire » pourra donc constituer un nom réellement « propre » un certain temps, voire même toute une vie, mais il ne s'agirait dans ce cas que d'un nom propre par accident. Par essence, en effet, aucun qualificatif ne peut fournir de nom propre ; on peut tenter de s'en sortir en multipliant les qualificatifs, mais c'est peine perdue. Le nom véritablement propre doit en effet être étranger à toute réalité qualitative vivante de l'individu en question, faute de quoi il ne désignerait qu'une classe possible d'individus. Par conséquent, un individu ne peut être « nommé » au sens strict que sous la forme « ceci » ou « celui-ci », désignation universelle attribuable à « n'importe qui » : cet universel est le seul nom vraiment singulier, propre à l'individu en tant qu'élément d'une dernière catégorie classificatoire, ou élément d'une case minimale d'un tableau à deux ou plus de deux entrées. L'individu en tant que tel étant inqualifiable, il n'est que quantifiable, parce qu'en tant que concept, il est singulier-universel, un-multiple. Avec le problème de l'individu et de son nom « propre », l'un-multiple se présente donc à la pensée archaïque comme un bloc de deux aspects contraires indissociables. Il va bien falloir représenter cela : si l'aspect « un » l'emporte, nous aurons une série de signes identiques ; si l'aspect « multiple » l'emporte, nous aurons des listes de signes arbitraires et distincts, comme le sont nos prénoms[1].

La logique du nom propre impose donc une rupture, puisqu'il faut passer de la description qualitative vivante découlant d'une classification, à l'attribution d'une étiquette arbitraire. C'est le passage du sens au non-sens, du mot lourd de signification au signe sans signification. Une telle mutation est sans doute difficile conceptuellement, mais en outre, pour des hommes à la pensée fortement structurée par une ou

---

1   Il est vrai que tous les mots, à l'exception des onomatopées, sont arbitraires par rapport à ce qu'ils désignent ; le mot « chien », par exemple, n'a rien à voir avec la réalité physique de l'espèce canine. Nous ne parlons pas de cela ici, mais de la correspondance entre le mot et ce qu'il évoque dans la pensée. Alors que « chien » évoque sans ambiguïté l'espèce canine au sein des espèces animales, « Claude » n'évoque rien au sein de l'espèce humaine ; c'est en ce sens que nous disons que « Claude » est un signe arbitraire, alors que « chien » ne l'est pas.

plusieurs classifications totalitaires, enchanteresses, dans lesquelles hommes, animaux, plantes, tonnerre, pluie, ciel, terre, forment un Tout organique, la mutation déqualifiante devait avoir un aspect particulièrement répugnant[1]. Il n'est certainement ni gratifiant ni rassurant pour le membre d'un totem de dégringoler au niveau de « n'importe qui », simple *quidam* désocialisé, alors que sa place dans une classe implique une communauté charnelle avec une espèce, des règles de vie dans la nature et dans la société, une histoire, des rites.

TENTER DE MAINTENIR LA LOGIQUE CLASSIFICATOIRE PAR LA MULTIPLICATION DES NOMS

Mis en face du paradoxe du nom propre, on peut être amené à multiplier les noms comme si, en multipliant les particularités, on espérait arriver au tréfonds de l'individu tapi à l'intersection de celles-ci, et par là à traquer sa singularité.

Les Dogon ont une grande quantité de noms ; il y a d'abord quatre noms qui correspondent aux quatre âmes que possède tout individu (Dieterlen 1956). Il y a ensuite des noms « ordinaux[2] » qui signalent l'ordre de naissance, un nom qui marque une naissance gémellaire, et dans ce cas il y aura des noms distincts suivant qu'il s'agit de deux garçons, de deux filles ou d'un couple mixte ; un garçon né après une fille s'appellera Asama, une fille née après un garçon s'appellera Yasama, et il y a d'autres spécificités encore, on n'en finit pas. Chacun a donc une kyrielle de noms qualifiants ; les quatre premiers semblent être des noms sacrés (le premier donné par le prêtre totémique est même secret) qui marquent le rattachement de l'individu aux ancêtres fondateurs, au sanctuaire et à l'animal totémiques. Les autres prénoms le rattachent aux circonstances particulières telles que l'ordre de naissance, une naissance gémellaire ou non, le sexe de son aîné, etc.

---

1   N'est-ce pas aussi le cas de nos jours, où « l'aspect répugnant » s'élimine grâce à des opuscules qui dévoilent le caractère d'une personne d'après son prénom ?

2   Ce sont des listes ordonnées de prénoms et non des ordinaux au sens propre du terme. Je ne connais aucun cas où les prénoms d'ordre soient devenus des ordinaux, ni aucun cas où l'on retrouverait dans les noms de nombres des prénoms d'ordre modifiés.

Chez les Iatmul de Mélanésie :

> Le système totémique est prodigieusement riche en noms personnels relevant de séries distinctes, de telle sorte que chaque individu porte les noms d'ancêtres totémiques – esprits, oiseaux, étoiles, mammifères, ustensiles... – de son clan ; *un même individu peut avoir trente noms ou davantage.* Chaque clan détient plusieurs centaines de tels noms ancestraux, polysyllabiques, dont l'étymologie renvoie à des mythes secrets (Lévi-Strauss, 2008-a, p. 742).

Chez les Algonkin d'Amérique du Nord, « le nom personnel entier se compose de trois termes : un nom dérivé de l'appellation clanique, un nom ordinal et un titre militaire » (*id.* p. 757). D'autres types de particularités peuvent entrer en jeu, comme chez les Lugbara d'Ouganda, où « les trois quarts [des noms] se rapportent à la conduite ou au caractère de l'un ou l'autre parent : En-paresse, parce que les parents sont paresseux, Dans-le-pot-de-bière, parce que le père est ivrogne, Donne-pas, parce que la mère nourrit mal son mari, etc. » (*id.* p. 748). Les Bwa du Mali (Leguy 2005) se servent de toutes sortes d'occasions pour fabriquer des noms ; comme chez les Dogon, il y a d'abord un « vrai » nom attribué au cours d'une cérémonie de présentation aux ancêtres, et qui doit rester secret. Mais celui-ci mis à part, les autres noms d'un individu sont liés à des particularités, à des qualités réelles ou à des qualités souhaitées : ainsi peut-on avoir un nom lié à la constitution physique (ex : « chétif »), au fait qu'on a un jumeau, à un vœu fait par les parents au moyen d'un nom qui est une prière sous forme allusive ; on peut s'appeler « femme du tamarinier » en souvenir de l'endroit où sa mère a ressenti les premières douleurs, ou « chef de la bière » parce qu'on est né un jour de boisson au village, et il existe encore ce que l'auteur appelle des « noms-messages » :

> On attend du donneur de nom qu'il fasse preuve de ses qualités poétiques et, dans une certaine mesure, de son originalité. Un enfant vient de naître. C'est l'occasion de faire entendre à tous sa joie ou son insatisfaction, sa colère vis-à-vis d'un voisin ou son sentiment au sujet d'une décision. Parmi les noms-messages de notre corpus, nombreux sont ceux qui ont un lien avec la situation matrimoniale des parents de l'enfant nommé ou avec l'histoire de leur union (Leguy, 2005).

Il y a encore beaucoup d'autres manières de qualifier librement tel individu, avec des sobriquets inventés par des camarades de jeux, des noms que l'individu lui-même cherche à imposer en fonction de ses visions oniriques, etc. Mais, comme nous le savons, tout cela n'est justement pas individuel. D'autre part, ces appellations restent relativement incontrôlées ; lorsque la collectivité s'en mêle, la logique reprend le dessus, ce qui produit par conséquent une tendance à la fabrication d'étiquettes arbitraires.

DÉCLASSER ET DÉQUALIFIER
PAR L'ÉTIQUETTE ARBITRAIRE

Nous pouvons passer rapidement sur le cas de la désignation des individus par des signes arbitraires mais identiques, phénomène qui ne se produit que pour un temps et dans des circonstances très particulières. Par exemple, pour déterminer qui est le meurtrier,

> Les Bard, Ungarinyin et Warramunga [aborigènes d'Australie] installent le cadavre entre les branches d'un arbre ou sur une plateforme élevée ; juste en dessous, ils disposent par terre un cercle de cailloux ou une rangée de bâtons, où chaque unité représente un membre du groupe : le coupable sera dénoncé par le caillou ou le bâton dans la direction duquel s'écouleront les exsudations du cadavre. Dans le nord-ouest de l'Australie, on inhume le corps et on place sur la tombe autant de cailloux que le groupe comporte de membres ou de suspects. Le cailloux qu'on retrouve teinté de sang indique le meurtrier. Ou bien encore on tire les cheveux du défunt un par un, en récitant la liste des suspects : le premier cheveu qui lâche dénonce l'assassin (Lévi-Strauss, 2008-a, p. 754).

Ou encore, chez les Amérindiens Omaha (Fletcher et La Flesche, 1911), chaque membre de la tribu est représenté par un roseau d'une botte remisée dans la tente sacrée. Pour convoquer des participants à une cérémonie, chaque chef de clan prend un roseau de la botte et prononce le nom d'un membre du clan remarquable par ses exploits. On envoie ensuite distribuer les roseaux aux hommes ainsi désignés, et chacun de ceux-ci, en un geste symbolique d'acceptation, rapporte le roseau dans la tente sacrée.

Le phénomène le plus général et le plus intéressant est la tendance spontanée, parfois délibérée, à la fabrication de noms non qualifiants et non signifiants. En règle générale, au niveau de la tribu ou du clan, un stock de noms « propres » s'impose, avec des règles et des cérémonies de baptême très codifiées. S'il y a un réservoir préétabli de noms dans lequel il faut obligatoirement puiser, c'est déjà en principe le règne de l'étiquette arbitraire, ne serait-ce qu'en vertu du fait qu'il faudra bon gré mal gré renoncer à un nom déjà pris, même si celui-ci aurait été plus seyant au nouveau candidat qu'à celui qui le porte déjà. Il peut même arriver qu'il faille renoncer pour un temps à tout prénom si tout le stock est déjà épuisé ; ainsi, « chez les Yurok de Californie, un enfant peut demeurer sans nom pendant six ou sept ans, jusqu'à ce qu'un nom de parent devienne vacant par le décès du porteur » (Lévi-Strauss, 2008-a, p. 759).

L'arbitraire du nom « propre » pointe aussi dans la logique du baptême des Osage, tribu amérindienne dont nous avons déjà parlé dans le précédent chapitre. Nous avons vu que dans le mythe d'origine de chacun des clans, la prise de nom est corrélée à la « prise de corps », c'est-à-dire à la spéciation de substances auparavant indéterminées ; mais le nom en question est justement un nom d'espèce, pas celui d'un individu. On va donc inventer, pour les individus de chaque clan, des noms dérivés comme « Poisson blanc », « Poisson bleu », « Poisson frétillant », etc. pour le clan Poisson, « Grand élan », « Créateur de la terre », « Créateur du sol » (ces deux derniers noms sont liés à des évènements mythique concernant l'élan) pour le clan Élan, « Yeux étincelants », « Terrain piétiné », « Ourse noire », « Graisse du dos de l'ours » pour le clan Ours, etc. On voit que pour rester dans le domaine qualitatif de la classification, c'est-à-dire dans le registre de la signification, le clan cherche à donner à ses membres des noms qui ont comme un parfum du clan ; mais on voit bien que dans le même mouvement, l'individu a toutes les chances d'être affublé d'un sobriquet qui n'aura rien à voir avec ses qualités réelles. Dans la cérémonie du baptême, tous les clans récitent en même temps leurs mythes fondateurs, afin de reproduire la prise de nom-prise de corps à cette occasion ; mais le mythe, pourrait-on dire, baptise l'espèce-clan et non l'individu nouveau-né ici présent. Il faut donc s'attendre à une rupture complète, dans la cérémonie elle-même, entre le moment où, par la récitation du mythe, on justifie l'existence et les particularités de l'espèce-clan au moyen de l'histoire de sa formation, et le moment de l'attribution au nouveau-né de son nom. On donne en effet à la mère à choisir entre deux baguettes, dont chacune représente un nom sacré du clan qui accueille l'enfant ; la mère fait en général son choix en prenant le nom le plus euphonique ou celui qu'elle pense avoir la plus grande signification. Façon pour elle de se raccrocher, malgré tout, à une signification, à une raison !

Avec les Wik-Munkan d'Australie (Lévi-Strauss, 2008-a, p. 742 et suiv.), nous avons un exemple spectaculaire de juxtaposition de signification et d'arbitraire. Chacun a trois noms personnels. Les deux premiers relèvent de la signification dans la mesure où, comme chez les Osage, ils dérivent de l'appellation clanique : le premier connote la tête ou la moitié supérieure du corps de l'animal, tandis que le second connote la moitié inférieure. Le troisième nom est le nom « ombilical », attribué ainsi :

> Aussitôt que l'enfant est né, mais avant la délivrance du placenta, une personne qualifiée exerce une traction sur le cordon ombilical, tout en énumérant d'abord les noms masculins de la lignée paternelle, puis les noms féminins, enfin les seuls noms masculins de la lignée maternelle. Le nom qui se trouve être prononcé à l'instant où le placenta tombe sera celui porté par l'enfant. Sans doute manipule-t-on souvent le cordon de façon à garantir le nom souhaité (*ibid.*, p. 754).

Pourrait-on illustrer mieux que cela, de façon plus vivante, l'irruption nécessaire de l'arbitraire et la résistance tout aussi nécessaire à l'arbitraire ? On a encore juxtaposition de signification et d'arbitraire lorsqu'on donne un nom pris dans une liste standard (arbitraire), mais seulement pour une période donnée de la vie de l'individu (signification) : avant ou après la circoncision, ou bien de tel âge à tel âge, etc.

Même arbitraire, c'est-à-dire même privation volontaire de sens chez les Amérindiens Séminole qui fabriquent leurs noms personnels en juxtaposant au hasard trois mots issus de trois séries : une série morale (sage, fou, prudent, malin, etc.), une série morphologique (carré, rond, sphérique, etc.) et une série zoologique (loup, aigle, castor, puma, etc.), ce qui produira des noms comme Puma-fou-sphérique (*ibid.*, p. 752). Les Tiwi (îles Melville et Bathurst, Australie) ont chacun trois noms qui peuvent changer au cours de la vie ; il y a en effet un tabou non seulement sur les noms d'un mort, mais en outre sur tous les noms que celui-ci aurait pu conférer (*ibid.*, p. 782). Chaque fois qu'une femme se remarie, son époux renomme tous les enfants que sa femme a engendrés au cours de sa vie. Les Tiwi font donc une consommation effrénée de noms propres, et ils ont pour cela à leur disposition un stock de 3 300 noms, tous différents, et ceci pour une population de 1 100 individus seulement en 1930. L'intéressant, ici, est le mode de formation du nom, qui a pour effet de le priver de sens : on puise pour cela dans un stock d'anciens noms sacrés dont le sens est perdu, et on lui adjoint un suffixe de telle sorte qu'il devienne « inintelligible aux non-initiés et, pour les initiés eux-mêmes, partiellement affranchi de toute fonction signifiante » (*ibid.*, p. 783).

Il arrive que l'on s'attribue des noms privés de toute fonction signifiante pour protéger, contre les intrusions coloniatrices-missionnaires, les propriétés intimes reflétées dans les noms tribaux. Du temps de Maurice Leenhardt, c'était pour protéger leurs racines tribales et totémiques exprimées par leurs nombreux noms signifiants (tel terroir, telle relation de parenté réelle ou mythique, telle place dans l'ordre des naissances, etc.), que les Canaques acceptaient volontiers le nom de baptême donné par les missionnaires, et qu'ils s'affublaient même « de surnoms d'actualité coloniale : Sugar, Kilo, Dakata (docteur) Martin, etc. » (Leenhardt, 1971, p. 255). En acceptant d'être désignés par des sonorités étrangères à leur monde, il s'agissait pour les Canaques de se muer en anonymes, de passer de l'état d'êtres signifiants à celui d'individus vides aux yeux du colonisateur. Ce dernier, semble-t-il, l'avait bien compris : « l'administration française a raison », dit le pasteur Leenhardt, « qui exige sur les listes d'état civil les noms anciens à côté du nom de baptême, car quels que soient un Gabriel ou une Marie, leurs comportements seront différents s'ils restent secrètement un Mindia, un Doui, une Tiano, ou Kapo » (*ibid.*). Mais divulguer un nom secret, c'est gommer tout ce qu'il représente et en détruire la substance, et le processus va de pair avec la dissolution du clan en « foule grégaire », en « unités anonymes ». Le pasteur Leenhardt décrit le « désastre humain » dont ce qui précède est un aspect, et en bon missionnaire il se fixe pour tâche de rétablir le lien humain détruit par la dissolution du mythe, comme il dit, grâce à la rationalité chrétienne ! Dans le même ordre d'idées, un observateur des Indiens de Guyane vers 1880 note que pour éviter de donner leur vrai nom aux Européens, les Indiens leur demandent de leur donner un nom et ils le gardent définitivement dans leurs rapports avec ceux-ci ; c'est pour protéger leur âme qu'ils s'anonyment en se faisant appeler John, Peter ou Thomas (Mallery, 1972, p. 445).

Les exemples qui précèdent montrent divers degrés d'acceptation de la logique du nom propre. Mais il y a encore des cas où celui-ci semble glisser de lui-même, d'un contenu qu'on aurait voulu signifiant, à une coquille vide. Chez les Miwok de Californie, le nom est fait pour évoquer un rapport particulier de l'individu avec l'un des animaux ou objets totémiques. Mais la plupart du temps, « le nom ne mentionne pas le totem, car il est formé au moyen de radicaux verbaux ou adjectifs, pour décrire une action ou une condition également applicable à d'autres totems » (Lévi-Strauss, 2008-a, p. 744) ; Lévi-Strauss note un phénomène semblable chez les Sioux et chez les Hopi, où un nom dont le sens littéral est « Bleu (ou vert) étant apparu », peut, « selon le clan du donneur de nom, se rapporter à la fleur éclose du tabac, ou bien à celle de *Delphinium scaposum* [une fleur], ou encore à la germination des plantes en général » (*ibid.*). Cette transformation spontanée d'une particularisation (bleu de telle fleur) en une indétermination partielle (bleu en général), Lévi-Strauss l'appelle retotalisation et il l'analyse de la façon suivante :

> Le nom propre est formé en détotalisant l'espèce, et par prélèvement d'un aspect partiel. Mais, en soulignant exclusivement le fait du prélèvement et en laissant indéterminée l'espèce qui en est l'objet, on suggère que tous les prélèvements (et, donc, tous les actes de nommer) offrent quelque chose de commun. On revendique par anticipation une unité qu'on devine au cœur de la diversité (*ibid.*, p. 745).

Et il ajoute aussitôt :

> De ce point de vue aussi, la dynamique des appellations individuelles relève des schèmes classificatoires que nous avons analysés. Elle consiste en démarches du même type, et pareillement orientées.

Il est clair que Lévi-Strauss se trompe. Car si la logique profonde du nom propre conduit à souligner exclusivement le fait du prélèvement, réalisant ainsi un prélèvement pour le prélèvement, et si seul s'impose en fin de compte l'acte de prélever, indépendamment de ce qui est prélevé et de ce à partir de quoi l'on prélève, il s'agira d'une dynamique, pour employer l'expression de Lévi-Strauss, qui heurte de front la logique du schème classificatoire ; nous avons montré en effet comment cette dynamique tend justement à extraire l'individu de toute

qualité, de tout ce qui fait sa vie réelle telle que le système classificatoire l'exprime, pour en faire un *quidam*. Contrairement à ce que dit
Lévi-Strauss, la logique du nom propre induit donc des démarches de
type opposé, d'orientation contraire à la logique classificatoire. Et s'il y
a dans ce processus « retotalisation », une « unité qu'on devine au cœur
de la diversité », c'est seulement dans le sens de l'universalité abstraite,
hors classe, du « n'importe qui », de l'anonyme.

De même, lorsqu'il affirme que « le nom propre demeure toujours du
côté de la classification » et que « dans chaque système, par conséquent,
les noms propres représentent des *quanta de signification*, au dessous
desquels on ne fait plus rien que montrer » (*id.* p. 789, passage souligné
par Lévi-Strauss), il est descendu un cran trop bas. Le dernier quanta
de signification réside en effet dans le nom de la dernière classe et pas
dans le nom propre : ce que l'auteur admet d'ailleurs lorsqu'il dit que
« le nom propre souffre ainsi d'une véritable dévalorisation logique. Il
est la marque du "hors-classe" » (*ibid.*, p. 766).

Tel est le traitement de l'individualité, indissociablement une et multiple, au moyen de signes arbitraires de droit ou de fait, volontairement
ou involontairement. Si une catégorie dernière (non subdivisée) d'une
classification a des membres, ceux-ci ne peuvent être que des universels
abstraits. Nous passerons dans le chapitre suivant à l'universel concret,
c'est-à-dire à ce Tout qui se détermine en classifications. L'exemple
suivant nous fournira une transition.

Chez les Iqwaye de Papouasie-Nouvelle-Guinée (Mimica, 1988), le
monde fut créé par une sorte d'éclatement du corps du démiurge Omalyce,
qui s'était engendré lui-même en ingérant sa propre semence. Omalyce
modela ensuite cinq hommes qui s'avérèrent être en réalité des incarnations d'Omalyce lui-même ; intrigué par cette contradiction, l'ethnologue
Mimica s'enquit d'une explication auprès de son informateur. Celui-ci

> plaça un bâton de bambou sur la paume de sa main gauche. Le bâton repré-
> sentait le créateur, et les cinq doigts étaient les cinq hommes. L'informateur
> fit rouler lentement le bâton, avec ce commentaire : « Maintenant il [Omalyce
> représenté par le bambou] se tourne vers Neqwa [le pouce, *i. e.* le premier
> homme], et les deux sont le même. Maintenant il se tourne vers Aqulyi
> [l'index, *i. e.* le deuxième homme], et les deux sont le même [...] » et ainsi de
> suite jusqu'au cinquième doigt. Puis il déclara qu'il y a cinq doigts dans sa
> main, mais qu'ils sont tous un, leur père Omalyce i*Ibid.*, p. 81).

Nous voyons donc des noms propres distincts – Omalyce, Neqwa, Aqulyi, etc. – pour des individus qui ne sont qu'un seul. Mais contrairement aux individus d'une catégorie ultime au sein d'une classification, lesquels sont abstraitement identiques et par là « logiquement » dévalorisés, ceux auxquels nous avons affaire ici sont substantiellement identiques en tant qu'Omalyce et par là « logiquement » valorisés, parce qu'ils ont en eux la puissance créatrice par excellence.

LE DÉMIURGE

Au commencement était l'un-multiple

> Les anciens, qui valaient mieux que nous et qui vivaient au plus près des dieux, nous ont transmis cette tradition, que toutes les choses qu'on dit exister sont issues de l'un et du multiple
> PLATON, *Philèbe.*

> Hommage à Brahma qui est un-multiple, la vraie divinité, l'esprit suprême. Aryabhata expose maintenant trois choses : les mathématiques, le calcul du temps et la sphère
> ARYABHATA, *Aryabhatiya.*

> Disons donc pour quelle cause celui qui a formé le devenir et l'univers l'a formé. Il était bon, et, chez celui qui est bon, il ne naît jamais d'envie pour quoi que ce soit. Exempt d'envie, il a voulu que toutes choses fussent, autant que possible, semblables à lui-même
> PLATON, *Timée.*

Ce serait dénaturer totalement l'effort colossal de com-préhension du monde reflété dans les grandes classifications primitives que de le réduire à un repérage de choses « bonnes à penser » pour bien organiser l'ensemble, et ceci afin d'assouvir une passion pour les jeux de « structures ». De par sa logique propre d'anthropisation du monde, la pensée archaïque est en effet amenée à l'invention du démiurge, et de là à l'idée du dieu-dieux, promise à un grand avenir. C'est ainsi que

l'un-multiple, déjà implicitement omniprésent dans les systèmes classificatoires, et jusque dans ses individus, se hisse à leurs sommets pour
apparaître en entité divine.

NÉCESSITÉ DU DÉMIURGE

Il n'y a pas de pensée archaïque qui ne cherche à décrire l'origine du
monde, à déterminer comment ou par qui il fut créé ; mais comment se
fait-il qu'une genèse, un commencement du monde soit une évidence
dans le cadre d'une pensée à base de mythes et de rituels ? Après tout,
pourquoi la tribu-monde subdivisée en moitiés, elles-mêmes fractionnées en clans et sous-clans, n'aurait-elle pas vécu éternellement selon
cet organigramme immuable ? Pourquoi imaginer un début où il n'y
avait qu'une seule espèce, fractionnée par la suite accidentellement en
groupes devenus relativement étrangers les uns aux autres ? Pourquoi
pense-t-on spontanément que le ciel et la terre ont dû être séparés ?

Qu'il ne soit pas nécessaire d'imaginer une genèse, on le voit bien
chez les penseurs de la Grèce antique. Car si Platon admet une création
du monde, Aristote décrit un monde incréé en mouvement éternel sous
l'effet d'un moteur éternel. La plupart des penseurs grecs antérieurs à
Platon expliquent la formation du monde à partir d'un ou de plusieurs
éléments éternels (comme l'eau, l'air) ; Démocrite admet comme fondement une multiplicité d'atomes éternels qui s'agrègent et se désagrègent
au hasard de mouvements mécaniques dans le vide d'un espace infini.

Si la pensée archaïque invente toujours un ou plusieurs commencements
suivis d'une ou de plusieurs histoires, il doit y avoir une raison qui tient
à sa nature. Nous l'avons qualifiée plus haut de fière et sûre d'elle, mais
dotée de l'inconscience de la prime jeunesse. Elle ne soupçonne pas sa
propre existence ; elle ne se sépare pas du monde, elle est pensée-monde,
c'est-à-dire pensée matérielle et pensée-action. Dans cet univers intellectuel, il n'y a pas de monde objectif indépendant du sujet qui se le
représente. Par conséquent, la représentation mythique, en tant que
production de pensée, est en même temps production réelle, et c'est
le rite qui rend effective cette unité. Il en découle ce que nous avons

constaté en étudiant les classifications primitives, à savoir que le monde ainsi produit est projection du sujet pensant sur la réalité extérieure ; nous avons vu comment chaque individu et chaque groupe se retrouve lui-même, en vertu du totémisme, dans un animal et dans une plante et dans un lieu et dans beaucoup d'autres choses. La forme générale de la pensée-production du monde est donc la démultiplication de l'humain. Nous résumerons ce premier aspect en qualifiant la pensée archaïque d'*anthropisation du monde*.

Le second aspect résulte de ce que la pensée archaïque ne se pense pas elle-même. Tout ce qu'elle invente en matière de mythes et de rites dans le but de s'approprier le monde, elle croit le percevoir comme une réalité extérieure. Le totem n'est pas conçu comme la projection de l'individu (ou du groupe), c'est au contraire le totem qui est conçu comme la vérité de l'individu (ou du groupe). Ce n'est pas nous qui inventons les rites de reproduction de l'ordre cosmique, diront chez tous les peuples traditionnels ceux qui réfléchissent au problème, ce sont au contraire des ancêtres démiurges qui nous les ont révélés, et depuis nous ne faisons qu'appliquer les consignes. Le mythe n'est pas le produit de notre pensée, mais une révélation que nous avons accueillie, et qui est par conséquent définitive et non critiquable. Ce n'est pas notre activité et notre évolution sociale qui ont conduit à l'organisation tribale actuelle, diront par exemple des Amérindiens d'Amazonie, puisqu'il s'agit d'une donnée naturelle venue des temps primordiaux ; c'est ainsi (Descola, 2005, chap. 1) que le gibier peut être un beau-frère (Achuar) ou un conjoint potentiel (Makuna), que la plante cultivée est un enfant qu'il faut mener à maturité (Achuar), que les grands arbres se livrent à des duels tandis que les palmiers ont des rapports pacifiques de cousinage (Yagua), etc. : une sorte de croyance absolument typique et nullement réservée aux Amérindiens d'Amazonie.

Autrement dit, *la pensée archaïque, du fait qu'elle s'ignore, inverse spontanément le processus véritable*[1]. Il est frappant qu'elle le fasse aussi pour la production matérielle, et avec la même obstination : car qu'il y a-t-il de plus évident, dans la taille de la pierre, que les liens de cause à effet successifs entre mon schéma mental préalable, mon travail d'extraction, mon habileté technique, mon labeur et, par exemple, le hachereau final ?

---

1   La pensée archaïque n'est bien sûr pas la seule à inverser des rapports réels. Mais l'idée défendue ici est que l'inversion est dominante dans son mode de fonctionnement.

Eh bien, non : ce n'est pas mon travail qui extrait le galet de la roche et qui crée l'outil, semble dire le tailleur, mais c'est au contraire la roche qui me l'offre si je lui parle gentiment ; certains aborigènes australiens adressent des chants spéciaux à la pierre avant le débitage des lames. En Nouvelle-Guinée, la roche de la carrière est qualifiée de « mère des haches » et « dans certaines régions, les spécialistes de la taille décrivent en chantant [...] de quelle manière la future lame d'herminette vient au monde et sort du ventre de sa mère » (Pétrequin, 1993, p. 117). L'analogie est si bien ancrée qu'elle s'applique même aux produits du jardinage dans les îles Tobriand (au large de la Nouvelle-Guinée), où l'on dit que « mon jardin est comme la roche-mère » (Malinowski, 1974).

Nous avons donc d'une part l'anthropisation du monde, et d'autre part la perception de celle-ci comme un processus extérieur. Pour résoudre la contradiction, c'est-à-dire pour que l'anthropisation du monde soit extérieure, *il faut imaginer un élément anthropique externe, c'est-à-dire de l'humain sublimé* : son domaine sera un second monde, celui des pouvoirs réels, avec un ou plusieurs ancêtres ou des collectivités plus sophistiquées, avec des formes variées de démultiplication de ces humains sublimés. Le monde réel apparaît en fin de compte comme le fruit d'une volonté « humaine » extérieure : d'où la nécessité du démiurge. Et comme cette nécessité est le reflet inversé de l'anthropisation du monde, par laquelle l'humain, individuellement et par groupe, se démultiplie en totems, il en découle que *la genèse archaïque, lorsque sa logique est poussée jusqu'au bout, est au fond la démultiplication du démiurge.*

La genèse est donc l'élément central de toute mythologie archaïque ; elle est réactualisée dans les rites, assurant ainsi la reproduction du monde. Pour la mettre en œuvre rituellement, il faut la raconter ; redoutable problème ! On peut imaginer le Tout, l'existant dans sa totalité, déjà présent à l'origine, mais sur un mode différent : tout est déjà là, mais comme aggloméré, et dans ce cas la genèse n'est pas création, mais séparation. C'est là une première manière, grossière, d'envisager les choses. Plus subtilement, on peut envisager qu'à l'origine existe non pas le Tout comme tel, mais le Tout en puissance ; on imagine alors une matière première indifférenciée qu'il va falloir déterminer, ou bien un individu unique qui se démultiplie, ou encore un individu unique dont le corps, matière première du monde, va lui donner naissance par débitage (sacrifice), ou enfin une sorte d'enveloppe contenant une multiplicité de choses identiques dont chacune est pourtant, en puissance, ceci ou cela (soleil, lune, etc.), et que la séparation fait devenir précisément ceci ou cela. Dans ces recherches, l'un-multiple pur apparaît en horizon, en but objectif duquel on se rapproche par toutes sortes de métaphores ; mais alors que ce concept, lorsqu'il quantifiait l'individu des classes dernières des classifications, le déqualifiant par là même, il doit maintenant à l'inverse, en tant que concept d'origine, engendrer le monde réel, c'est-à-dire se qualifier. Nous allons voir divers moyens d'y parvenir, moyens divers et pas nécessairement exclusifs. Plusieurs mythes de création peuvent en effet coexister pacifiquement, car on n'a pas le souci d'un système unique : on ne raconte pas une histoire, mais des histoires, et éventuellement on rassemble plusieurs histoires en une seule, sans se soucier des contradictions.

LES MULTIPLES INDIFFÉRENCIÉS
DANS LE TOUT ORIGINAIRE

Le procédé le plus immédiat, avons-nous dit, est d'imaginer que tout ce qui existe était à l'origine un agglomérat qu'il a fallu dissocier. Ce procédé vulgaire est la couche superficielle d'un autre où, à l'intérieur de cet agglomérat prénatal, les êtres ne figurent pas tels qu'ils seront, mais plutôt comme des indifférenciés en attente de leurs caractères propres, que seule la séparation initiale leur donnera : c'est le passage de un à plusieurs qui commande la qualification.

À l'origine, nous disent les Baruya de Nouvelle-Guinée, le soleil, la lune et la terre étaient confondus, les esprits, les hommes, les animaux et les végétaux vivaient ensemble et parlaient le même langage (Godelier, 1996) ; pour que tout ce monde revête sa véritable nature, c'est à dire pour que le soleil et la lune déterminent le jour, la nuit et les saisons, il a fallu que le soleil et la lune décident de s'élever au dessus de la terre en poussant le ciel au dessus d'eux. C'est alors seulement, par cette séparation du ciel et de la terre, qu'hommes et femmes, hommes et animaux, animaux et plantes devinrent espèces séparées, chacune avec son langage. On peut remarquer bien sûr que la séparation du ciel et de la terre (ou du ciel et des eaux) est un thème universel que l'on retrouve chez les Maori, dans le Popol-Vuh (Indiens Quiché), dans le mythe Pélasge de Grèce archaïque, en Égypte antique et en Mésopotamie, chez les Hébreux, dans la légende de Pan-kou en Chine, etc. Mais ce qui doit nous intéresser ici est le fait qu'avant la séparation, le soleil, la lune, les espèces terrestres ne sont réellement ni soleil, ni lune, ni espèces : ce ne sont que des multiplicités, des « choses » baptisées par avance pour les besoins de la narration mais indifférenciées de fait, et dont le baptême réel est la scission de la terre et du ciel, elle-même archétype d'une scission générale créatrice d'espèces.

Il en est ainsi chez les Achuar d'Amazonie (Descola, 1986). Les deux frères Soleil et Lune vivaient autrefois sur la terre ; il faisait donc jour en permanence. Lune et sa femme nommée Auju sont décrits comme des individus ordinaires qui chassaient, récoltaient et se chamaillaient comme tout couple qui se respecte. À la suite d'aventures parfaitement prosaïques, et qui n'ont strictement rien à voir avec ce qui en découle, Lune, furieux contre son épouse, décida de monter au ciel le long d'une liane qui reliait la terre et le ciel ; Auju essaya de le suivre, mais Lune avait coupé la liane, provoquant ainsi la chute d'Auju. Le résultat fut que

> Auju se transforma en oiseau et Lune devint l'astre de la nuit. Lorsqu'Auju fait entendre son gémissement caractéristique par les nuits de lune, elle pleure le mari qui l'a quittée. Depuis cette époque, la voûte céleste s'est considérablement élevée et, faute de liane, il est impossible d'aller se promener au ciel (*ibid.*, p. 89).

À l'origine du monde Achuar, donc, tout le monde vit sur terre : telle est l'image représentative des tous en un Tout. En outre, chacun (soleil, lune et oiseau) est un *quidam* et rien de plus : telle est l'image d'identiques indifférenciés. C'est la coupure de la liane qui fait office de libération des identiques et de leur transformation, qui en oiseau, qui en astre : « maintenant que Lune est monté au ciel, il fait nuit régulièrement et nous pouvons dormir. » Encore une fois la séparation déclenche l'existence vraie, qualitative.

Une autre image très répandue, au service de la même idée, est celle du corps, éventuellement démantelé, sacrifié. On se souvient de la genèse Dogon, qui est en partie le sacrifice de l'un des Nommo créés par Amma : son corps fut démembré, les morceaux furent réunis en quatre tas puis projetés aux quatre directions cardinales. Les gouttes de sang donnèrent naissance aux étoiles, les gouttes de sperme du sexe tranché devinrent les germes des naissances futures dans le monde humain et l'eau de pluie indispensable à toute vie (Griaule et Dieterlen, 1991).

On se souvient que chez les Osage de la famille Sioux, des êtres indifférenciés, les « Petits », cherchent à « prendre un corps » pour devenir vraiment un peuple et s'installer sur terre. L'un des problèmes est que la terre est entièrement recouverte d'eau ; comment faire ? C'est alors qu'apparaît Grand Élan, qui s'annonce comme une totalité : « je suis un être qui n'est jamais absent dans tout lieu et dans tout mouvement important » (La Flesche, 1921). En se jetant quatre fois sur la terre, il évacue l'eau qui la recouvre, puis il fait face aux quatre vents – création de souffles de vie – dans l'ordre est-nord-ouest-sud, et il se jette enfin une dernière fois violemment par terre pour engendrer, par démembrement, la géographie terrestre : ses poils deviennent de l'herbe, les muscles de sa croupe des collines, sa colonne vertébrale des chaînes de montagne, l'extrémité de ses cornes des petits ruisseaux et ainsi de suite. La même idée est présente en Inde védique, avec l'auto-sacrifice créateur de Prajapati : la lune est née de son esprit, le soleil de son œil, l'air de son nombril, le ciel de sa tête, la terre de ses pieds ; mais aussi : le brahmane de sa bouche, le guerrier de ses bras, le laboureur de ses jambes et le serviteur de ses pieds. On pense également à Osiris, dont les cheveux sont ceux de Nou, son visage celui de Rê, son cou celui d'Isis, etc., et au Mardouk babylonien victorieux de Tiamat, la Mer-Abîme démiurge monstrueuse :

> [Mardouk] contemplait le cadavre : il voulait débiter la chair monstrueuse pour en fabriquer des merveilles ; il la fendit en deux comme un poisson à sécher et il en disposa une moitié qu'il voûta en manière de ciel. […] Dans le propre foie de Tiamat il plaça les hautes zones célestes […] il ouvrit dans ses yeux l'Euphrate et le Tigre […] Sur ses mamelles il entassa les montagnes lointaines et il y creusa des fontaines pour s'écouler en cascades (Bottéro, 1989).

Comme on le voit, la métaphore du corps démembré est encore une représentation imagée d'un Tout originaire (le corps) qui contient toute la création future (les parties du corps), mais seulement comme des lieux abstraits ; peu importe en effet que ces parties soient appelées bras, jambes, etc., ce ne sont que des façons de les différencier par avance, en fonction de leur avenir, bien que celui-ci n'ait en général aucun rapport avec leur qualité actuelle de bras, de jambes, etc., même si l'on recourt à des métaphores lorsque c'est possible (les poils-l'herbe, colonne vertébrale-chaîne de montagnes, etc.). L'acte décisif, comme nous l'avons déjà souligné, est la séparation de ces lieux abstraits, séparation qui enclenche leur transformation en êtres concrets.

Une autre représentation de lieux abstraits primordiaux, courante en Australie aborigène entre autres, est celle d'un continu indifférencié que des démiurges vont discrétiser, au moyen d'une déambulation créatrice. À l'origine des temps, disent les membres de la moitié Dhuwa des Yolngu (Terre d'Arnhem), deux sœurs, chassées de chez elles parce qu'elles s'étaient unies incestueusement avec des membres de leur clan, se mirent en marche en direction de la mer ; en passant, « elles rencontrent des animaux, des plantes et des pays qu'elles nomment et ce faisant, à qui elles confèrent l'existence » (Caruana, 1994, p. 47). Cette petite histoire est riche de contenu. Le bannissement pour inceste, motif du voyage, n'est pas un détail croustillant pour pimenter l'histoire ; nous avons affaire en effet à une histoire d'origine, et il y a en arrière-plan, implicitement, la métaphore d'une genèse comme création de plusieurs clans exogames issus d'un seul, ce qui rend l'inceste inévitable dans un premier temps. Il est bien connu que ce thème de la création incestueuse (père et fille, mère et fils, frère et sœur entre autres) est universellement répandu, sans être d'ailleurs forcément ressenti comme une transgression, et nous en voyons ici la nécessité : rendre compte du passage de l'un au multiple. Le lieu du voyage, maintenant, est un continu indifférencié qui se discrétise sous l'effet de deux actions : d'une part le passage et l'arrêt, qui par eux-mêmes ne créent que des lieux abstraits, et d'autre part la nomination qui donne un être concret à ces lieux[1]. De la même façon le démiurge Ungambikula des Arunta d'Australie, déjà évoqué,

---

1   Notons en passant que la création par nomination, thème universel bien connu, est un bel exemple d'inversion des processus réels qui s'ajoute à ceux que nous avons donnés plus haut. Le procès vrai est : nous distinguons telle espèce, puis nous lui donnons un nom dont la prononciation évoque cette espèce dans l'esprit collectif. Le procès inversé est : l'esprit (sous la forme de démiurge) pense telle espèce et signale cette pensée par un nom dont la prononciation fait naître, et donc distingue, l'être en question. Vers -1300, un hymne à Amon-Rê évoque ainsi son pouvoir créateur : « Il jargonna, étant le Grand Jargonneur, à l'endroit où il créa, lui seul [...] son hurlement se répandit, alors qu'il n'était point d'autre que lui. Il mit au monde les créatures, etc. » (Sauneron et Yoyotte, 1959).

a créé les lieux totémiques au cours d'une pérégrination, en posant son pied et en prononçant le nom (Spencer et Gillen, 1927). Voici encore une belle expression de déambulation prolifique, selon une croyance commune à tout le monde Sioux, d'après Lévi-Strauss :

> Chaque chose, en se mouvant, à un moment ou à un autre, ici et là, marque un temps d'arrêt. [...] Ainsi, le dieu s'est arrêté. Le soleil, si brillant et magnifique, est un lieu où il s'est arrêté. La lune, les étoiles, les vents, c'est là où il fut. Les arbres, les animaux, sont tous ses points d'arrêt, et l'Indien pense à ces lieux et y dirige ses prières, pour qu'elles atteignent l'emplacement où le dieu s'est arrêté, et obtenir aide et bénédiction (Lévi-Strauss, 2008-b, p. 541).

Dans ce type d'imagerie, l'action préalable indispensable est le parcours et l'arrêt, c'est à dire la transformation d'un continu en unités discrètes, en lieux; non pas en lieux de quelque chose, mais en lieux tout court. À ce titre, ils ne sont que des « uns » spatiaux, dont l'existence doit être produite préalablement. La variété qualitative, quant à elle, est produite ici par la nomination, qui ne peut que succéder à la création des « uns »; la pluralité abstraite des « uns » est première.

Les mythes archaïques rivalisent d'efforts pour imaginer une pluralité abstraite d'origine; parfois, ils cherchent à en décrire l'apparition, nous l'avons vu avec la métaphore du corps et celle de la déambulation, et nous en rencontrerons d'autres encore. Souvent à l'inverse, elle est plus ou moins prise pour un donné, et il ne reste qu'à décrire le passage à une pluralité concrète. Souvenons-nous par exemple, chez les Arunta, de ces êtres informes qu'Ungambikula, l'« existant par lui-même », doit sculpter, réalisant ainsi la transformation des différentes plantes et animaux en humains; même idée avec les « Petits » Osage dont le grand problème est de « prendre un corps ». Nous avons rencontré aussi Corneille et Faucon, identiques au départ, puis différenciés par des aventures cocasses. C'est le même type de démarche qui fait dire aux Desana d'Amazonie colombienne (Reichel-Dolmatoff, 1973) que la tortue a la couleur du vagin depuis le jour où elle assista au coït créateur de toute la tribu, et que l'oiseau cujubim, qui regardait au même moment le pénis de l'homme, a depuis lors le cou rouge[1].

---

1   On aurait tort de se moquer de ces histoires qui expliquent les différenciations par le hasard d'aventures. À moins de se moquer également de la théorie actuelle de l'évolution, doublement fondée sur le hasard : en amont, avec les mutations génétiques, et en aval, avec telle ou telle particularité du milieu qui favorise telle ou telle mutation.

Chez les Navajo, les créatures du premier monde sont le peuple brouillard, superbe image qui évoque à la fois le continu originel et des individus indifférenciés ; ceux-ci n'avaient pas de forme définie et allaient se transformer en hommes, bêtes, oiseaux et reptiles de ce monde. Les mêmes Navajo affirment qu'à l'origine, tous les êtres étaient peuple et pouvaient se débarrasser de leur apparence extérieure à volonté, image classique d'une indifférenciation première. Dans le même ordre d'idées, lors de la montée au troisième monde, on découvre des montagnes et des rivières, mais qui ne se présentaient pas encore sous leur forme actuelle, parce qu'elles n'étaient encore que substance de montagnes et de rivières (O'Bryan, 1993). Pour les Jicarilla, qui étaient dans l'inframonde avant leur émergence sur terre, toute chose était parfaitement esprit ; comme dans un rêve, les gens n'étaient ni chair ni sang, mais ils étaient comme l'ombre des choses (Opler, 1994).

L'INVENTION DU DIEU,
PENSÉE-PAROLE À L'ÉTAT PUR

Ces mythes nous montrent donc une pluralité de « uns » qu'il s'agit de qualifier ; nous n'avons rencontré jusqu'ici que des qualifications provenant d'une action extérieure : sculpture, équarrissage, aventures contingentes, nomination par le démiurge. Il arrive que la pensée archaïque fasse un pas de plus et s'efforce d'imaginer un « un » qui, par lui-même, devient ou produit une pluralité concrète de choses variées. Nous avons déjà rencontré Omalyce, le démiurge des Iqwaye de Papouasie-Nouvelle-Guinée, dont le corps était à l'origine le cosmos, terre et ciel confondus ; son pénis était dans sa bouche, ce qui permettait à sa propre semence, qui était aussi l'eau de la terre, de le maintenir en vie par un circuit bouche-corps et retour. Pour prendre sa respiration, dit le mythe, Omalyce coupa cette espèce de cordon ombilical et c'est alors que la terre et le ciel furent séparés et que le monde apparut. Les yeux d'Omalyce devinrent le soleil et la lune, notre démiurge se mit à vomir sperme et sang, donnant ainsi naissance à toutes choses du monde (Mimica, 1988). Ce thème, recueilli dans les années 80 du vingtième siècle dans un coin perdu de Papouasie, chez des gens pratiquant la chasse et une horticulture de subsistance, est courant dans les premières civilisations et en Grèce archaïque : bel exemple de l'unité de la pensée primitive ! Dans les *Textes des Pyramides* (vers -2300), on apprend que Rê-Atoum crée Shou (air, lumière) et Tefnou (humidité) en crachant ou en se masturbant, avec la différence importante, par rapport à Omalyce, qu'à l'origine, le corps d'Atoum n'est pas le cosmos : tout, y compris les dieux, est en puissance, et seulement en puissance, dans sa semence ou dans sa salive. Nous discernons la même idée, mais sous une forme plus naïve, plus immédiate, avec la création du monde par Enki, d'après les textes paléo-babyloniens du début du deuxième millénaire avant notre ère : il « emplit toutes les rigoles de son sperme, [...], déchirant de son pénis le vêtement qui recouvrait le giron de la terre » ou encore « se campa sur ses pieds, comme un taureau impatient, érigea son pénis, éjacula, et remplit d'eau chatoyante le fleuve [Euphrate] comme si c'eût été une vache » (Bottéro, 1989, p. 153, 173). La *Théogonie* d'Hésiode nous rapporte la légende d'Ouranos dont le sexe, tranché par son fils Cronos, tombe dans la mer où le sperme devient écume et donne naissance à Aphrodite.

L'image du démiurge émettant sa semence n'est évidemment qu'une représentation très imparfaite de l'un-multiple en puissance ; car il faut un émetteur et un récepteur de la semence. Et si, comme dans l'un des *Textes des Pyramides*, on dit qu'Atoum-Rê émet sa semence alors que rien n'existait, la métaphore est plus que bancale. Dans le même ordre d'idées, la pensée archaïque a beaucoup pratiqué l'œuf primordial, mais on n'avance guère puisqu'il faut quelqu'un pour le pondre. Chez les Dogon, l'œuf du monde est créé par la parole d'Amma. Vers -1300, un hymne égyptien à Amon-Rê résout le problème à sa façon, en attribuant au dieu la faculté de fabriquer lui-même l'œuf qui lui a donné naissance :

> Ô artisan de lui-même dont nul ne connaît les formes [...] qui façonne ses images, se créa lui-même. Puissance parfaite [...] qui associe sa semence et son corps pour donner l'être à son œuf en son sein mystérieux [...] Celui qui a tiré son œuf de lui-même, puissance à l'inconnaissable naissance (Sauneron et Yoyotte, 1959 p. 68-69).

Dans le mythe Pélasge, Eurynomé, déesse de toutes choses, émerge du vide ; tout en dansant, solitaire, sur les vagues, elle crée le serpent

Ophion qui, envahi de désir à la vue des ondulations de sa créatrice, s'enroule autour d'elle et la féconde. Eurynomé se change alors en colombe et pond l'œuf universel qui contient toutes choses célestes et terrestres (Graves, 1967). L'œuf n'arrive donc pas vraiment à être primordial, et le thème classique de l'inceste vient à la rescousse pour évoquer une confusion originelle.

Décidément, on a bien du mal à fabriquer dans l'Un une image correcte du multiple en puissance, et seulement en puissance, la puissance s'actualisant sans sollicitation extérieure. La semence et l'œuf ne conviennent pas, parce que le raisonnement sous-jacent est circulaire. Certes, Omalyce prend lui-même l'initiative de couper son « cordon ombilical », mais les parties de son corps préfigurent déjà les créatures. Dans l'une des versions du mythe védique, le démiurge Prajapati prend bien la décision de créer à partir de lui-même, mais il s'agit de son corps, sorte d'agglomérat des choses futures. Cela ne suffit pas, il faut affiner, et en particulier débarrasser l'origine de ses représentations matérielles ; mais comment se passer de représentations matérielles ? Pour les Dogon, l'œuf du monde est un infiniment petit, un point ; la matérialité est ainsi réduite à sa plus simple expression, mais c'est encore une image, celle que nous avons en tête avec le « point matériel » de la mécanique classique, un quelque chose susceptible de mouvement. Mais en amont, et là est la clé de l'affaire, nous apprenons des sages dogons que ce point est issu de la parole d'Amma, lequel n'est que pensée pure. Chez leurs voisins Bambara, une version de la création nous met en présence d'un certain Koni qui se concentre en un point, principe de toute la création à venir ; ce point se dédouble ensuite en se parlant à lui-même, et il crée par sa voix des signes qui préfigurent toute la création ; mais là aussi, Koni n'était en réalité que pensée. Selon une autre version, le « point-esprit » se manifeste en tournoyant sur lui-même de façon à faire naître un espace structuré par les directions cardinales.

Il était inévitable que la pensée archaïque en arrive à la parole pure (c'est-à-dire non nécessairement associée à des déambulations comme chez les aborigènes d'Australie) identique à la pensée pure ; aboutissement plus ou moins mis en relief, plus ou moins développé, plus ou moins dégagé des images matérielles, mais inévitable. Car si, à l'origine, il y avait une chose, qu'elle soit semence, œuf, corps cosmique, « peuple brouillard », « ombre des choses », etc., on aura beau en chanter la fécondité dans des récits tous plus enchanteurs les uns que les autres, il restera toujours le problème de l'origine de cette chose.

On va donc tenter de faire le vide.

Au commencement, nous raconte le Popol-Vuh la « bible » maya quiché (Guatemala)[1], il n'y avait rien que le vide sous le ciel ; pas une personne, pas un animal, aucun arbre, rocher, prairie, canyon : « Tout ce qu'il pourrait y avoir n'est tout simplement pas là » (Tedlock, 1985, p. 72). Pour ne pas avoir de chose initiale, le récit incite en quelque sorte l'auditeur à gommer tout ce qu'il a l'habitude d'avoir sous les yeux ; on fait donc le vide, mais pas tout à fait, puisqu'il y tout de même le ciel, et, semble-t-il, une espèce de matière première insaisissable, neutre, mais qui bouillonne d'impatience d'en venir à une existence réelle : « cela ondule, murmure, soupire, bourdonne. » Malgré tout, les démiurges sont qualifiés de « grands connaisseurs, de grands penseurs dans leur être profond » ; et en effet, ils se réunissent et « conçoivent le croît, la génération des arbres, des buissons, de l'humanité, dans l'obscurité, lors de l'aube initiale [...] ce sont eux qui ont fait naître la terre, sous l'effet de leur parole seule ; pour former la terre, ils dirent "terre" et elle apparut d'un seul coup » (ibid., p. 73). Il est clair, par conséquent, que le substrat matériel initial que décrit le Popol Vuh n'est là que pour la forme, souvenir d'une vieille habitude de pensée. Seule la parole, c'est-à-dire une pure projection de pensée, est réellement créatrice : un mot, et la chose apparaît instantanément.

Pour les Apaches Jicarilla, il n'y avait rien non plus au commencement. Pas de sol, pas de terre, rien que l'obscurité, l'eau et cyclone ; pas de poisson, pas d'être vivant, rien que les démiurges appelés Hactcin. Ils créent la terre, leur mère, et le ciel, leur père, et les premiers Jicarilla sont dans l'inframonde, avant l'émergence, dans l'obscurité, scénario commun aux Amérindiens de la région. On apprend cependant que cette première création est « comme dans un rêve », puisque « toute chose était parfaitement esprit et sainte, exactement comme un Hactcin [...] les gens n'étaient pas réels, il n'avaient ni chair ni sang. Il étaient comme l'ombre des choses » (Opler, 1994, p. 1). Comme les Dogon et les Bambara, comme les Maya-Quiché, les Jicarilla expriment à leur

---

1   Popol Vuh signifie Livre du Conseil. Il fut mis par écrit au XVIe siècle dans une transcription alphabétique (inventée par les missionnaires) de la langue quiché (Tedlock, 1985).

manière qu'au commencement est le pur esprit qui en outre, dans un premier temps, n'engendre que des purs esprits.

Et en effet, si on imagine un début sans rien – il n'y avait ni ceci, ni cela, ni autre chose –, que reste-t-il sinon le penseur lui-même face à ce néant ? C'est ainsi que la pensée archaïque, à force de réfléchir au problème de l'origine, finit nécessairement par se retrouver face à elle-même ; mais, comme nous le savons, étant inconsciente de soi, elle ne se reconnaît pas et se perçoit au contraire comme un penseur extérieur. *C'est ainsi que l'on invente le dieu-démiurge sous sa forme de pensée pure face au néant, de pensée créatrice en tant que parole* ; non pas la vague vitalité générale au fondement de l'animisme, mais une entité précise, source de la vitalité générale et antérieure à elle.

Faisons le point : nous étions à la recherche de l'un-multiple originel, et nous l'avons rencontré sous de multiples figures. Il y avait le corps-agglomérat qui s'avère rassembler des choses multiples mais identiques avant la dislocation du corps, il y avait aussi l'étendue transformée en lieux qui ne sont que des lieux, c'est-à-dire des identiques, avant que la nomination ne fasse son effet, et il y avait encore toutes sortes d'identiques comme les « Petits » des Osage qui s'efforcent de « prendre un corps », comme Faucon et Corneille indifférenciés avant leur dispute, ou comme les Inapertwa que le sculpteur démiurge différencie en plantes, animaux et humains. Mais avec la pensée-parole, avec l'entité « dieu », serions-nous enfin parvenus à une image de l'un sans multiplicité préexistante, c'est-à-dire au « un » qui certes pourrait devenir multiple, mais seulement s'il le voulait bien, s'il le décidait selon son bon plaisir ? Ce n'est pas le cas ; nous avons vu plus haut (§ 1) que la logique de la genèse archaïque fait de celle-ci une démultiplication du démiurge, et en effet, malgré tous les efforts allant en sens contraire, l'entité « dieu » s'avère être en réalité l'entité « dieux ». Avec dieu-dieux, nous sommes en présence non pas de l'un pur, mais de la forme explicite[1] la plus pure de l'un-multiple dans la pensée archaïque. Nous devons nous y attarder un instant.

---

1   La forme implicite se voit dans l'individu des dernières classes : voir « L'individu et son nom "propre" ».

LE DIEU-DIEUX

> Né de la substance de Dieu, Dieu né
> de Dieu, lumière née de la lumière, vrai
> Dieu né du vrai Dieu.
> *Symbole* du Concile de Nicée, 325 après J.-C.

Si l'on admet que l'entité « dieu » est la représentation extérieure de la pensée, c'est-à-dire au fond qu'avec cette entité la pensée finit par se trouver face à elle-même dans le miroir de l'origine, nous avons déjà, objectivement, un dédoublement. À quoi il faut ajouter un dédoublement subjectif, maintenant, car si le dieu-pensée est seul au monde, que peut-il penser sinon lui-même ? Le dieu est donc au moins duel, et non un. Et dans la réalité des mythes, il est multiple, et cette multiplicité abstraite est comme le moule de la multiplicité concrète de la création : de même que les aborigènes australiens imaginent des lieux abstraits avant qu'ils ne deviennent (grâce à la nomination) des lieux de ceci ou de cela, les mythologies créent des dieux abstraits avant qu'ils ne dégénèrent, pourrait-on dire, en dieux de ceci et de cela. Nous l'avons constaté dans notre coin perdu de Papouasie-Nouvelle-Guinée, où Omalyce modèle cinq hommes qui ne sont chacun qu'Omalyce lui-même. L'exemple du système divin des Sioux Oglala est particulièrement frappant (Walker, 1917). Il se présente de prime abord comme un beau panthéon bien organisé :

	Wakan Tanka			
	Dieu chef	Grand esprit	Créateur	Exécutant
Dieux :				
Supérieurs	Soleil	Ciel	Terre	Rocher
Associés	Lune	Vent	Belle femme	Ailé
Apparentés aux dieux :				
Subordonnés	Bison	Ours	Quatre vents	Tourbillon
Êtres divins	Esprit	Fantôme	Spirituel	Puissance

Wakan Tanka semble être le dieu suprême qui aurait quatre subordonnés, nommés respectivement Dieu chef, Grand esprit, Créateur et Exécutant, chacun ayant à son tour quatre subordonnés en deux catégories, les dieux proprement dits et les apparentés au dieux. Il n'en est rien tout simplement parce que nous aurions un panthéon de vingt-et-un dieux, alors qu'ils ne sont en réalité que seize. Il faut comprendre que Dieu chef, Grand esprit, Créateur et Exécutant sont chacun quatre en un et que Wakan Tanka, qui résume le tout, est lui même seize en un. L'informateur de J.R. Walker est très net là-dessus :

> Tout objet dans le monde a un esprit, et cet esprit est wakan [...] Wakan vient des êtres wakan. Ces êtres wakan sont supérieurs aux humains de la même manière que les humains sont supérieurs aux animaux. Il ne sont pas nés et ne mourront pas [...] Il y a plusieurs de ces êtres mais tous sont de quatre types. Le mot Wakan Tanka signifie tous les êtres wakan parce qu'ils sont tous comme s'ils étaient un (*ibid.*, p. 152).

Le « ils sont tous comme s'ils étaient un » n'est pas une phrase en l'air. L'informateur ayant donné la liste des huit dieux supérieurs et associés, la conversation se poursuit :

> ENQUÊTEUR – il y a donc huit Wakan Tanka, n'est-ce pas ?
> INFORMATEUR – non, il n'y en a qu'un.
> ENQUÊTEUR – vous en avez nommé huit et dit qu'il n'y en a qu'un. Comment est-ce possible ?
> INFORMATEUR – c'est exact, j'en ai nommé huit. Ils sont quatre, Soleil, Ciel, Terre, Rocher. Ce sont les Wakan Tanka.
> ENQUÊTEUR – vous en avez nommé quatre autres : Lune, Vent, Belle femme, Ailé. N'est-ce pas ?
> INFORMATEUR – oui, mais ces quatre sont les mêmes que les Wakan Tanka. Soleil et Lune sont le même, Ciel et Vent sont le même, Terre et Belle femme sont la même, Roche et Ailé sont le même. Ces huit sont seulement un. Les shamans savent ce qu'il en est, mais le peuple ne le sait pas. C'est wakan [mystère]. (*Ibid.*, p. 154)

Tels sont donc les « esprits » des choses, différents des choses elles-mêmes et au dessus d'elles, mais ces esprits sont un ; il est, indissociablement, un-multiple. Les contradictions que l'on peut relever dans les divers récits proviennent du fait que chacun des aspects, étant en réalité le même que ses collègues, est nécessairement aussi le tout, Wakan Tanka lui-même. Par exemple Rocher est le plus vieux, le grand-père de toutes choses, suivi dans l'ordre chronologique par Terre, grand-mère de toutes choses. Pourtant, en tant que wakan, ils devraient être éternels : l'image est que l'esprit s'est démultiplié en lui-même à un moment donné, devenant en esprit Rocher puis Terre, sans cesser d'être l'esprit unique, bien que chacun d'entre eux soit « toutes choses » en puissance. Un dieu peut bien essayer de se grandir, le droit commun le rattrape sans tarder. Ainsi Soleil sera dit volontiers supérieur autres, « le grand », « notre père », mais il n'est que le troisième dans l'ordre chronologique, et c'est Ciel qui lui a donné son pouvoir et qui peut le lui retirer.

On doit bien comprendre que le dieu a été inventé pour résoudre un problème central, celui de la genèse ; il est là pour créer à partir de rien, c'est-à-dire à partir de lui-même. Il faut donc se débarrasser d'une conception courante, selon laquelle les premiers dieux sont des puissances naturelles anthropomorphisées, c'est-à-dire des dieux de ceci ou de cela qui ont été ultérieurement unifiés en dieu tout court, dieu de tout. Il n'est en effet aucune cosmogonie archaïque, à ma connaissance, qui ne raconte au contraire une entité unique (plus exactement que l'on voudrait unique) porteuse d'une descendance à qui des fonctions spéciales sont éventuellement attribuées pour satisfaire au besoin de représentation matérielle, pour la pratique du culte ordinaire, un peu comme le culte des saints. Ce qu'il s'agit d'exprimer par cette invention, c'est le pouvoir créateur, au fond le pouvoir de se démultiplier. Nous en avons donné ci-dessus les images les plus courantes. Mais à partir du moment où les penseurs archaïques, d'image en image, se rapprochent du concept de dieu, l'image représentative cesse d'être principe d'explication pour se muer en simple auxiliaire métaphorique ; on tend donc à exprimer sans détour l'auto-démultiplication, c'est-à-dire le multiple originel dans l'un originel. Expression particulièrement nette chez les Bantous du Zaïre, où le démiurge créa les Esprits « par une métamorphose de sa propre personne, en la divisant magiquement sans qu'il en perde rien » (Fourché et Morlighem, 1973, p. 11) ; nous réservons les détails, très intéressant, pour le chapitre consacré à la numérologie.

Cet effort de la pensée, spéculation qui précède de très loin la philosophie mais qui, en quelque sorte, lui pave la voie, puisque le dieu est la pensée extériorisée face à elle-même, nous l'avons décelé à des degrés divers de développement en Australie aborigène comme chez les Amérindiens, en Papouasie comme en Afrique. Partout, le problème s'est posé et a été résolu dans des formes très variées, mais qui reflètent un contenu étonnamment semblable. Dans les époques tardives, l'énergie spéculative bat son plein et fabrique des théologies qui, encore et toujours, se débattent avec le problème de l'un-multiple créateur ; au beau milieu d'un foisonnement de représentations, le problème y est souvent posé avec une grande netteté. Il vaut donc la peine, dès maintenant, d'y jeter un coup d'œil, ce qui nous aidera à mettre en perspective le matériau rassemblé jusqu'ici.

APERÇU SUR LA DIVINITÉ MULTIPLE
DANS L'ORIENT ANCIEN

Nous avons déjà mentionné Atoum, le démiurge égyptien. Selon les *Textes des Pyramides*, lors que « rien n'existait qui fut établi, alors que le désordre même n'existait pas » (Sauneron et Yoyotte, 1959, p. 46) – il y avait cependant le Noun, les eaux primordiales –, Atoum est « venu de lui-même à l'existence » ; d'après les *Textes des Sarcophages*, en crachant ou en se masturbant, il mit au monde Shou et Tefnou et du coup, « il était un et il devint trois » (*ibid.*, p. 47). Atoum se reproduit donc en trois exemplaires. Ailleurs, c'est Noun qui est venu à l'existence de lui-même, et qui a donc droit au titre de père des dieux ; titre que l'on accorde éventuellement aussi à Shou, le propre fils d'Atoum-Rê : mais qu'importe puisque l'idée sous-jacente est que tous sont un ? Dans l'autre sens, un est tous en tant que pensée concevante de noms : « Je [Atoum-Rê] suis celui qui a créé ses noms, le seigneur de l'Ennéade [les huit dieux engendrés par Atoum, et Atoum lui-même] […] C'est Rê qui a créé les noms de ses membres, après quoi les dieux qui sont à sa suite vinrent à l'existence » (*ibid.*, p. 48). Mais comme les noms précèdent l'existence des nommés, ils ne peuvent être que Rê se pensant lui-même. Dans un *Livre des Morts* dont l'original est aussi ancien que les *Textes des Pyramides*, Atoum n'est que l'apparence de Ptah, dieu principal de Memphis (*ibid.*, p. 63-64) ; il attribua la vie à tous les dieux par son cœur et par sa langue, « l'un concevant, l'autre décrétant tout ce que veut [Atoum-Ptah]. » La pensée se forge dans le cœur, la parole actualise sa puissance démultipliante : « l'Ennéade est, en fait, les dents et les lèvres dans cette bouche qui prononça le nom de toute chose, dont Shou et Tefnou sont sortis, et qui a mis au monde l'Ennéade. » Le texte se poursuit avec une description de toute la création due à la parole de Ptah, création qui se révèle être en fin de compte le corps des dieux, image que nous avons déjà rencontrée dans la genèse Osage dont le noyau est la recherche de corps par les « Petits » afin qu'ils puissent devenir peuple. Les dieux créés par Ptah, donc,

> entrèrent dans leurs corps, en toute sorte de plante, toute sorte de pierre, toute sorte d'argile, en toute chose qui pousse sur son relief et par lesquelles ils peuvent se manifester [...] Ainsi les dieux se joignirent-ils à lui, ainsi que leurs *kas* [doubles spirituels], étant satisfaits et réunis dans le seigneur des Deux Pays [le roi].

La pensée-parole ne s'éparpille pas donc pas ; multiple en puissance par les noms, multiple réalisé par leur énonciation, mais toujours une.

Voici enfin Amon-Rê, autre artisan de lui-même, le « Grand Jargonneur » que nous avons déjà rencontré ; le *Papyrus 1350 de Leyde* (*ibid.*, p. 68-69) nous révèle qu'il est huit en un, il est aussi neuf en un, son corps est celui de Ptah et de Rê-Soleil, tout en étant aussi celui de tous les dieux :

> L'Ogdoade [huit dieux en un seul] fut ta manifestation première, jusqu'à ce que tu aies parfait son nombre, étant l'Un. Ton corps est caché parmi ceux des anciens ; tu t'es caché en Ta-te-nen [Ptah] pour mettre au monde les divinités primordiales [...] Puis tu t'es éloigné devenant l'habitant du ciel, établi sous forme de soleil.

et dans le même texte :

> L'Ennéade était incluse en tes membres [...] tous les dieux étaient joints en ton corps.

La spéculation allait également bon train en Inde védique, en particulier dans le *Satapatha Brahmana*[1]. Dans le chapitre XI-1-6 de ce recueil[2], Prajapati, que nous connaissons déjà pour avoir fait le monde

---

1 Mis par écrit vers -800 ? Les *Brahmanas* sont des textes de justification des rites. Les citations qui suivent sont la mise en français de la traduction anglaise de J. Eggeling (1882).
2 Partiellement traduit en français par J. Varenne (1967).

avec son corps, s'y prend cette fois-ci avec sa parole seule, et la suite des évènements est pour nous du plus haut intérêt. Prajapati, donc, crée les dieux (*deva*) de sa bouche, dieux habitant le ciel (*div*), et du même coup la lumière du jour (*diva*) : la parole étant l'actualisation du potentiel de la pensée pure, quoi d'étonnant à ce que les consonances soient prises pour des indices signifiants ? Plus loin, Prajapati se rend compte qu'il a tout (*sarva*) obtenu subrepticement (*tsar*), ce qui devient *sarvatsara*, que les savants védiques savent identiques à *samvatsara*, l'année. Du coup, Prajapati est l'année : en vérité, j'ai créé un double de moi-même, l'année, se dit-il. Et ceci est d'autant plus vrai que les mots Prajapati et *samvatsara*, ont chacun quatre syllabes ! Nous nous intéresserons plus loin à la numérologie ; ce qui nous retiendra pour l'instant est que Prajapati a créé un double de lui-même. Et ce n'est pas fini. Il crée quatre dieux, ses fils, dont chacun veut être le tout (« puissè-je devenir toutes choses ici-bas ! »), et le devient en effet, nous dit le texte : l'un d'eux devient les eaux, « car les eaux sont toutes choses ici-bas », Prajapati lui-même devient le souffle pour la même raison, Indra devient la parole, enfin Agni et Soma[1] sont respectivement le mangeur et la nourriture, parce que « en vérité, la nourriture et le mangeur de nourriture sont tout ici-bas ». Après le double de lui-même, c'est donc un quadruple de lui-même que Prajapati met au monde. C'est bien l'un-multiple qui cherche encore à s'exprimer ici, c'est bien le modèle d'Omalyce de Papouasie qui est à l'œuvre ; mais si, dans les *Brahmanas*, le modèle est empêtré dans le rituel, il est au contraire clairement mis en lumière dans les *Upanishads*[2]. On peut même dire que le mystère de l'un-multiple en est le seul et unique thème, comme si c'était, parmi les auteurs de ces textes magnifiques, à qui trouverait les images les plus brillantes pour le rendre vivant et le développer.

Au commencement, nous explique l'*Upanishad Brihadaranyaka*[3], était le Soi seul, sous forme d'une personne ; il s'agit du *Brahman*, la

---

1 Agni est le feu et l'autel du feu sur lequel sont jetées les oblations (donc le mangeur), le Soma est une boisson probablement hallucinogène (donc une nourriture).

2 Nous évoquons ici ceux des *Upanishads* que l'on date de quelques siècles avant J.-C. Beaucoup plus courts que les *Brahmanas*, les *Upanishads*, sans être des traités philosophiques, cherchent à tirer la substantifique moelle de la pensée védique, sous une forme poétique extrêmement belle.

3 Entre 800 et 700 avant J.-C. ? J'utilise la traduction anglaise de Max Müller (1884). Traductions partielles en français par Jean Varenne (1981, 1984).

réalité absolue. Autour de lui il ne vit que son Soi. Son premier mot fut :
« C'est moi », et il devint « Je » par son nom. Le premier acte précédant
la création proprement dite est donc un premier dédoublement abstrait
par la prise de conscience de soi, matérialisée par l'énoncé de son nom,
adressé à lui-même. Regardant autour de lui, le Soi ne voyant que son
Soi ne put éprouver aucune joie, et décida d'un dédoublement matériel
pour devenir homme et femme. Et voici comment la suite du texte
exprime que toute la création qui s'en suit n'est que la production du
même, le *Brahman* démultiplié :

> Elle [la partie femelle de Brahman] pensa : Comment peut-il m'étreindre,
> après m'avoir tirée de lui-même ? Je dois me cacher. Elle devint une vache,
> lui devint un taureau et l'étreignit, et de là naquirent les vaches. Elle devint
> une jument, et lui un étalon, elle une ânesse, lui un âne, [...] elle une chèvre,
> lui un bouc, elle une brebis, lui un bélier [...]

et ainsi de suite jusqu'aux fourmis, chaque couple donnant naissance
à l'espèce concernée. La création n'est donc, une fois de plus, que
l'identique démultiplié et par là même déguisé en races diverses ; le
Soi le dit lui-même un peu plus loin : « En vérité je suis cette création. » Naturellement, il est aussi tous les dieux : « Et quand ils disent
"sacrifice à tel ou tel dieu", chaque dieu n'est que sa manifestation, car
il est tous les dieux. »

Ce Brahman réalise donc l'exploit d'être le tout, tout en résidant dans
chaque être ; c'est cette contradiction là, fondamentale, qui est déclinée
à n'en plus finir dans les *Upanishads*. Dans la même *Brihadaranyaka* :

> La terre que voici est du miel pour tous les êtres, et tous les êtres sont du
> miel pour cette terre ; quant à ce personnage fait de feu et d'ambroisie qui
> réside dans la terre, personnage qui, du point de vue humain, réside dans
> le corps, il est l'Âme en vérité, il est l'ambroisie, le brahman, toute chose !

Et le poème liste dans les quatorze strophes suivantes les « résidences »
de l'Âme : l'eau et le sperme, la flamme et la parole, le vent et le souffle,
le soleil et l'œil, la lune et la pensée, etc.

Le Soi est de même présent, et en totalité, dans chaque « soi »
individuel, car le Soi ne se partage pas. Et toute l'éducation, toute
la discipline (yoga) vise à rendre chaque individu conscient de cela
pour qu'il parvienne à s'identifier au Soi. Le Soi n'a aucune qualité,

aucune détermination, il est le « un » pur, le « Cela » vide, ce dont chaque « soi » doit se persuader. C'est ce qu'un père explique à son fils Shvétatéku dans l'*Upanishad Chandogya* (vers -500 ?) au moyen de plusieurs métaphores, dont celle-ci : les abeilles réduisent le suc des diverses plantes à un suc unique qui est incapable de se souvenir de ses origines particulières. De même :

> toutes les créatures ici-bas lorsqu'elles entrent dans l'Être, ignorent qu'elles y entrent : tigre ou lion, loup ou sanglier, ver ou papillon, mouche ou moustique, quelle que soit leur condition ici-bas, elles sont toutes identiques à cet être qui est l'essence subtile. L'univers tout entier s'identifie à cette essence subtile, qui n'est autre que l'Âme ! Et toi aussi, tu es Cela, Shvétatéku (Varenne, 1981).

Chaque métaphore se termine par le même refrain, « L'univers tout entier s'identifie [...] tu es Cela, Shvétatéku ». Cela avec un « C » majuscule, comme l'écrit Varenne dans sa traduction, car « Cela », c'est le *Brahman*, excellemment qualifié par ce « Cela » puisqu'il est inqualifiable. La connaissance suprême est l'identification du « soi » et de « Cela ». Nous constatons ici, et c'est remarquable, que l'un-multiple, que nous avons reconnu dans l'individu des classes dernières des classifications primitives, doit chercher à rejoindre, pour son salut, l'un-multiple créateur placé en tête de ces mêmes classifications : belle négation de la négation ! Il y a une raison à cela ; de même qu'à l'origine la prise de conscience du « Soi » le dédouble, le rend créateur et souverain de la création, la prise de conscience finale du « soi » comme « Soi » et son identification à lui l'élève au dessus de la création, de ses aléas et de ses douleurs :

> Et celui qui discerne
> que tous les êtres sont dans l'Âme
> et que l'Âme est dans tous les êtres,
> celui-là ne s'en détache plus.
>
> Oui, s'il perçoit qu'en lui
> l'Âme est devenue tous les êtres,
> comment pourrait-il s'angoisser ?
> Et comment pourrait-il souffrir
> s'il discerne en lui l'Unité ?
> (*Isha Upanishad*, Varenne 1981)

Sans changer vraiment d'époque, déplaçons-nous maintenant vers l'Ouest. Pour qui se représente le panthéon grec comme une assemblée de dieux personnels, il pourra être surprenant de retrouver l'idée fondamentale du dieu un-multiple, du dieu-dieux, sous la plume de Jean-Pierre Vernant (1973), dans un intéressant ouvrage collectif consacré à la notion de personne. La puissance divine, nous dit l'auteur, n'a d'être que dans un réseau divin,

> et dans ce réseau elle n'apparaît pas nécessairement comme un sujet singulier, mais aussi bien comme un pluriel : soit pluralité indéfnie, soit multiplicité nombrée. Entre ces formes pour nous exclusives l'une de l'autre – une personne ne saurait être plusieurs –, la conscience religieuse du Grec ne pose pas d'incompatibilité radicale.

Et de renvoyer, en note, à une remarque d'André-Jean Festugière, selon qui « c'est un fait, et de grande portée, que la pensée grecque n'a jamais distingué entre *theos* et *theoi*, entre dieu et les dieux.» Vernant poursuit avec quelques exemples, dont celui de Zeus lui-même qui, dans le culte, est toujours multiple.

On ne pouvait terminer cette petite excursion théologique sans mentionner le dieu des Hébreux, Jahvé ; car Jahvé, lui aussi, a bien du mal a cacher sa multiplicité. Il y a certes une multiplicité apparente faite de mystérieux « fils de Dieu » (Genèse 6) distincts des fils et filles d'homme, et aussi d'anges, d'armée des cieux, de chérubins ; de plus, dans de nombreux passages de l'Ancien Testament, *Elohim* (Dieu) apparaît comme un dieu parmi d'autres, l'ethno-dieu de la maison de Jacob, même s'il est censé être le plus grand dans la communauté des *Elohim*. Mais il y a plus profond, plus intrinsèque : car s'il est « Dieu », il est *Elohim*, qui est un pluriel en hébreu, et dans sa traduction André Chouraqui rajoute un « s » à la fin d'Elohim pour bien enfoncer le clou ; s'il est « Seigneur », il est *Adonaï*, qui est aussi un pluriel. Pour reprendre l'expression de Festugière, il semble que chez les Hébreux comme chez les Grecs, la pensée ne distingue pas – à juste titre – entre dieu et dieux. Son nom, Jahvé, signifie « Je serai qui je serai » d'après Chouraqui, « Je suis qui je serai » d'après la *Traduction Œcuménique de la Bible*, « Je suis celui qui est » d'après la *Bible de Jérusalem* (Exode 3) ; dans le même passage, le dieu se nomme lui-même « Je serai » ou « Je suis » selon les traducteurs : Jahvé, se pense, il dit « je », il est donc déjà double. En outre, en se définissant comme « celui qui est », l'être pur en un, est-il autre chose qu'un « ceci », une monade, n'est-il pas de ce fait intrinsèquement multiple[1] ?

Yahvé a créé l'homme à son image : c'est ainsi qu'il actualise sa multiplicité, et c'est ainsi qu'il se prépare des ennuis. Car de même que les créatures d'Omalyce de Papouasie sont Omalyce lui-même, de même que chacun des dieux Oglala d'Amérique aspire à être le dieu, de même encore que chacune des créatures de Prajapati, le démiurge védique, aspire à être le tout, les hommes aspirent à être dieux. Le drame naît de là : si vous mangez des fruits de l'arbre interdit, dit le serpent, « vous serez comme des dieux possédant la connaissance du bonheur et du malheur » (Genèse 3-5). Et en effet, après la désobéissance fatale, Jahvé dit « voici que l'homme est devenu comme l'un de nous [il ne dit pas "comme nous", ce qui pourrait être un pluriel de majesté, mais bien "l'un de nous", un vrai pluriel] par la connaissance du bonheur et du malheur » (Genèse 3-22) ; la jalousie de Jahvé face à sa propre émanation est visible encore dans l'épisode de la tour de Babel (Genèse 11), où l'édifice grandiose est à ruiner d'urgence parce sinon, « rien de ce qu'ils projetteront de faire ne leur sera inaccessible ».

---

1   Cette question apparaît dans un texte apocryphe chrétien, le *Roman pseudo-clémentin*, du IIIe ou IVe siècle. Simon le magicien fait remarquer à l'apôtre Pierre que plusieurs passages des « écrits juifs » (l'Ancien Testament) font référence à la pluralité de Dieu. Pierre ne nie pas le fait mais il en donne plusieurs raisons, dont celle-ci, que les prophètes parlaient ainsi pour soumettre les auditeurs à la tentation ! Beaucoup plus intéressante est son explication du fait que Dieu dit « faisons l'homme à notre image ». En réalité, dit Pierre, c'est que Dieu parle à sa sagesse comme avec son propre esprit, et que cette dernière s'étend hors de lui pour fabriquer l'univers. De même, poursuit-il, que c'est d'un homme unique qu'est sorti le féminin, « s'il y a effectivement monade, par le genre elle est dyade. » Mais il semble reculer aussitôt : « car si l'on considère la monade selon l'extension et la contraction, elle apparaît dyade. » Un peu plus loin, il affirme même que le Christ, en tant que fils de Dieu, ne peut être Dieu, parce qu'on ne peut identifier l'engendré et l'inengendré (Geoltrain et Kaestli, 2005, p. 1499-1509).

TABLEAU RÉCAPITULATIF

Genèse = Articulation temporelle du Tout	
Principe réel	Anthropisation : individus et groupes humains se projettent, se démultiplient dans les espèces naturelles. Monde *pensé* par le mythe et *mis en scène* par le rite.
Principe inversé (subjectif)	Anthropisation venue de l'extérieur (second monde) : démultiplication du démiurge en espèces humaines et naturelles, indistinctes au commencement. Monde connu par la *révélation* du mythe et *maintenu* (*reproduit*) par le rite.
Formes frustes de démultiplication originelle	Conglomérat initial, puis séparation spécifiante. Éclosion de l'œuf primordial.
	Multiplicité de « cellules-souches » (ombre des choses, peuple brouillard) en attente de diversification.
	Individus indifférenciés devenant espèces variées à la suite d'aventures rocambolesques.
	Continu indifférencié discrétisé en « lieux » par déambulation du démiurge.
	Corps démembré.
	Crachat ou émission de sperme par le démiurge.

Forme aboutie de démultiplication originelle	Démultiplication du dieu par lui-même (dieu-dieux), sous l'effet de sa pensée-parole face au néant ou à une matière première indistincte.

Nous avons passé en revue diverses formes, plus ou moins abouties, de l'un-multiple préexistant ; avant d'examiner de plus près les voies de sa mutation en quanta, nous nous intéresserons à quelques-unes de ses représentations remarquables, imaginées par la pensée archaïque.

REPRÉSENTATIONS ARCHAÏQUES REMARQUABLES DE L'UN-MULTIPLE

Sons, signes graphiques et cycles

Qu'il soit « ombre des choses », « peuple brouillard », « Petits » en attente de leur corps, ou, de façon plus spéculative, dieu-dieux, pensée-parole à l'état pur, l'un-multiple donc est le mystère numéro un des mythologies primitives lorsqu'elles se confrontent au problème de l'origine du monde. Ce mystère ne cessera de hanter les penseurs des temps anciens : leitmotiv des *Upanishads* védiques et du taoïsme originel chinois, trame de fond du jaïnisme, casse-tête dans le *Parménide* de Platon, recherche inlassablement formulée et reformulée dans les *Ennéades* (ou *Traités*) de Plotin.

S'agissant de la pensée archaïque proprement dite, son caractère fondamental, comme nous le savons, est d'être pensée-action ; par conséquent le mythe, en même temps qu'une explication, est un appel à l'action, donc au rite. Il est tout à fait remarquable de trouver chez certains peuples des rites de répétitions apparemment absurdes, mais qui, à y regarder de plus près, ne sont rien d'autre que la matérialisation et la mise en marche de l'un-multiple créateur. Les « matières » que nous allons examiner sont les sons, les signes, et certains phénomènes cycliques.

SONS

Il est bien connu que chez les peuples traditionnels, tout est rythmé. Il n'est guère de rite qui ne soit fait de paroles en mesure, de chants et de danses. On peut même dire que, pour une large part, tout est rythme :

L'examen de la narration et de la poésie primitives montre que la répétition, et la répétition rythmique en particulier, est l'une de leurs caractéristiques esthétiques fondamentales (Boas, 1955, p. 310).

En musique par exemple, le rythme se développe savamment, mais la mélodie, quand elle existe, se réduit à peu près à la répétition d'un phrasé très court ; très souvent même, le texte d'un chant consiste en une phrase courte répétée indéfiniment. Les rituels de genèses sont incroyablement alourdis par des litanies ou par la répétition de la même idée sous des déguisements variés ; il est légitime de penser que l'effet attendu de la répétition est la reproduction ou le maintien de la puissance créatrice. Aurions-nous là la raison profonde du « tout rythmique » si caractéristique des sociétés traditionnelles ? Chez les aborigènes australiens, par exemple, la danse reproduit les déambulations des ancêtres du Temps du Rêve : peut-on dire que le rythme de la danse, fortement marqué par des percussions[1], reflète le rythme marche-arrêt des démiurges[2] ? Nous ne pouvons que poser la question. Ce n'est que dans des formes plus développées de la pensée archaïque que le lien entre répétitions rituelles et démultiplication créatrice est incontestable. Le cas est particulièrement frappant dans le védisme.

Nous avons vu que la recherche d'un début du monde se fait par une réduction – au commencement il n'y avait ni ceci, ni cela, ni autre chose – au bout de laquelle il ne reste que la seule chose irréductible, à savoir la pensée qui opère la réduction. Si commencement et création il y a, ce ne peut donc être qu'œuvre de pensée, déguisée en dieu. La genèse, par conséquent, est extériorisation de la pensée, c'est-à-dire la parole : au commencement, dira l'apôtre, était le Verbe, le Verbe était avec Dieu, le Verbe était Dieu et tout fut par lui. Il arrive à l'archaïsme de raconter cela sans fard, sans sophistication aucune, avec des ancêtres du Temps du Rêve qui créent les lieux en s'y arrêtant et en les nommant, ou avec Elohim disant « une lumière sera » pour que la lumière soit. Mais il peut aussi chercher à sonder jusqu'au tréfonds le phénomène de la parole, et c'est ce que firent les penseurs védiques, qui, dans la foulée, furent les pionniers de la science du langage.

---

1   Les célèbres *didjeridus* ne sont utilisés que dans le nord, en Terre d'Arnhem.
2   On se souvient que les ancêtres démiurges accomplissent leur œuvre en nommant les lieux à chacun de leurs arrêts. La création est répétition d'arrêts, et par là détermination de l'espace en lieux.

Dans le védisme, puisque la parole est créatrice, le sanscrit est la langue par excellence ; et pour la même raison, les mots (en sanscrit) sont l'essence de ce qu'ils désignent. Il en découle que l'étude de la langue est l'essentiel du Veda, c'est-à-dire du savoir. Les sciences annexes des textes révélés sont en effet la phonétique, le rituel, la grammaire, l'étymologie, la métrique et l'astronomie ; si l'on prend en compte le fait que tout rituel s'accompagne de récitations, on voit que les trois-quarts au moins de la science védique tournent autour du langage. La grammaire est considérée comme le véda des védas, la science des sciences, et le grammairien Bhartrhari (Vᵉ siècle après J.-C. ?) parlera même d'ascèse des ascèses.

Mais on pousse l'investigation plus avant. Puisque l'acte créatif est prononciation, et que celle-ci est émission de sons, c'est en fin de compte le Son qui est le mystère ultime. Susceptible de s'incarner en phonèmes variés, c'est toutefois, dans chacun de ceux-ci, lui-même qui est présent, déguisé, de la même façon que le Soi, ou Cela, ou l'Âme, ou le Brahman, sont les réalités respectives de chaque soi, de chaque cela, de chaque âme et de chaque individu conscient[1]. Le Son en de multiples sons est ainsi une image remarquable de l'un-multiple, image vénérée et assimilée à la diphtongue OM[2] : elle est la « syllabe germe », le « son par excellence », selon les termes des *Upanishads*. À l'origine de tout, présente dans tout, elle est identifiée aux autres images du créateur :

Au tout début de l'univers,
La déesse était seule.
Elle émit l'Œuf du monde.
Elle était alors le son IM
Et la résonance nasale
Par quoi OM se prolonge

C'est d'elle que Brahma naquit
[...]
Et d'elle aussi tous les êtres
[...]
d'elle aussi les humains.
[...]
Divinité universelle

---

1   Voir « Aperçu sur la divinité multiple dans l'Orient ancien » dans le chapitre précédent.
2   Il faudrait écrire le M avec un point au dessus. En sanscrit, O est une diphtongue formée de la fusion d'un A et d'un U. Le M pointé symbolise une « résonnance nasale ».

Elle est tout à la fois
Et le toi, et le moi, et tous les êtres
Et tout ce qui existe.
Bahvricha Upanishad (Varenne 1981)

Puisque l'univers, au fond, est la répétition de la syllabe OM, l'une des formes rituelles prédominantes est cette répétition qui vaut méditation, méditation à laquelle le corps participe au moyen d'une respiration maîtrisée :

> Seul dans sa retraite, il se trouvera bien de pratiquer la répétition constante d'OM [...] OM en effet délivre du mal [...] C'est pourquoi la répétition constante du monosyllable sacré est une pratique efficace pour qui veut avancer en yoga (*Yogatattva Upanishad* dans Varenne, 1971).

La répétition, issue de la perception de l'un-multiple, s'étend et se développe avec les interminables litanies de mantras. L'objectif, en reproduisant la démultiplication créatrice, est de prendre conscience de l'un dans le multiple, dont le soi est un élément, et par là de fondre celui-ci dans le Soi, fondre son âme dans l'Âme. De ce fait, la démultiplication s'annule et le sujet se libère de l'incarnation. Tout cela est théorisé par le grammairien Bhartrhari, vers le Ve siècle de notre ère (Bharthrari, 1964). Le phonème, dit-il, est la parole principielle d'où procède le monde animé, par le biais des versets védiques ; l'« inconnaissance » fait que ce brahman-phonème apparaît différencié. La grammaire, première annexe des versets védiques, est le véda des védas, l'ascèse des ascèses, parce qu'elle conduit à la connaissance par excellence, à savoir que les lettres, les mots, les phrases ne sont que des reproductions de l'essence suprême de la parole, de la forme originelle de tous les mots et par suite de toute réalité. La grammaire, en tant que retour savant à l'origine, « est la porte du salut », affirme Bhartrhari, et son commentateur développe ainsi la pensée du maître :

> En effet, celui qui connaît la réalité indifférenciée de la forme propre de la parole, accède au yoga de la parole par la résorption du caractère successif (des mots) [...] Après avoir atteint cet état pur de la parole il va vers l'intuition, forme originelle des paroles phénoménales. De cette pure conformité à l'être en général que l'on appelle l'intuition, il accède à la forme originelle suprême, où même l'esquisse de tous les phénomènes a disparu, grâce à la répétition de la méditation du yoga de la parole (*ibid.*, commentaire du § 14).

SIGNES GRAPHIQUES

BAMBARA

Ce que le son est au védisme, le signe graphique l'est aux genèses bambara et dogon[1]. La parole joue certainement dans ces dernières un rôle premier, avec l'image classique du démiurge qui prend conscience de lui-même en se parlant, ou avec l'œuf du monde fécondé par la parole d'Amma, le dieu dogon. Ici cependant, la représentation retenue n'est pas le son, mais l'aspect vibratoire de celui-ci, assimilé à un mouvement de signes. Le vide originel bambara, appelé Gla, émet une « voix de vide » qui a pour effet de créer son double, avec comme conséquence un va-et-vient en lui-même, c'est-à-dire une vibration. Celle-ci provoque une chaleur qui maintient l'univers en puissance par l'attraction, et dans le même temps, le contact des deux aspects du vide dédoublé

> produisit une sorte d'explosion dont fut éjectée une matière « dure et puissante » qui descendit en vibrant. De cette vibration sortirent un à un des signes, qui, attirés par les choses encore incréées, mais en instance, qu'ils désignaient, allèrent se placer sur elles. Chaque chose eut ainsi son signe et son mot (Dieterlen, 1988, p. 29).

Tout cela se passe dans l'abstrait invisible, avant toute création réelle ; les signes (graphiques) sont la substance des choses « en instance ». Nous pouvons remarquer une fois de plus cette façon typique de la pensée archaïque de parler de l'incréé, mais pourtant déjà là ; déjà là, mais comme multiplicité d'identiques puisqu'il n'y a ni signe ni mot pour leur donner une spécificité. Les « choses en instances » bambaras en attente de leur signe et de leur mot sont l'analogue des « Petits » Osage en attente de leur corps, du « peuple brouillard » Navajo et de l'« ombre des choses » des Apaches Jicarilla. C'est ici le graphisme, et non la voix comme dans le védisme, qui va être chargé d'illustrer le processus de création et le mystère des choses, à savoir la diversité une ; et comme nous allons le constater, on résoudra le problème en confondant

---

1   Sources : Dieterlen, 1988 ; De Ganay, 1949 ; Dieterlen et Cissé, 1972 ; Griaule et Dieterlen, 1991 ; Calame-Griaule, 1985.

la gestation des choses et la gestation des signes. La répétition de traits, et non de sons, sera la forme sensible de la démultiplication créatrice. Le maintien de l'ordre en général (re-créations) et en particulier (guérisons, initiations), sera donc assuré au moyen de la reproduction périodique de la gestation des signes.

La société du Komo est la plus importante des institutions masculines bambara ; chaque année, on exécute sur son sanctuaire, petit édifice de terre battue, la gestation des signes. Une première graphie montre les signes à peine esquissés dans la vibration initiale. Une seconde, particulièrement intéressante pour nous, est faite de *tirets identiques* tracés à l'intérieur d'une forme vaguement humaine : il s'agit là de la démultiplication du signe, le même en plusieurs exemplaires, image de l'un-multiple. Le troisième schéma représente les signes réalisés, « près de se disperser dans l'univers qui va être réalisé » (Dieterlen et Cissé, 1972, p. 71). Le quatrième et dernier schéma orienté, contrairement aux précédents, est celui de la répartition des signes dans l'espace à la fin de la création. Nous avons donc une progression remarquable du signe, dont la « matière » créée par la vibration est le tiret ; puis le tiret qui se reproduit à l'identique, l'un-multiple – avec accent sur un – devenant un-multiple – avec accent sur multiple – ; enfin, nous voyons apparaître les signes concrets comme déformation et association de tirets, avec en outre, dans la dernière graphie, l'attribution d'une particularité sup-plémentaire par leur répartition dans l'espace orienté. Par ailleurs, le signe ne se déploie pas de façon indéterminée ; les signes fondamentaux sont en effet au nombre de 266, à cause d'une numérologie foisonnante dont le détail importe peu à ce stade de notre développement. Le seul point à noter ici, et qui sera développé dans le prochain chapitre, est le suivant : dans la pensée archaïque, les qualités sont exprimées par des déterminations quantitatives, parce que la détermination qualitative lui est inaccessible. Et lorsque ces déterminations quantitatives deviennent nombres, les nombres se chargent de sens, et les décompositions et recompositions numériques offrent un procédé particulièrement commode d'expliciter la substance commune des choses et leurs transformations les unes dans les autres : tel est le fondement de la numérologie.

Voici encore un exemple particulièrement révélateur de cette incar-nation des signes dans la geste mythique-rituelle des Bambara. Il s'agit du *bana ngolo* (Fig. 7), « tracé de la généalogie de l'univers » (*ibid.*, p. 201

et suivantes) ; cette fois, la diversification qualitative ne se schématise pas au moyen de déformations du signe par excellence, le tiret, mais au moyen de la disposition spatiale de ses incarnations identiques. Cette graphie, l'une des plus importantes et les plus sacrées du culte bambara si l'on en croit G. Dieterlen et Y. Cissé, surchargée de sens, est utilisée pour l'initiation, pour des rites à l'occasion des deux solstices, et elle a même des vertus curatives : il suffit, pour le guérir, de frotter le pied du patient avec une calebasse où le *bana ngolo* est dessiné ou gravé. Tracée de bas en haut, avec l'index et le médius uniquement, elle est interprétée de haut en bas de diverses façons. Une partie de l'interprétation cosmologique, par exemple, est la suivante :

- à l'étage supérieur, quatre traits, deux horizontaux et deux verticaux, sont le zénith avec une connotation féminine. Quatre, à cause des quatre lèvres de la femme, est en effet un signe féminin.
- l'étage inférieur est le fondement de toute chose. Il est composé de trois tirets liés (un vertical, deux horizontaux) et d'un trait isolé. Les trois tirets symbolisent la qualité « mâle », parce que l'appareil sexuel masculin est en trois parties. Le trait isolé nous intéresse au premier chef. Sa solitude a du sens : il est en effet, nous dit-on, l'unité de la création et du créateur, signe unique, tête et fondement de toute chose. Nous avons donc clairement, dans le tiret en bas et à gauche du schéma, le signe qui se réalise dans les tirets, de la même façon que l'Âme védique se réalise dans les âmes.
- Les sept étages intermédiaires sont les sept ciels (traits verticaux) et les sept terres (trait horizontaux).

Telle est la physionomie du culte du signe dans la pensée bambara. Lorsque l'accent est mis sur la parole, comme dans le védisme, il est naturel que la connaissance par excellence, le veda des vedas, soit la grammaire. Tout aussi logiquement, la science des sciences pour les Bambara est l'analyse des signes, capacité hautement prisée par ce peuple, parce qu'elle est spécifiquement humaine, preuve de notre possession des choses signifiées ; mais à la différence des sciences de la parole védique, la science bambara des signes graphiques paraît totalement stérile, à moins d'y voir une marche vers l'écriture comme le suggère Dominique Zahan (1950).

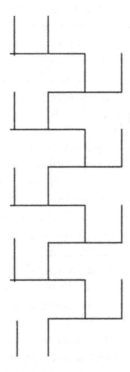

FIG. 7 – Le *bana ngolo*. Lecture cosmologique : en haut, zénith,
ciel divin « femelle » (quatre traits, deux verticaux et deux horizontaux).
En bas, origine première, fondement de toute chose avec le trait vertical
isolé (unité de la création et du créateur) et trois traits (caractère « mâle »).
Entre les deux, sept cieux (segments verticaux) et sept terres (segments
horizontaux). Dessin de l'auteur d'après Dieterlen et Cissé, 1972,
Les fondements de la société initiatique du Komo,
Paris, Mouton, fig. 29-a, p. 201.

YIJING

Loin de là dans l'espace et dans le temps, mais proche par la conception, il est une analyse des signes graphiques qui peut retenir notre attention. Nous la trouvons dans le célèbre *Yijing* (ou *Yi King*, ou *I Ching*), le *Classique des changements* chinois (Wilhelm, 1973), maintes fois médité et commenté[1] par les plus grands penseurs durant toute l'histoire chinoise. Il remonte au moins au deuxième millénaire avant notre ère ; sous sa forme actuelle, il se présente comme un livre d'oracles, auxquels sont joints des commentaires d'époques diverses, aussi bien sur la portée générale du livre que sur chaque oracle en particulier. On connaît le principe[2] : en comptant par quatre de diverses façons quarante neuf tiges d'achillée et en combinant les restes (de un à quatre), on obtient un tiret long « – » (mâle, ou lumineux, ou *yang*) ou deux tirets courts « - - » (féminin, ou obscur, ou *yin*). L'opération est répétée six fois, ce qui donne en fin de compte un hexagramme, ䷀ par exemple. Chaque hexagramme a une interprétation officielle, mais il faut aussi tenir compte de la façon dont les traits sont obtenus ; certains traits en effet peuvent être mutables, c'est-à-dire transformés en leur opposé, *yang* en *yin* ou inversement, ce qui est susceptible de faire entrer en jeu un autre hexagramme.

Le *Yijing* ne peut être réduit à une divination simplette fondée sur des signes fortuits, à l'instar de l'examen des foies d'animaux ou du vol des oiseaux. Comme nous le savons grâce aux commentaires, il schématise une vraie conception du monde suivant laquelle la nature et l'homme sont écrits en langage d'hexagrammes. C'est à cette conception du monde fondée sur le déploiement de signes *yin* et *yang* que nous nous intéresserons ici.

Le *Yijing*, nous dit le *Grand Commentaire* à plusieurs reprises, résulte de la mise en ordre des « *multiplicités confuses* » :

> Les Transformations sont un Livre vaste et grand dans lequel toutes choses sont contenues de façon complète (Wilhelm, 1973, p. 388).

> La représentation exhaustive des multiplicités confuses sous le ciel repose sur les hexagrammes (*ibid.*, p. 361).

---

1 Confucius dit : « Qu'on me prête encore plusieurs années : j'en prendrai cinq ou dix pour étudier le *Yi* [c.-à-d. le *Yijing*], et je pourrais alors éviter toute faute grave » (Confucius, 2009). Confucius lui-même serait l'auteur de l'un des commentaires du *Yijing*.
2 Nous y reviendrons plus en détail dans le chapitre consacré à la numérologie.

> En lui [le *Yijing*] sont les figures et les domaines de toutes les formes du ciel et de la terre, si bien que rien ne lui échappe. En lui toutes choses reçoivent partout leur accomplissement, si bien que rien ne leur manque (*ibid.*, p. 335).

Voyons comment les choses sont produites par ce système. Le principe suprême est le Tao, la Voie ; il est l'un véritable, dans la mesure où il est dans toute chose. La spécificité du *Yijing* est que dans son système la création ne se réduit pas à une démultiplication simple comme l'est la répétition de « OM » en Inde védique, ou comme l'accumulation de signes dans la pensée bambara. Car le fait que le Tao, ou l'un, porte en lui sa capacité de démultiplication-engendrement, se représente par la dyade mâle-*yang* / femelle-*yin*, elle-même symbolisée par la dyade de signes « –/- - ». La monade originelle est donc immédiatement dyade. Lorsque Laozi (Lao-tseu) dit :

> Le Tao engendre Un.
> Un engendre Deux.
> Deux engendre Trois.
> Trois engendre tous les êtres.
>
> Tout être porte sur son dos l'obscurité [*yin*]
> et serre dans ses bras la lumière [*yang*],
> le souffle indiffférencié constitue son harmonie.
> (Lao-Tseu, 1980, p. 45)

il faut comprendre que l'un de chaque être (souffle indifférencié) étant double (obscurité et lumière), les engendrements successifs sont en réalité des dédoublements, par association avec un caractère *yin* (- -) ou *yang* (–). C'est ainsi que – se dédouble en $\overline{}$ et $\overline{\overline{}}$, et que - - se dédouble en $\overline{}$ et $\overline{\overline{}}$. Comme l'un est double, – et - -, le deux qu'il engendre sera donc fait de quatre « bigrammes » :

$$\overline{} \quad \overline{} \quad \overline{\overline{}} \quad \overline{\overline{}}$$

Le trois engendré par le deux sera à son tour l'ensemble obtenu en dédoublant chacun des signes précédents en lui associant un caractère *yang*, puis un caractère *yin*. Cela donne les huit « trigrammes » :

$$\equiv \quad \equiv \quad \equiv \quad \equiv \quad \equiv \quad \equiv \quad \equiv \quad \equiv$$

Ce que nous venons d'exposer correspond à ce que dit le *Grand Commentaire* :

> C'est pourquoi il y a dans les transformations le premier grand commencement. Celui-ci engendre les deux puissances fondamentales. Les deux puissances fondamentales engendrent les quatre images. Les quatre images engendrent les huit trigrammes (Wilhelm, 1973, p. 356).

Les deux puissances fondamentales sont le yang – et le yin - -; elles engendrent, nous dit-on, les quatre images, à savoir les quatre couples : – –, – – -, - - -, - - - -. Que sont ces quatre images ? Wilhelm mentionne les quatre saisons, mais le texte lui-même n'y fait pas allusion. Serions-nous en présence d'une forme ancienne de divination par des « bigrammes » ? Nous n'en savons rien. Nous en savons davantage sur le sens des trigrammes, « engendrés » par les quatre images en rajoutant à chaque bigramme un trait *yang* ou un trait *yin*. Il semble en effet qu'il y ait eu dans les temps anciens un système complet qui se contentait des trigrammes, si l'on en juge par le passage suivant du *Grand Commentaire* (II-2-1) :

> Alors que dans les temps anciens Pao Hi [autre nom de Fo Hi, ou Fuxi, premier empereur mythique de Chine] gouvernait le monde, il leva les yeux et contempla les images dans le ciel, il abaissa les yeux et contempla les phénomènes sur la terre. Il contempla les signes des oiseaux et des animaux et leur adaptation aux régions. Il procéda directement à partir de lui-même et indirectement à partir des choses. Il inventa ainsi les huit trigrammes pour entrer en connexion avec les vertus des dieux lumineux et classer les conditions de tous les êtres (*ibid.*, p. 366).

Pour une raison inconnue, on ne s'est pas contenté de ce système, puisqu'on l'a dédoublé en associant les trigrammes par couples, pour former $8 \times 8 = 64$ hexagrammes, de telle sorte que la signification d'un hexagramme est déterminée par la signification des trigrammes qui le composent en tenant compte de leur position (en haut ou en bas). Par exemple ☰☵ est le conflit parce que le ciel (trigramme du haut) et l'eau (trigramme du bas) « vont en sens inverse l'un de l'autre » ; si le trigramme du ciel est en bas et celui de l'eau en haut, l'hexagramme correspondant signifie l'attente, parce que les nuages (l'eau) sont dans le ciel et qu'il faut attendre patiemment qu'ils donnent de la pluie.

Nous sommes donc en présence, avec le *Yijing*, d'une forme spécifique du déploiement de l'un-multiple créateur, en ce sens que l'un n'existe réellement que comme unité des contraires, donc comme dualité. Nous avons vu que la dualité des opposés commande le déploiement progressif du Tao, et il semble qu'elle commande aussi l'ordonnancement de la liste des signes achevés, les hexagrammes. À l'intérieur de la liste dite « du roi Wen », on peut repérer en effet deux manières de passer d'un signe à l'autre. Il y a d'une part la « négation », comme dans les deux premiers hexagrammes :

où chaque trait *yang* est changé en *yin* et inversement. Et il y a d'autre part le « retournement vertical » comme avec les troisième et quatrième hexagrammes :

                           ☶☵   ☵☶

Dans le cas où le retournement ne changerait pas le signe, on opère à la place une négation. C'est ainsi qu'on obtient par exemple la paire ䷜ ䷝ aux vingt-neuvième et trentième places. Il arrive que le retournement et la négation soient identiques, comme pour la paire ䷚ ䷚ aux dix-septième et dix-huitièmes places. La volonté de progresser par couples d'opposés est claire, mais cela n'explique pas tout ; nous devons reconnaître que la logique des passages d'un couple à l'autre nous échappe.

L'affirmation que ce déploiement spécifique de l'un-multiple est créateur doit être prise au pied de la lettre.

En premier lieu en effet, les hexagrammes sont toutes choses : il y a même dans le chapitre II-2 du *Grand Commentaire*, intitulé « Histoire de la civilisation », une relation de treize inventions successives, depuis le filet de pêche jusqu'à l'écriture, chacune d'entre elles étant attribuée à un hexagramme donné. L'écriture, par exemple, fut inventée par les « saints hommes » pour remplacer l'ancien mode de gouvernement par les cordelettes nouées : « ils tirèrent sans doute cette invention de l'hexagramme "La Percée" » ䷪, qui comprend en haut le trigramme « les paroles » et en bas le trigramme « fort » ; d'après Wilhelm l'association des deux trigrammes signifie l'écriture en tant qu'affermissement des paroles.

En second lieu, l'ordre des soixante-quatre hexagrammes, selon la liste « du roi Wen », est considéré comme l'ordre de la création : on a en tête de liste le signe dit « le créateur » (six traits *yang* ☰, image redoublée du trigramme attaché au ciel), puis « le réceptif » (six traits *yin* ☷, image redoublée du trigramme attaché à la terre), suivi par « la difficulté initiale », parce que, nous dit le texte, après la venue à l'existence du ciel et de la terre, il faut surmonter la difficulté initiale qui consiste à remplir d'êtres individuels l'espace entre les deux. En quatrième position vient l'hexagramme « la folie juvénile », parce qu'« après que les choses sont nées dans des difficultés initiales, elles sont toujours enveloppées de torpeur au moment de leur naissance. [...] La folie juvénile signifie la torpeur de la jeunesse. C'est l'état juvénile des choses » (*ibid.*, p. 452). Les jeunes choses demandent à manger et à boire (cinquième hexagramme), mais du manger et du boire on en vient fatalement au conflit (sixième hexagramme), et donc à l'armée (septième hexagramme), etc. Les justifications chronologiques se poursuivent ainsi jusqu'au dernier hexagramme, le soixante-quatrième.

Jamais, peut-être, la pensée archaïque n'a-t-elle conçu un système aussi achevé de l'univers comme démultiplication de l'un que le *Yijing* chinois. L'illusion quantitative et formaliste est certes à son comble, mais on décline ainsi, parce qu'on ne sait comment s'y prendre autrement, la profonde vérité de l'unité des contraires ; non pas les contraires l'un à côté de l'autre dans une unité abstraite, mais le même Un (ici la Voie) dans les deux opposés. C'est l'un-multiple sous sa forme la plus concentrée, et il ne reste « plus » à la pensée qu'à réaliser qu'elle n'a fabriqué ainsi que la forme, précisément, qui permet d'aborder la diversité qualitative. Tout reste à faire, donc, mais quand un commentaire des trigrammes inséré dans le *Yijing* dit :

> L'esprit est mystérieusement présent dans tous les êtres et il opère à travers eux [...] C'est pourquoi l'eau et le feu se complètent l'un l'autre, le tonnerre et le vent ne se contrarient pas l'un l'autre, la montagne et le lac associent leurs forces pour agir. [L'eau et le feu, le tonnerre et le vent, la montagne et le lac sont trois paires de trigrammes opposés] Ce n'est qu'ainsi que le changement et le renversement sont possibles et que toutes les choses peuvent venir à la perfection (*ibid.*, p. 311).

il rend sensible, avec ce style chinois inimitable, les considérations ci-dessus sur l'unité des contraires, et il nous permet en même temps de comprendre la fascination que ce système a pu exercer sur les meilleurs esprits durant deux millénaires au moins.

CYCLES

DE LA CRÉATION AUX CYCLES DE CRÉATIONS

Le propre de la pensée, et de la pensée archaïque en particulier, avons-nous posé en introduction à notre étude des classifications primitives, est de saisir le monde environnant comme un Tout organisé. On ne serait pas maître de ce Tout si, cédant à la spontanéité de l'avant et de l'après, on le laissait filer dans une durée indéfinie antérieure et postérieure au moment présent ; com-prendre le Tout, c'est donc aussi lui assigner un début et une fin.

Qu'il y ait en ce domaine une véritable pensée, voilà qui n'est pas évident au premier abord. Il est bien connu en effet que dans les sociétés les plus archaïques, on ne remonte jamais bien loin dans le temps et qu'on se limite à un proche avenir. L'ethnographie rapporte que l'histoire du groupe ne remonte guère au delà de quelques générations, qu'en matière d'années on se contente de quelques souvenirs marquants dans un petit nombre d'années antérieures, et qu'en matière de jours on n'a guère affaire qu'à avant-hier, hier, aujourd'hui, demain et après-demain. On se méprendrait pourtant en interprétant cela comme de l'incapacité à se détacher des évènements particuliers encore présents dans la mémoire individuelle et collective, incapacité renforcée par l'absence de moyens d'enregistrement des évènements. Au contraire, une conception véritable est à l'œuvre, fondée sur la répugnance spontanée à envisager un temps linéaire infini, et donc hors de contrôle, que ce soit vers le passé ou vers l'avenir. S'il s'agissait d'une difficulté à s'abstraire d'une quasi immédiateté, on se contenterait d'une petite durée autour de l'instant-présent, en terme de jours, d'années ou de générations, et par indifférence le reste se perdrait dans la brume. Mais en réalité, rien ne se perd. Le temps est nettement cadré entre un point de départ et une fin qui est un retour à ce point de départ : telle est la com-préhension temporelle du tout, la façon spécifique dont son déroulement est maîtrisé.

Parmi les innombrables exemples[1], on peut citer celui, assez typique, des Kédang d'Indonésie (Barnes, 1974), qui observent bien les mouvements

---

1   Un ouvrage ancien, mais toujours très utile par les références ethnographiques qu'il donne : Nilsson 1920.

apparents du soleil et de la lune, mais avec une grande indifférence à d'éventuelles mesures associées. Dans le jour, il y a dix-neuf moments appelés « le soleil est chaud », « le soleil est au centre du ciel », « le soleil descend doucement », « on ne peut plus reconnaître les visages », etc. Les lunaisons sont divisées en deux phases de quinze jours chacune, et chaque jour est repéré par son numéro d'ordre dans la période de lune montante ou de lune descendante : seule numérotation dans ce calendrier. Le problème du nombre de lunaisons dans l'année ne se pose pas, ni par conséquent celui d'une éventuelle lunaison intercalaire. Les Kédang n'inscrivent ni les jours ni les années ; les évènements se perdent après quatre ou cinq années. Au sujet du moment de tel évènement, on pourra répondre « un autre mois », « une autre année », ce qui peut être une référence aussi bien au passé qu'à l'avenir. Rien dans la grammaire ne permet de faire la distinction, ni de savoir si l'intervalle est de plus d'un mois ou de plus d'une année. Si davantage de précision est nécessaire, on ne répondra pas par un nombre, mais par la coïncidence avec un autre évènement. Cependant, et il est important de relever ce fait dans le cadre de notre recherche, cette indifférence à la mécanique calendaire ne signifie pas du tout une indifférence au déroulement du temps. Simplement le temps vrai, vital, se situe à une toute autre échelle. Les mythes Kédang d'origine varient suivant les clans, mais tous décrivent un couple primordial, un frère et une sœur qui vivaient au sommet de la montagne locale, eux-mêmes descendants de Soleil-Lune ; et en principe, tous les clans sont capables de tracer leur généalogie depuis le couple originel : tel est le temps vrai, bien davantage domestiqué au sens propre du terme par une telle liste généalogique que par n'importe quelle mesure. L'ethnologue Barnes ne dit rien sur un éventuelle reprise rituelle de la création, mais l'idée centrale de retour au point de départ se situe ailleurs. Les Kédang imaginent sept terres situées au dessus de la nôtre et identiques à elle, ainsi que cinq autres situées au dessous ; lorsque quelqu'un meurt sur cette terre, il renaît dans celle du dessous et ainsi de suite jusqu'au niveau le plus bas, après quoi son corps se change en poisson et son âme remonte au ciel, et le cycle recommence.

Même indifférence, chez les aborigènes australiens, au temps mesuré, en contraste avec la maîtrise du temps vital par la régénération. Les cérémonies ont pour effet de revenir réellement au Temps du Rêve, celui de la fabrication du monde actuel, et par conséquent les participants redeviennent leurs propres ancêtres mythiques, phénomène à mettre en regard du fait que chez les Warlpiri par exemple, les généalogies ne remontent pas au delà de cinq générations. Les naissances ne sont que le retour dans une matrice des « esprits-enfants » semés par certains démiurges[1]. D'après Maurice Leenhardt (1947), les Canaques ont un cycle de quatre générations, dans la mesure où l'arrière grand-père d'un individu est considéré comme son frère et désigné comme tel s'il est encore vivant ; l'intéressant ici est le caractère également absolu de ce cycle. Le soi-disant frère en effet, en tant que très ancien, gagne en sagesse ce qu'il perd en vigueur physique, ce qui, en langage canaque, s'appelle devenir *bao* ; à sa mort, il n'est plus que *bao*, et à ce titre il intègre le monde des démiurges. Il sera invoqué comme ayant la puissance associée, après les cérémonies *ad hoc*. Cet étrange couple de « frères » est donc en fin de compte une image de l'opposition entre vie réelle et démiurge, autrement dit entre créature et créateur, et du passage des opposés l'un dans l'autre : le caractère cyclique de ce couple induit en effet le caractère cyclique de la création.

D'une façon générale, si la fin est retour au commencement, c'est que la création se scinde en des créations, scandées par des rites périodiques. Autrement dit, si, comme nous l'avons constaté tout au long des deux chapitres précédents, la création est une-multiple dans ses effets puisqu'elle est au fond autodémultiplication, actualisation spatiale de la multiplicité de l'un, elle est une-multiple elle-même du fait de la conception cyclique : *des créations sont l'actualisation temporelle de la multiplicité de l'un*. Il en résulte un enchaînement aux conséquences considérables. Supposons un rite unique, destiné à faire renaître le monde tous les ans au solstice d'hiver, et examinons ce qui en découle. Si l'on pense, et c'est bien le cas dans l'archaïsme, que le rite, à l'opposé d'une simple commémoration, opère une création véritable, il ne peut y avoir qu'une seule année. S'il y avait en effet une année avant un solstice donné, celui-ci ne serait pas le moment d'une création ; s'il devait y en avoir une après celle-ci, et donc une création prochaine, celle-ci sous entendrait une année antérieure, et la création prochaine ne serait

---

1   Autre exemple donné par l'Amérindien Hopi Don C. Talayesva, à propos de son enfant décédé : « On a fermé la tombe avec des rocs qu'on a calés avec de grosses pierres, puis, j'ai dressé un bâton contre le tas de pierres, comme échelle, pour que l'esprit de notre enfant puisse sortir le quatrième jour, rentrer chez nous et attendre au plafond l'occasion de renaître » (Talayesva, 1982, p. 361).

justement pas création. Mais d'un autre côté il y a re-création : « re » signale le multiple, « création » signale l'un. Il y a donc création autre et identique, sans distinction possible de l'avant et de l'après, comme nous venons de le constater. Il s'en suit que dans le cas que nous venons d'envisager, l'année est une image parfaite de l'un-multiple. L'étrange formule védique, « Prajapati c'est l'année », certes fondée sur un jeu de mots, acquiert cependant un sens réel grâce à la conception sous-jacente de la création une-multiple : si la création est l'effet de la démultiplication spatiale du démiurge Prajapati, celui-ci, en tant qu'année, est également *re*-création, démultiplication dans le temps.

Par la force des choses, on ne peut se contenter de la situation qui découle de notre exemple. Non pas à cause de la contradiction présente dans le terme de re-création, mais pour une raison pratique. Car si, examinant le ciel et les saisons terrestres, on a bien l'image d'un nouveau départ, l'année parfaitement identique à elle-même contredit la perception humaine. Le monde a beau naître au solstice, il y a la mémoire d'un avant et la certitude d'un après. L'aspect multiple de l'année doit donc prendre le dessus, ce qui n'entraîne pas nécessairement une numérotation ; des désignations qualitatives peuvent suffire. La référence d'une année donnée sera la sécheresse, ou la guerre, ou tel événement singulier, ce qui suffit à la désigner dans une mémoire locale qui peut être parfaitement indifférente au nombre d'années écoulées depuis lors. Dans cette représentation, il y a donc des années, mais ce « des » est indéterminé, en une collection de singularités ordonnées mais dont le passé et l'avenir, à nouveau, se perdent dans la brume. La pensée archaïque conséquente ne peut s'en satisfaire. Il lui faut un cycle supérieur qui, d'une part, réalise une limitation de la multiplicité des années, et qui, d'autre part, réponde au besoin de maîtrise temporelle de ce Tout que l'on est censé com-prendre.

D'un cycle on passe donc nécessairement, de proche en proche, à plusieurs cycles emboîtés : lunaisons, éventuellement saisons, années, cycle de Vénus par exemple. Il importe de souligner ici une fois de plus que les peuples traditionnels se montrent relativement indifférents à l'ajustement numérique des cycles ; le temps ne produit pas spontanément le nombre. L'essentiel à leurs yeux réside dans l'ordre et dans les coïncidences, ainsi que dans les désignations qualitatives associées, fondement des prévisions réelles ou divinatoires. Concernant par exemple les lunaisons au sein de l'année, il leur suffit d'avoir un ensemble fini et ordonné, celles-ci étant, mais pas toujours ou pas totalement, désignées par des évènements particuliers naturels ou humains. Le fait que la fin de l'année ne coïncide pas avec la fin d'une lunaison n'est pas un forcément un grave problème. À la fin du XIXᵉ siècle, les Sioux Dakota nommaient douze lunaisons, telle la « lune du raton laveur » (vers février), suivie de la « lune de l'irritation des yeux », puis celle de la « ponte des oies », etc. Comme la douzième lune se termine un peu plus de onze jours avant la fin de l'année, dont le commencement est fixé sans référence astronomique mais probablement par la première neige, on peut se trouver théoriquement dans la lune du raton laveur sans qu'aucun de ceux-ci ne se soit décidé à sortir de l'hibernation ; d'où, raconte-t-on, des disputes dans les tipis quant à la lunaison actuelle réelle, et voilà tout (Mallery, 1972, p. 269).

DES CYCLES DE CRÉATIONS À LA GRANDE ANNÉE

De même qu'il est impensable pour l'archaïsme conséquent de laisser se perdre les jours, les années ou les générations dans la brume de l'avant et de l'après, une série indéterminée de cycles serait inconcevable. Il faut un cadre absolu sous la forme d'un cycle supérieur qui dépasse toute mémoire individuelle et collective possible ; appelons-le Grande Année, expression apparemment bizarre, mais tellement bienvenue s'agissant de la conception traditionnelle ! Car la Grande Année, comme l'année réelle, doit connaître les saisons de la naissance, de la jeunesse, de la maturité et de la vieillesse, mais une fois pour toutes : tel est l'horizon temporel contradictoire vers lequel la pensée archaïque est nécessairement attirée, et vers lequel elle tend réellement, mais à des degrés très divers.

Dans le mythe des Amérindiens Navajo, l'histoire se divise en quatre âges de durées indéterminées au cours desquels le monde s'est créé petit à petit, à travers force aventures et batailles de dieux, héros et monstres (O'Bryan, 1956). Le premier âge se divise lui-même en quatre étapes au cours desquelles les êtres (non encore différenciés) grimpent jusqu'au cinquième monde, l'actuel, et le quatrième et dernier âge est celui de la fabrication des Diné, « le peuple », c'est-à-dire des Navajo eux-mêmes. S'il ne semble pas y avoir de retour au premier âge, il n'en est pas de même chez les Jicarilla dont le mythe connaît une structure assez semblable (Opler, 1938). La terre, nous raconte-t-on, a déjà été détruite par l'eau, et elle le sera dans l'avenir par le feu, mais les démiurges Hactcin ont gardé de quoi faire après cela deux mondes ou même davantage. On ne sait pas si le processus destruction-recréation, selon les Jicarilla, se poursuivra indéfiniment. Quoiqu'il en soit, chez les Navajo comme chez les Jicarilla, on distingue bien une Grande Année, au sens où toute l'histoire passée et présente est mise de force dans un cadre absolu fermé, sans la moindre place pour un futur imprévu. On s'aperçoit en effet que les mythes absorbent comme des éponges toute nouveauté en les replaçant immédiatement dans le passé. C'est ainsi que pour les Navajo, les chevaux, inconnus avant la conquête espagnole, furent en réalité créés par Femme Perle Blanche au début du quatrième âge, tout de suite après avoir fait les Navajo eux-mêmes, et par le même procédé. De même les Blancs, selon les Jicarilla, furent créés à partir de poissons aux yeux bleus par Fils de l'Eau sous la direction d'un démiurge Hactcin, et toute une série d'histoires viennent à la rescousse pour rendre compte de leur traversée de l'océan, de leur certitude d'aller au ciel après la mort, de leurs maisons carrées avec des fenêtres, et de leur insensibilité à la sorcellerie.

Dans le Popol-Vuh (Tedlock, 1985), l'histoire est divisée en cinq périodes. Le ciel et la terre se séparent en première période ; de la deuxième à la quatrième, apparaissent des prototypes successifs d'humains qui se révèlent insuffisants et qui par conséquent sont tués où désintégrés. À la cinquième époque enfin, se lève l'homme actuel, en même temps que le soleil et Vénus. La création aztèque est très semblable dans sa structure, avec ses quatre « soleils » qui précédèrent le nôtre, au cours desquels des essais successifs d'humains (dont les singes) furent détruits par les jaguars, par une tempête, une pluie de feu et un déluge (Soustelle, 1967). D'après Soustelle, notre cinquième « soleil » lui-même s'effondrera dans des tremblements de terre ; on ne sait pas si les Aztèques pensaient à un cataclysme définitif.

On connaît aussi, bien sûr, la version d'Hésiode de la mythologie grecque avec ses cinq races d'hommes, depuis la race d'or primitive jusqu'à la race de fer actuelle. Contrairement aux exemples précédents, les races vont en se dégradant au point que le poète s'écrie : « Si j'avais pu ne pas vivre parmi la cinquième race ! Être mort plus tôt ou être né par la suite ! » (Hésiode, 1999). La dernière phrase laisse-t-elle entendre un nouvel âge rédempteur, un retour à la race d'or ?

Malgré les différences considérables qu'il peut y avoir dans les mythes traditionnels, on peut dire sans grand risque de se tromper que la Grande Année est l'une de leurs constantes universelles, dans le sens suivant : la pensée archaïque se rend maîtresse du temps en le clôturant, dans la mesure où le seul événement véritable est la création. Avec celle-ci, tout est déjà là, il n'y a rien de nouveau à attendre ; surgit-il une nouveauté aux yeux des Amérindiens, comme les chevaux ou les hommes blancs, elle est aussitôt niée en tant que nouveauté grâce à une adaptation du mythe. Les démiurges, apprend-on fréquemment, vivaient avec les premiers humains, le temps de les parfaire et de leur apprendre l'art de vivre. Ceci fait, ils retournèrent à l'endroit d'où ils sont venus, au ciel par exemple, donnant ainsi le signal de la fin de l'histoire : depuis lors, il ne peut y avoir que répétition, c'est-à-dire l'un-multiple temporel.

Par ailleurs, et nous avons choisi ci-dessus à dessein des exemples allant dans ce sens, la Grande Année n'a nul besoin, dans son principe, d'être liée à une mécanique calendaire. L'ajustement numérique de cycles, lorsqu'il est produit dans des sociétés archaïques plus avancées, vient en appui, et non pas en fondement, de l'*a priori* de la Grande Année, pour le conforter tant bien que mal par un support naturel. C'est ainsi que les Aztèques modélisaient leur Grande Année sans souci de cohérence avec des évènements naturels ou historiques, au moyen de deux cycles, l'année sacrée de 260 jours[1] et l'« année vague » de 365 jours, qui se combinent en un cycle de 73 années sacrées et de 52 années vagues. Tous les cinquante-deux ans, on craignait fort d'être parvenu à la fin du monde ; en une grande solennité appelée « nœud des années » ou « nos années sont attachées », d'après le témoignage du missionnaire franciscain Bernardino de Sahagun, on mimait et annulait à la fois la fin du monde. Chaque foyer jetait à l'eau ses idoles de pierre et de bois, les pierres du foyer, les mortiers à piment, on se livrait à un nettoyage général, puis on éteignait tous les feux. Un prêtre devait alors allumer un nouveau feu par frottement de deux morceaux de bois l'un contre l'autre sur la poitrine d'un futur sacrifié :

> La nuit de cette cérémonie étant venue, tout le monde était saisi de frayeur et attendait dans l'anxiété ce qui allait arriver ; car ils étaient imbus de la

---

1   Dans toute la zone mésoaméricaine, et bien avant l'avènement des Aztèques, on connaissait une année sacrée, produit de deux cycles, l'un de vingt noms et l'autre des nombres de un à treize.

croyance que, s'il devenait impossible de faire du feu, ce serait la fin de la race humaine et les ténèbres de cette nuit deviendraient éternelles (Sahagun, 1981).

L'allumage réussi était le signe qu'un nouveau cycle commençait et que par conséquent la fin du cinquième « soleil » était différée. On arrachait alors le cœur de la victime, on brûlait son cadavre, puis on portait le nouveau feu dans les temples et de là dans les foyers, assurés d'être « entrés dans l'année nouvelle[1]. »

En Chine antique, sous l'influence du taoïsme, on croit, comme Hésiode, à une dégradation de la condition humaine depuis l'époque de la vertu parfaite, en cinq étapes liées aux règnes des cinq empereurs mythiques. De plus, nous conseille le *Daode jing* (ou *Tao-tö king*),

> Atteins à l'apogée du vide et garde avec zèle ta sérénité. Devant l'agitation simultanée de tous les êtres, ne contemple que leur retour. Les êtres multiples du monde feront retour chacun à leur racine (Lao-Tseu, 1980, p. 18).

Le retour semble être à la fois individuel, pour le sage qui connaît le *Dao*, et collectif, pour les êtres multiples. Dans ce dernier cas, une modélisation peut être produite, et c'est déjà le cas dans le *Huainan zi* du deuxième siècle avant notre ère, et surtout dans le *Zhou bi suan jing* (Classique mathématique du gnomon des Zhou) compilé probablement au premier siècle avant notre ère (Cullen, 1996). L'ouvrage prend pour acquis le cycle (appelé *zhang* dans le *Zhou bi*, cycle de Méton en Occident) de 19 années (et 235 lunaisons) pour que les mêmes dates de l'année correspondent aux mêmes phases de la lune. En attribuant 365 1/4 jours à l'année, il faut un *bu* (quatre *zhang*) pour avoir un nombre entier de jours, puis un *ji* de vingt *bu* pour retomber sur le même jour du cycle de soixante jours[2], puis un *yuan* de trois *yi*, pour que le nombre d'années soit lui aussi un multiple de soixante[3], et enfin un autre *yi* de sept *yuan*

---

1   Le texte de Sahagun ne permet pas de déterminer si l'année nouvelle en question est la première année du nouveau cycle, ou le nouveau cycle tout en entier. Dans le contexte, il serait plus logique qu'il s'agisse du nouveau cycle en tant que Grande Année.

2   À l'image des précolombiens d'Amérique centrale avec leur année sacrée de 260 jours, les Chinois combinaient 10 caractères dits « tiges célestes » et 12 autres dits « branches terrestres », pour former soixante paires de caractères désignant un cycle de soixante jours. La raison de ce système, dont l'origine remonte à la fin du deuxième millénaire au plus tard, est inconnue.

3   À partir de la dynastie des Han (-206 à 220), les soixante paires de caractères désignant les jours sont également utilisées pour désigner les années.

pour une raison inconnue. Cela donne un total de 31 920 années, et, ajoute le *Zhou bi* de but en blanc :

> Tous les décomptes de génération se terminent, et les dix mille êtres retournent à leur origine (Cullen, 1996, p. 204).

Ce sont les termes mêmes du *Daode jing* rapportés précédemment. Si les traductions du chinois, toujours extrêmement difficiles, sont correctes, un retour à la « racine » suppose un être issu de celle-ci, et un retour à « l'origine » suppose une suite de celle-ci ; par conséquent notre Grande année, en l'occurrence les 31 920 années du *Zhou bi*, est destinée à se reproduire indéfiniment. Il est clair que, comme chez les Aztèques, l'observation et le calcul sont au service du mythe d'un temps absolu maîtrisé, et non à l'origine de celui-ci ; si l'observation du ciel était au fondement de l'idée de Grande Année, les Aztèques n'y auraient pas mêlé leur cycle complètement artificiel de 260 jours, ni les Chinois celui de 60 jours, purement fabriqué lui aussi.

La Grande Année la plus spectaculaire est peut-être celle que fabriquèrent les Indiens, relatée par exemple dans le premier chapitre du Code de Manu[1], sous la forme du « jour-nuit de Brahman. » On y définit des unités de temps depuis le *nimesha* (clin d'œil) jusqu'au jour-nuit de Brahman qui correspondrait à 8,76 milliard d'années si l'on comptait 365 jours dans l'année. À la fin de son jour-nuit, Brahman détruit le monde puis le recrée pour un nouvel épisode : « les créations et destructions du monde sont sans nombre [...] Brahman le fait encore et encore. » Le plus intéressant ici est la structure de l'édifice. Le mois, en effet est défini comme un jour et une nuit des ancêtres, avec quinze jours réels chacun. L'année est un jour et une nuit des dieux, respectivement marqués par la montée du soleil vers le nord et sa descente vers le sud. On passe ensuite à quatre « âges » qui durent au total 12000 années des dieux ; cette période, à son tour, est un « âge des dieux », et le jour de Brahman, enfin, équivaut à mille âges des dieux, et sa nuit à autant. Homme, ancêtre, dieu, Brahman, chacun a donc son jour dont la durée dépend de son niveau hiérarchique ; allant du bas vers le haut, de l'homme vers Brahman, c'est le jour réel qui sert à fabriquer les jours

---

1   J'utilise la traduction anglaise de George Bühler (1886). Le Code de Manu est daté du Ier siècle avant ou du Ier siècle après J.-C.

métaphoriques[1]. Mais dans la pensée archaïque, il n'y a pas de métaphore dans le sens où nous l'entendons, parce que la métaphore est réalité. Nous dirons même que le sens le plus vrai de la hiérarchie des jours du Code de Manu se révèle en allant du haut vers le bas, de Brahman vers l'homme ; les jours des dieux, des ancêtres et des hommes apparaissent ainsi comme des petits jours, des « micro*chrones* », qui sont à la durée du monde ce que les micro*cosmes* sont à sa constitution. On sait qu'universellement, et la contribution de l'Inde ancienne en ce domaine est particulièrement puissante, les autels et l'homme lui-même sont des reproductions en petit de l'univers, et en même temps l'univers tout entier ; car « micro » ou pas, c'est bien le cosmos, et non une partie de lui-même, qui est présent dans l'autel et dans l'homme. De la même façon, le jour humain est une incarnation du jour vrai, celui de Brahman. C'est ainsi que l'univers se retrouve dans plus court que lui-même (microchrone), et dans plus petit que lui-même (microcosme) : le même en plus court nous offre donc une représentation temporelle de l'un-multiple, comme le même en plus petit nous en donne une image spatiale.

DE LA GRANDE ANNÉE À LA CRÉATION À VOLONTÉ

On voit donc que la Grande Année, censée fournir un cadre absolu et définitif au temps, et donc la maîtrise de celui-ci, a bien du mal à tenir sa promesse. On ne sait pas clairement ce qu'il y a au bout des âges navajos, tandis que les Jicarilla semblent prévoir un recommencement. On ne comprend pas clairement ce qu'est la destruction par Zeus de la race de fer, l'actuelle, chez Hésiode ; car si, comme il le dit, « le mal n'aura plus de remède », à quoi bon les exhortations du poète au travail et à la justice, aimés de Zeus ? Ne contiendrait-elles pas, implicitement, l'idée d'un recommencement ? De plus, nous avons constaté que dès que les astres et le calcul s'en mêlent, *la* Grande Année devient explicitement *des* Grandes Années, se reproduisant encore et encore, que ce soit le cycle aztèque de 52 ans, le retour taoïste des dix mille êtres à leur racine ou le jour-nuit de Brahman ; pire encore, on la retrouve comme partie d'elle-même, en son sein, comme microchrone. La pensée archaïque, en fabriquant des accumulations d'âges ou de cycles, ou des deux à la

---

1   On retrouve une idée semblable chez certains Pères de l'Église, comme Irénée, Lactance et Augustin.

fois, avait espéré, au moyen d'une Grande Année totalitaire, éliminer l'indétermination du côté multiple de l'un-multiple caractéristique de toute période de temps. Il est vrai que des enchaînements d'âges et de cycles produisent bien des limitations de multiples ; le jour, par exemple, multiple en tant qu'hier, aujourd'hui ou demain et pourtant identique dans ces trois modes, trouve une limite de sa multiplicité – et pas nécessairement une multiplicité nombrée, nous l'avons constaté – dans la lunaison. De même pour les lunaisons dans l'année, les années dans les « âges », etc. Mais en bout de course on retombe sur une indétermination complète, insurmontable, avec cette Grande Année, qui ne peut être que une-multiple, purement et simplement.

La pensée archaïque ne peut sortir de cette impasse ; ou, plus exactement, de ce qui apparaît au premier abord comme une impasse. Car dans le contexte traditionnel, il s'agit d'une contradiction active et extrêmement féconde. Pour s'en persuader, il faut se souvenir que l'origine de toute l'affaire réside dans l'énigme de la création du monde, point zéro de notre Grande Année, et que, plus généralement, la pensée archaïque n'est ni contemplation ni simple plaisir de résoudre des énigmes, mais qu'elle est pensée-action. Or ce qui se manifeste dans la création est la puissance par excellence, et il est naturel dans le mode de penser archaïque que cette idée pensée soit immédiatement agie : cela veut dire en l'occurrence que discerner le pouvoir par excellence, c'est mettre la main dessus, et donc s'offrir la possibilité de l'exercer. Et c'est ce qui se produit en effet : à travers la pratique rituelle, la création du monde est une réalité permanente dans toutes les sociétés archaïques, sans exception. On le constate chez les aborigènes australiens, pour qui chaque cérémonie un tant soit peu importante est un retour au Temps du Rêve, chez les Amérindiens Osage, qui récitent (et donc réactualisent) les mythes d'origine à chaque baptême de nouveau-né, dans la cure navajo qui consiste à recréer le monde pour éliminer le désordre dont le malade est l'indice, dans la construction des autels védiques, etc.

Dans le contexte traditionnel, donc, il faut que la création (et donc la Grande Année), unique par définition, soit répétable à volonté, disponible à tout moment, sans que chacune de ses apparitions puisse être distinguée d'une autre par l'avant ou l'après, n'étant même plus bridée par une périodicité nécessaire. Elle est chaque fois présente, toute entière, et par conséquent toute nouvelle : image parfaite de l'un-multiple.

Voici un dernier exemple particulièrement frappant, en la personne du roi de l'Égypte antique. Du calendrier égyptien, on retient généralement la division de l'année en douze mois de trente jours, eux-mêmes regroupés en trois saisons de quatre mois, avec l'ajout de cinq jours complémentaires. On retient également la fixation du début de l'année par le lever héliaque de Sirius, ce qui permettait, en quelque sorte, de rétablir le quart de jour manquant. Mais en ce qui concerne notre recherche, le fait le plus révélateur réside dans le format de date adopté par les textes égyptiens : le cadre temporel de référence est en effet le règne actuel. On dira de tel événement qu'il a eu lieu la « neuvième année sous Sa Majesté le roi de Haute et Basse Égypte Djeserkare, III Shemu 9 », c'est-à-dire neuvième jour du troisième mois de la saison « Shemu ». Si le compte du temps démarre dans notre exemple au début du règne de Djeserkare (Amenhotep I, 1525-1504), il faut bien comprendre que chaque nouveau règne inaugure non pas un temps nouveau, mais le temps lui-même, et donc l'histoire elle-même. C'est ce qu'expliquent les mythes égyptiens, de façon particulièrement crue dans les textes de l'Ancien Empire, de façon plus subtile plus tard.

N'être qu'un successeur, c'est n'être qu'un roi parmi la multiplicité des rois. La tâche première du mythe est donc d'abolir cette multiplicité, en anéantissant la personne et le temps des prédécesseurs. Dans un passage des *Textes des Pyramides* d'une extrême violence (Faulkner, 1969, § 273 et suivants), le roi ressuscité anéantit tous ceux, hommes et dieux, qui pourraient lui faire de l'ombre ; il les étrangle, les débite en morceaux qu'il fait bouillir ou cuire sur les pierres du foyer. Les grands sont pour son petit déjeuner, les moyens pour son dîner et les petits pour une collation nocturne ; quand aux vieux, ils alimentent le feu sous le chaudron. Le but est de se substituer à tous ces êtres en avalant leur substance et leur intelligence, mais aussi de voler leur durée de vie et de devenir par là même la puissance originelle : « Car le roi est un dieu, plus vieux que les plus vieux [...] La vie du roi est éternelle. » Pour justifier la métamorphose du roi en puissance suprême, on nous explique que la mère du roi fut fécondée par Atoum, le créateur-soleil, et que le roi lui-même existait dans l'eau primordiale avant que ne viennent au jour le ciel, la terre, les hommes, les dieux et la mort.

Ayant ainsi rétabli le roi en tant qu'Un, en personne et en temps, la tâche suivante du mythe sera de le décrire comme le Tout avec sa multiplicité. Les parties de son corps ressuscité pourront être différents dieux ou éléments célestes, ou bien son corps sera en même temps le corps de diverses divinités ; bien qu'il soit *le* temps comme nous le savons, celui-ci se démultiplie en *des* temps par des rituels de recréation du vivant même du roi, non pas pour flatter la mégalomanie d'un personnage puissant, mais bien pour entretenir son "fluide efficace" en tant que démiurge, et assurer par là la survie du monde ; il y avait pour cela des cérémonies quotidiennes, ainsi que la fête du bandeau royal, dite *sed*, qui faisait renaître le souverain pour plusieurs années en répétant les cérémonies du couronnement :

> Tu recommences ton renouvellement, tu obtiens de refleurir comme le dieu Lune enfant, tu rajeunis, et cela de saison en saison [...] tu renais en en renouvelant les fêtes *sed*. Toute vie vient à ta narine, tu es roi de la terre entière à jamais (Moret, 1902, p. 256).

DE LA DÉMULTIPLICATION
À LA DIVERSIFICATION

De l'un-multiple aux quanta

Sur des modes divers, la genèse archaïque est donc l'un qui actualise sa multiplicité intrinsèque. Mais comment sortir du quantitatif de l'auto-démultiplication ? Comment justifier que tel lieu est devenu un trou d'eau ou un affleurement rocheux plutôt qu'autre chose, pourquoi la bouche de Prajapati est-elle devenue le Brahmane plutôt que l'abîme, pourquoi la séparation originelle donne-t-elle naissance précisément au ciel et à la terre ? Une genèse archaïque est incapable de le dire ; elle est contrainte de recourir à des histoires circulaires, dans le sens où la qualité des choses créées s'explique par des données qualitatives préalables. La *démultiplication*, nous l'avons constaté, est abondamment commentée, mais la *diversification* camoufle son mystère derrière des analogies arbitraires dont nous avons donné de nombreux exemples.

Il y a cependant une solution moins éclectique : que l'on exprime en effet le divers qualitatif sous forme de divers quantitatif, et le tour est joué. L'un s'actualise alors en multiplicités limitées, déterminées, ce qui produit par conséquent des quantités à contenu qualitatif : ce sont ces formes hybrides que nous appellerons « quanta », formes massivement présentes dans les sociétés traditionnelles, formes qui pavent la voie au nombre et à la numérologie.

QUALITÉ ET QUANTITÉ
DANS LA PENSÉE ARCHAÏQUE

On décrit souvent la pensée primitive comme pratique, bricoleuse, embourbée dans le concret immédiat, incapable d'abstraction. Mais c'est tout le contraire. Le concret lui échappe complètement. Pressée de fonder l'unité du monde dans une grande classification, elle ne va pas au delà d'une mise en ordre analogique de la diversité ; pressée de fonder l'unité dans une essence commune, elle est incapable d'aller au delà de la forme abstraite des « ceci » identiques. Les qualités sont évidemment perçues, elles sont même décrites minutieusement, et elles colorent merveilleusement les classifications et les genèses en des récits mythiques, parfois d'une grande beauté ; mais elles ne font, justement, que colorer. Les Archaïques sont des formalistes au sens où leurs classifications sont des suites d'inférences illustrées, mais seulement illustrées, par des détails concrets.

Et s'il arrive que les penseurs parmi eux posent le problème du passage à la diversité, c'est à dire aux contrastes, ils ne font guère, justement, que le poser, avec très fréquemment l'image fameuse et géniale de l'opposition de la lumière et des ténèbres. Le *Yijing* en est l'exemple le plus puissant, à ma connaissance ; partant des « multiplicités confuses », il en trace la genèse et en organise la diversité par une hiérarchie d'oppositions (*yin/yang*, terre/ciel...) modélisée par une progression formelle d'oppositions (« bigrammes », trigrammes, ordre des hexagrammes). Il est vrai que le formalisme graphique y est dominant, que les « colorations » merveilleuses y sont légion, mais le fait de l'avoir conçu comme une organisation systématique des oppositions qualitatives est ce qui en fait la force et l'originalité.

Incapable donc de saisir réellement la diversité[1], la pensée archaïque en reste par conséquent à la multiplicité ; mais comme elle prétend rendre compte d'un monde avec ses déterminations qualitatives, et qu'elle n'a accès qu'au multiple, la genèse sera donc aussi l'apparition de déterminations du multiple. L'être véritable des choses réside donc dans

---

1   C'est seulement avec les « philosophes de la nature » présocratiques que le concret devient un objet de pensée, en lieu et place de « coloriages » d'un schéma formel.

les multiplicités, et par conséquent reproduire une multiplicité revient à reproduire la chose qui lui correspond. Prenons l'exemple courant de la totalité du monde figurée par les quatre points cardinaux ; on reproduira cette multiplicité-là chaque fois que l'on fera une correspondance un à un (bijection) avec l'est, le sud, l'ouest et le nord, et par ce biais ce qui a été mis en correspondance acquiert la qualité du monde comme totalité, c'est-à-dire la perfection. Cependant, et c'est un point crucial dans notre développement, la multiplicité exhibée dans chacune de ces bijections n'est pas le nombre quatre. Il n'est besoin en effet d'aucun système numérique, d'aucun comptage pour les réaliser ces correspondances ; elles ne sont que l'expression quantitative d'une qualité, en l'occurrence la perfection. Ce type d'expression[1], nous l'appellerons « quantum » ; *un quantum est donc un être hybride qui n'est ni tout à fait une qualité ni tout à fait une quantité, ni des choses ni le nombre de ces choses.* Si on peut le faire sans alourdir inutilement, nous nommerons les quanta différemment des nombres : nous dirons dyade, triade, tétrade, pentade, hexade, heptade, etc., au lieu de deux, trois, quatre, cinq, six, sept, etc. Concernant l'exemple des points cardinaux, c'est donc à une tétrade que nous avons affaire.

Il est vrai que dans la plupart des comptes-rendus ethnographiques, les noms des quanta sont des noms de nombres ; mais seul importe ici ce que nous avons souligné, et ce sur quoi nous insisterons à nouveau plus loin, à savoir qu'ils ne fonctionnent pas du tout comme des nombres, mais comme des êtres hybrides, comme quanta.

EXEMPLES DE QUANTA

Revenons chez les Sioux Oglala que nous connaissons déjà, pour commenter leur rituel du calumet (Walker, 1917). La forme de démultiplication sur laquelle celui-ci se fonde consiste en ce que le Vent, qui habitait au ciel avec ses quatre fils, a envoyé ceux-ci aux quatre « lieux »

---

1   Nous utilisons aussi parfois des quanta en tant qu'expressions quantitatives de qualités. On dit bien de quelqu'un qu'il est double (sous-entendu à double face), ou encore qu'il est une triple buse (triade de la totalité : début, milieu et fin).

que sont les quatre « points » cardinaux ; telle est la trame qui se dessine dans plusieurs histoires riches en aventures. Le rituel du calumet
reproduit cela ; le chamane allume à cet effet une pipe et l'offre à chaque
vent en se tournant successivement dans les directions correspondantes,
dans l'ordre ouest, nord, est et sud, qui est leur ordre de naissance, puis
il se remet face à l'ouest. Ainsi, dit-il,

> J'ai complété les quatre quartiers et le temps [...] Les quatre quartiers
> contiennent tout ce qui est dans le monde et tout ce qui est au ciel [...] Le
> parcours de la pipe en un cercle complet est une offrande à tous les temps (*ibid.*).

Cette détermination du Vent en quatre vents est donc la création d'un
espace fini, délimité par les mouvements diurne et annuel du soleil, et
de tout ce que contient cet espace ; création également de cycles temporels et, par analogie, de tout les évènements qui s'y produisent[1]. Mais il
s'avère que l'acte créateur véritable, son efficace réel, ne réside pas dans
la dispersion de Vent en quatre vents, mais dans la tétrade associée.
La première preuve de cela, ce sont les innombrables répétitions par
quatre, que l'on doit effectuer aussi bien dans des rituels élaborés que
dans des activités plus prosaïques ; or la plupart de ces répétitions, que
ce soit dans les gestes ou dans les paroles, ne font aucune allusion aux
points cardinaux. Toute allusion serait en effet redondante, car il suffit
d'être quatre pour être les quatre points cardinaux, et par conséquent
pour être en harmonie avec le Tout, sans quoi rien de bon ne pourrait
se produire. La seconde preuve nous est fournie par l'informateur sioux
de James Walker :

> Aux temps anciens les Lakota groupaient toutes leurs activités par quatre.
> Ceci parce qu'ils reconnaissaient quatre directions : l'ouest, le nord, l'est et
> le sud ; quatre divisions du temps : le jour, la nuit, la lunaison et l'année ;
> quatre parties dans tout ce qui pousse du sol : les racines, la tige, les feuilles
> et le fruit ; quatre sortes de choses qui respirent : rampantes, volantes, mar-
> chant sur quatre pattes, marchant sur deux jambes ; quatre choses au dessus

---

1   On peut retracer ainsi la formation de ce schéma. Du rectangle des points solsticiaux, obser-
    vable par des sédentaires dans un endroit donné, on déduit les deux directions principales,
    est-ouest pour le trajet diurne du soleil et nord-sud pour son trajet annuel. L'analogie fait le
    reste. Le soleil se lève à l'est, passe au sud à midi (dans la zone tempérée nord) et se couche
    à l'ouest ; il faut donc placer la nuit au nord. C'est au moyen de ce genre de spéculation que
    le cycle est-sud-ouest-nord devient l'archétype des cycles : aube-midi-soir-nuit, printemps-
    été-automne-hiver, jeunesse-maturité-vieillesse-mort (Keller, 2006, chap. 4).

> du monde : le soleil, la lune, le ciel et les étoiles ; quatre types de dieux : le
> grand, les associés du grand, les dieux subordonnés et l'espèce spirituelle [*the*
> *spiritkind*] ; quatre périodes de la vie humaine : la prime enfance, l'enfance, la
> maturité et la vieillesse ; et en fin de compte, les humains ont quatre doigts
> à chaque main, quatre orteils à chaque pied, et les pouces et les gros orteils
> sont quatre. Puisque le grand esprit a fait que toutes choses vont par quatre,
> les humains devraient en faire autant (*ibid.*).

où l'on voit comment tout est découpé, de gré ou de force, en paquets
de quatre, non pas d'après des analogies qualitatives avec les quatre
orients – on ne voit pas comment attribuer raisonnablement une direction
géographique à la lunaison, à l'année, aux fruits, aux animaux rampants, à chaque pouce, etc. –, mais parce que la tétrade est l'être réel des
différenciations qualitatives du Tout, différenciations dont l'archétype
est la différenciation de Vent en quatre vents. Et les humains « en font
autant » en répétant tout par quatre.

Il y a bien d'autres quanta tout aussi importants que la tétrade, provenant eux-aussi de différenciations originelles : différenciation en deux
(lumière-ténèbres, mâle-femelle), en trois (naissance, vie, mort), en tant
de parties du corps si le corps est un modèle de l'Un, en tant de clans si
l'Un est la tribu, et ainsi de suite. Nous avons déjà rencontré la dyade,
sous forme du démiurge qui se parle et de l'opposition qualitative en
général (lumière-ténèbres par exemple). Le *bana ngolo* bambara (Fig. 6)
est une combinaison figurée – et non numérique – de monade, de
triade (caractère mâle : appareil sexuel masculin), de tétrade (caractère
femelle : quatre lèvres) et d'heptade. Nous savons que Atoum l'Égyptien
est triade, ogdoade et ennéade. On voit bien dans ces exemples ce qui
distingue les quanta des nombres puisque les premiers, justement, n'ont
entre eux aucun lien de type numérique : Atoum ne peut être à la fois
ogdoade et ennéade que si l'ogdoade et l'ennéade ne sont pas les nombres
huit et neuf respectivement ; trois est inférieur à quatre, par exemple,
mais la masculinité bambara, en tant que triade, n'est pas inférieure
à la féminité qui est tétrade ; quatre égale trois plus un, mais il n'y a
pas lieu d'en déduire une opération entre la masculinité et la monade
originelle (le tiret | du *bana ngolo*) qui aurait pour résultat la féminité.
Certes, de telles combinaisons pourront voir le jour une fois le nombre
inventé, et c'est même un trait caractéristique de la numérologie, mais
nous n'en sommes pas là ; nous ne considérons encore que les quanta.

Parmi les exemples moins connus, voici l'hexade et l'heptade chez les Osage que nous avons déjà rencontrés, membres comme les Oglala de la famille linguistique Sioux. Chez les Osage aussi, il y a la tétrade classique. Par exemple, l'un des officiants du « Rite de Veille[1] » (*Rite of the Vigil*) doit se peindre le corps en rouge, couleur du soleil, puis tracer une ligne noire d'une joue à l'autre en passant par le front, et enfin quatre traits parallèles alignés sur le front (La Flesche, 1925). La ligne est la ligne d'horizon, et les quatre traits sont la bijection avec les quatre « vents ». De même, la maison cérémonielle est censée être construite en accord avec les points cardinaux, peu importe qu'elle le soit effectivement ou non : telle extrémité est considérée comme l'est, telle autre comme l'ouest, etc.

À côté de cette tétrade, provenant d'un mythe de création lié aux vents, nous trouvons chez ce peuple l'hexade et l'heptade qui proviennent d'une autre forme de mythe, où la genèse est cette fois-ci pensée comme la démultiplication de la tribu-monde en moitiés, et de celles-ci en clans. La tribu Osage est divisée en deux moitiés exogames, toutes deux originaires du ciel et descendues sur terre ; elles se nomment Terre et Ciel, et la moitié Terre contient le sous-groupe Terre ferme et le sous-groupe Eau ; les trois groupes se composent chacun de sept clans, et il faut leur rajouter trois autres groupes intégrés sur le tard. Les clans ont des noms totémiques qui illustrent, supposerons-nous, la variété introduite par la démultiplication initiale de la tribu monde en moitiés et clans. Mais la seule division retenue pour être mythiquement signifiante est la bipartition Terre-Ciel, avec ses deux fois sept clans. Voyons-en la réalisation dans le Rite de Veille.

Ce rite est une affaire d'importance. Il est l'occasion d'une grande réunion tribale durant les trois ou quatre jours nécessaires à son accomplissement. Les représentants de la moitié Ciel s'installent dans la partie nord, réelle ou supposée telle, de la maison cérémonielle, et ceux de la moitié Terre dans sa partie sud. Ce qui nous intéressera ici est le cœur du rite, à savoir une revitalisation générale par la reproduction de la genèse ; or la genèse, c'est celle de la tribu parce que, nous dit Francis La Flesche, « la tribu dans sa totalité symbolise l'univers dans tous ses

---

1   Destiné à se mettre sous de bons auspices. Les officiants, en tant que médiateurs, doivent faire preuve d'une attention soutenue pour déceler les signes favorables : ce sont donc des « veilleurs ».

aspects connus. » Mais comme chaque clan a sa propre genèse, variante d'un thème commun, chacun va réciter sa version particulière, mais en même temps que les autres, pour reproduire à la fois l'unité tribale et sa diversité : belle cacophonie, mais en tant que signe d'harmonie, tellement satisfaisante pour l'esprit !

Nous en arrivons aux quanta. Le problème est que les deux moitiés Terre et Ciel de la tribu ont toutes deux sept clans, et que par conséquent l'heptade ne pourrait convenir ni pour la diversité terrestre ni pour la diversité céleste. Qu'à cela ne tienne : on garde l'heptade pour la terre, et comme il faut bien différencier, on prendra l'hexade pour le ciel. Différenciation totalement arbitraire, à ma connaissance, car je n'ai trouvé aucune justification de cette hexade dans le rapport de La Flesche[1]. Et l'unité des deux, celle de la tribu, sera qualifiée non pas par une addition en une « trikaïdécade », mais par une heptade suivie d'une hexade comme nous le constaterons.

L'heptade est parfois le quantum suffisant, lorsque les Osage distinguent sept rites principaux, qu'il faut sept années de préparation et offrir sept peaux d'animaux déterminés pour avoir droit au Rite de Veille, que sept pierres chauffantes sont nécessaires pour un bain de vapeur, etc. Parfois aussi, les quanta ne sont qu'une étiquette métaphorique ; par exemple, l'ensemble des chants de Terre est appelé « les sept chants », l'ensemble des chants de Ciel est appelé « les six chants », alors que leur nombre réel est bien supérieur. Les choses sont en revanche strictes dans la partie centrale du rite, au cours de laquelle chaque clan récite à haute voix et en même temps que les autres sa propre version du mythe associé. Le clan de l'Ours Noir de la moitié Terre, par exemple, raconte en substance ceci. Avant de trouver comment hiberner confortablement, Ours Noir a dû faire six tentatives insatifaisantes, décrites une par une, et qui sont autant d'actions que les « Petits » (futurs humains) doivent

---

1   En général, l'hexade et l'heptade peuvent avoir une origine géographique. C'est le cas de l'hexade chez les Hopi (Talayesva, 1959). À côté de la tétrade classique avec ses innombrables interventions rituelles, ils considèrent en effet l'hexade, issue des directions nord-ouest, sud-ouest, sud-est, nord-est, zénith et nadir ; on parlera par exemple des ancêtres « Hommes-Nuages-aux-Six-Points » et pour certains rites, on fera en conséquence six traits de farine, on versera de l'eau six fois et l'on répètera le cri de guerre six fois. L'heptade peut provenir des quatre points cardinaux, auxquels on rajoute le haut, le bas et le centre. Mais il n'y a rien de tel dans le rapport de La Flesche, tout entier concentré d'une part sur la tétrade en liaison avec les points cardinaux, et d'autre part sur l'hexade et l'heptade en liaison avec la tribu-monde.

prendre comme exemples pour détruire leurs ennemis et obtenir la faveur divine. À la septième fois, Ours Noir trouve enfin une grotte convenable, où il pourra hiberner pendant sept mois. À son réveil, il inspecte l'état de son corps après ce long jeûne et s'adresse aux « Petits » : voyez ma chair flasque, ma peau ridée, mes muscles relâchés, ma calvitie, autant de signe de vieillesse ; si vous faites de moi votre corps, vous pourrez être sûrs de franchir comme je l'ai fait les quatre âges de la vie. Il faut donc sept étapes à Ours Noir pour s'installer confortablement sur terre, et une hibernation de sept mois est le signe d'une vie terrestre complète, toute marque de vieillissement du corps étant fièrement exhibée en témoignage de victoire contre une mort prématurée : nous avons là deux façons pour l'heptade de se manifester comme totalité terrestre. Ours Noir fait ensuite treize empreintes de pas, mais en deux temps : d'abord six, puis sept, afin, dit-il, que les guerriers puissent compter leurs exploits. Après l'heptade terrestre, se rajoute donc l'hexade céleste, ce qui donne à celui qui peut exhiber autant d'exploits militaires – par appariement avec les treize empreintes de pas – la qualité de guerrier accompli, aussi accompli que l'est la totalité terre et ciel du monde.

Voici encore l'histoire de Castor remontant la rivière. Au premier coude de celle-ci, il abat un jeune saule qu'il dépose à droite de la porte de sa maison, tout en déclarant :

> Ce n'est pas sans raison que j'ai apporté ce jeune saule.
> Quand les Petits iront vers le couchant à la rencontre de leurs ennemis,
> Ils utiliseront ce jeune saule pour compter leurs exploits.
> Si les Petits se servent de ce jeune saule pour compter leurs exploits,
> Alors qu'ils cheminent sur le sentier de la vie,
> Ils compteront facilement leurs exploits (*ibid.*).

Au deuxième coude de la rivière, Castor abat de nouveau un jeune saule et répète exactement la même formule, et l'ensemble se répète à l'identique jusqu'au septième coude, de telle sorte qu'il a sept saules à droite de sa porte. Voilà pour la moitié Terre. Pour la moitié Ciel, on recommence six fois l'histoire, redite chaque fois intégralement, avec la seule différence que les saules sont déposés un par un à gauche de sa porte. Le caractère répétitif, typique des incantations traditionnelles en général comme nous le savons, est ici lourdement accentué ; l'histoire de Castor, qui pourrait se résumer en une dizaine de lignes, s'étend sur cent quatre-vingts lignes dans la traduction de La Flesche ! *La raison en est qu'il ne s'agit pas dans cette affaire d'évoquer des nombres*[1], *mais des bijections déterminées en acte, signes de création complète.* Dans le même esprit l'officiant, qui doit faire la preuve devant l'assistance qu'il a à son actif treize exploits guerriers, dispose pour cela de deux tas, l'un de sept, l'autre de six branches de saules. Le premier est posé sur son bras gauche, le second est à terre ; il énonce alors un à un ses sept exploits, en jetant à chaque fois une branche par terre, et il procède de même avec l'autre paquet de six branches. Les empreintes faites par Ours et les saules déposés par Castor fonctionnent donc comme des chapelets, des aides aux bijections destinées à reproduire la démultiplication et la diversification primitives.

Les quanta n'ont pas seulement une existence « sacrée » liée aux genèses. Puisque d'après la logique de la pensée archaïque, l'être réel des choses réside dans les multiplicités, on retrouvera cette loi, diversement transposée, dans des domaines plus profanes. Nous pouvons reprendre ici le bel exemple des *message-sticks* des aborigènes du sud-est de l'Australie, car outre son intérêt propre, il pourrait fournir un type raisonnable d'interprétation de certains signes multiples présents dans les grottes ornées et sur certains objets datant de la préhistoire.

Nous le savons, les *message-sticks* sont des planchettes ou des baguettes de bois de 5 à 15 cm environ, avec des marques constituant dans la majorité des cas en encoches plus ou moins nombreuses et diversement disposées, mais exactement semblables (Fig. 5). Transportées par un messager d'une tribu à une autre, elles peuvent être des invitations à une fête ou à une initiation, une déclaration de guerre, l'annonce d'une visite ou de simples informations. Howitt les qualifie d'aide-mémoire, ce qui est au moins réducteur et surtout invraisemblable. Les informations à transmettre sont en effet peu nombreuses, et c'est faire injure à la mémoire prodigieuse bien connue[2] des individus « sans écriture » que

---

1   Bien que les Sioux aient des noms de nombres, et même une numérologie rudimentaire. Mais dans le rite en question c'est uniquement de quanta dont il s'agit.

2   Les Warlpiri du désert central d'Australie, par exemple, « doivent retenir en relation à chaque rêve (le leur et ceux de certains parents et alliés) des centaines de vers, des dizaines de motifs à peindre sur le corps et sur les objets rituels, ainsi que des figures de danses sans connaître au départ le sens de ce qu'ils traduisent. Par cette assiduité rituelle, un homme ou une femme approchant la quarantaine devrait être à même de déchiffrer [...] les diverses associations symboliques » (Glowczewski, 1991, p. 69).

de les croire obligés de recourir dans ce cas à des pense-bêtes. En réalité, il y a tout autre chose qu'un aide-mémoire : le *message-stick est le signe, la projection quantitative, et donc « essentielle », de l'échange et de ses protagonistes.*

C'est pourquoi l'objet lui-même bénéficie des plus grands égards, et qu'il serait sacrilège de faire du mal à son porteur durant son déplacement. Le *stick* peut être enveloppé avec soin pour le cacher à la vue des femmes et des enfants ; si l'on y contrevient, la sanction pourrait être la mort pour la femme indiscrète et pour le mari qui l'a montré à son épouse. Il est réellement l'émanation de l'expéditeur, au point que parfois, même le bois dont il est fait doit être du même totem que lui. Un personnage important du groupe taille donc des encoches en présence du messager et parle au fur et à mesure. Un personnage important du groupe destinataire va lui aussi toucher, examiner attentivement et faire circuler le *stick* parmi ses alliés pendant que le porteur délivre le message ; avec cet objet coché, il a entre les mains la parole même de son lointain interlocuteur. Sauf dans quelques cas où le bâton est vierge, c'est en outre un message particulier qui se note généralement en groupes d'encoches qui représentent tout ce qui est en jeu, individus et objets. Un homme, ses frères et deux anciens demandent à un autre d'envoyer son fils pour initiation ; sur un bâtonnet de 5 cm, on fera cinq encoches d'un côté (l'expéditeur, ses deux frères et les deux anciens) et quatre de l'autre (le destinataire, son fils et deux autres garçons pour l'assister). On conviendra que le message est simple et qu'il ne nécessite pas de pense-bête ; mais il faut comprendre qu'il n'est « pour de vrai » que par cette projection des individus par des signes. À côté d'encoches pour des individus spécifiés, comme dans l'exemple précédent, il peut y avoir tant d'encoches parce que l'on demande tant d'hommes de tel groupe, ou encore un côté du *stick* entaillé sur toute sa longueur pour figurer que tout le groupe destinataire est invité. Dans le deuxième chapitre, nous avons détaillé un *stick* où les encoches peuvent être des individus spécifiés aussi bien qu'un quantum d'individus, des denrées particulières que l'on demande d'envoyer, les « camps » (nuitées) qui séparent l'expéditeur du destinataire, et enfin le quantum de jours au bout duquel le premier rendra visite au second.

Notons une fois de plus que le procédé ne met en œuvre ni des nombres ni des comptages au sens strict du terme. Pour produire un quantum, par exemple celui des « camps » nécessaires pour se rendre chez un clan apparenté, il suffit de se souvenir distinctement des « camps » d'un premier voyage, puis de faire pour chacun une encoche, ou un nœud dans une cordelette, ou de prendre une baguette, etc. ; ou bien, lors du premier voyage, de réaliser ces marques au fur et à mesure. Pour utiliser un quantum, il suffit de refaire la bijection avec les marques qui le matérialisent ; de la même façon que l'officiant Osage, qui, pour prouver que ses exploits guerriers ont la complétude nécessaire, les racontera un à un jusqu'à ce que les branches de saule soient épuisées – s'il est en rapport avec Castor –, ou probablement avec un geste se référant à des empreintes de pas – s'il est en rapport avec Ours –. L'existence d'une liste officielle de signes de nombres organisés les uns par rapport aux autres est donc inutile, et par conséquent tout comptage l'est aussi. Seuls les appariements directs sont nécessaires.

POSSIBILITÉ DU NOMBRE

Tels sont les quanta. Ce ne sont pas des nombres. Cependant, de leur fonction et de leur expression découlent des conditions de possibilité du nombre. Sur le plan conceptuel d'abord, puisque les quanta représentent une mise en œuvre de l'un-multiple. Ensuite, ceux qui proviennent d'une genèse ont pour conséquence l'obligation de mettre le plus possible de choses en correspondance avec la particularité d'origine (clans de la tribu-monde, individus fondateurs, points cardinaux ou autres). Il s'en suit des rituels à n'en plus finir et de gros efforts de pensée pour faire entrer la réalité perceptible dans ce carcan. Par ce biais, *tout devient quantifiable*, c'est-à-dire transformable en un-multiple déterminé, en tétrade par exemple : nous avons vu (§ 2) par quels tours de passe-passe les Sioux Oglala s'efforcent de montrer que « tout va par quatre ». De même, chez les Hopi, et sans rentrer dans le détail des significations – vitales pour eux, et, il faut bien le dire, assommantes pour nous –, des jours, des gens, des plumes, des épis de maïs et bien d'autres choses encore sont transformés en tétrade (Talayesva, 1959).

Tout est potentiellement quantifiable, donc, mais en outre toute quantification doit être matérialisée. La tétrade Hopi se montre en paroles (incantations), en coups de fouet lors de certaines initiations, en traits de peinture, en traits de farine de maïs, en toutes sortes de signes ; un tel exemple suffirait pour évacuer le lieu commun tenace, suivant lequel la pensée primitive confondrait le quantum, et *a fortiori* le nombre, avec son expression matérielle. De plus, il est clair que le type de signe choisi ne dépend pas en principe du type de choses quantifiées ; on passe de l'un à l'autre sans difficulté, ce n'est qu'une question de commodité. En ce qui concerne les *message-sticks*, par exemple, il n'y a aucun fétichisme de l'encoche ; l'important est le signe, quelle que soit sa matière, les encoches n'étant que la représentation la plus usitée ; les aborigènes utilisent en effet concurremment des lanières de peaux de kangourou, des bâtonnets, des signes sur le bras, des parties du corps. D'autre part toutes sortes de collections discrètes comme des bâtonnets, des nœuds dans une corde, des encoches, des parties du corps, des sons, etc., sont des signes qui peuvent représenter concurremment des quanta d'individus, de choses ou de périodes de temps. Ces signes peuvent avoir de sérieuses différences entre eux. Ce n'est pas la même chose que de représenter des individus par des noms propres ou par des encoches ; ce n'est pas la même chose non plus que de représenter des jours au moyen d'une liste ordonnée standard de parties du corps ou de nœuds dans une corde. Mais tous, au delà de ces différences, et c'est là le point essentiel, ont pour fonction de donner une image manipulable de l'un-multiple. De ce point de vue, *les types de signes évoqués ci-dessus sont tous comme un même matériau suffisamment plastique pour représenter à volonté tel ou tel aspect de l'un-multiple*, et c'est bien ainsi qu'ils sont compris et utilisés, sans conteste possible, par les peuples traditionnels. Avec des signes indifférenciés comme les encoches, bâtonnets, nœuds, nous avons l'image matérielle de l'un dans ces objets pensés comme identiques, et l'image matérielle du multiple dans leur séparation spatiale. Dans le cas de signes indifférenciés comme le même geste ou le même son, l'image du multiple réside dans la répétition, c'est-à-dire dans la séparation temporelle. On peut avoir au contraire des signes différenciés qui, de ce fait, soulignent immédiatement la multiplicité, l'unité étant sous-entendue ; c'est le cas des périodes de temps dénommées par un évènement particulier (la lunaison des premiers frimas, l'année de la grande famine) ou par un élément dans une liste ordonnée de parties du corps, comme nous le verrons dans le prochain chapitre. Que tout cela constitue un seul et même matériau avec des aspects secondaires variés, librement utilisés en toute connaissance de cause, on le voit bien lorsque les cycles naturels sont pris pour des images de l'un, et leur répétition pour l'image corrélative du multiple. Ils induisent en effet à leur tour, et chez un même peuple, aussi bien des signes de la première catégorie, indifférenciés, que des signes de la seconde catégorie, différenciés ; la tribu invitante à une cérémonie d'initiation, à un potlatch ou au règlement d'un conflit enverra un messager qui pourra aussi bien donner aux invités un paquet de baguettes correspondant au nombre de jours devant s'écouler avant la fête, à charge à ceux-ci d'enlever une baguette chaque jour, que désigner le jour du rendez-vous à l'aide d'une liste standard ordonnée de parties du corps. De même les lunaisons et les années peuvent être notées par des encoches ou des nœuds, ou recevoir des dénominations particulières.

Par les processus décrits, deux aspects fondamentaux sont donc apparus, qui sont aussi deux conditions de possibilité du nombre. Premièrement, tout est quantifiable de diverses manières, la réalité étant découpée en paquets de choses en correspondance bijective les uns avec les autres ; le monde est ainsi modélisé en « classes d'équivalences », comme on dit en mathématiques. Deuxièmement, les quanta, quelles que soient leur origine et leur fonction, s'expriment dans ce qui peut être considéré comme un matériau unique de signes, parce que ses variétés sont secondaires, ne traduisant au fond que la plasticité d'un même support, ce que le monde archaïque perçoit parfaitement bien. Ainsi deux quanta, bien que n'ayant aucun rapport numérique entre eux de par leur caractère qualitatif, ont déjà une expression commune dans ce que j'ai appelé un matériau unique, ce qui fournit une possibilité de comparaison directe par appariement.

L'histoire aurait pu s'arrêter là. Avec les quanta tels que nous les avons décrits, l'un-multiple en serait resté à des déterminations extérieures, mondaines, qui constituent un fonds commun à tous les peuples, sans exception à ma connaissance. Dans les deux chapitres qui suivent, nous discuterons d'abord des raisons qui ont pu mener de là à la constitution du nombre, ce système autonome et déqualifié de quanta, cet un-multiple qui se déploie de lui-même et se détermine lui-même ; nous examinerons ensuite les techniques de constitution du nombre.

OCCASIONS DE CONSTITUTION
DU NOMBRE

Il s'agit de savoir comment, à partir de l'un-multiple et de quanta indifférents les uns par rapport aux autres, les sociétés archaïques ont pu avancer vers le nombre, c'est-à-dire vers une organisation autonome des quanta déqualifiés et auto-référents.

Si l'on devait caractériser d'un mot l'activité principale à la source de la constitution du nombre, c'est « échange » qui viendrait à l'esprit... à condition de ne pas le prendre au sens contemporain d'échange d'objets, ou, pire encore, de marchandises. Sous l'apparence de circulations d'objets, c'est en effet à des systèmes compliqués d'échanges plus ou moins ritualisés de substance humaine que nous avons affaire dans les sociétés traditionnelles. Plus précisément, le « donneur » se démultiplie dans les « dons », et nous retrouvons par conséquent dans ce phénomène une forme de la démultiplication individuelle ou collective de l'humain (anthropisation du monde) qui nous a paru être au fondement du totémisme et des classifications, et, de façon sublimée (démultiplication du démiurge), au fondement des mythes de genèse. Le fait décisif est que cette manifestation de la démultiplication de l'un, qui, en tant qu'échange, structure la société, va également structurer l'un-multiple lui-même, lui donner l'allure d'un système, alors que les autres manifestations (totémisme, genèses), sauf exceptions, n'en avaient donné que des images, des symboles, et des déterminations dispersées (quanta).

MODÉLISATION
DE LA PUISSANCE CRÉATRICE

Les pythagoriciens anciens et nouveaux ont répété à l'envi, chacun à sa façon, qu'un monde en harmonie ne peut provenir que d'une harmonie numérique, autrement dit d'un système numérique. Si, comme le dit le néopythagoricien Nicomaque de Gérase (IIe siècle après J.-C.), le nombre est le « modèle archétype dans la pensée du dieu artisan », c'est parce que son *système* préfigure les propriétés de la création. C'est ainsi que l'on glosera sur le pair et l'impair, les relations internes dans la décade, etc.

Et si, dans ces temps d'archaïsme finissant et de philosophie commençante, le nombre a pu être pris comme « modèle archétype dans la pensée du dieu artisan », est-il envisageable que la constitution même du nombre puisse provenir d'un besoin d'organiser directement, indépendamment de tout échange, cet un-multiple créateur pour en faire un « modèle » d'auto-génération ? Tout en étant difficilement repérable dans la documentation, la possibilité existe, et voici comment.

Pour les besoins de la vie courante, les peuples sans écriture utilisent des quanta avec des objets variés (encoches, nœuds, etc.), mais se servent rarement des noms de nombres que leur font réciter les ethnologues. La liste de noms récités semble donc être plutôt soit une liste inventée de toutes pièces[1], soit une liste à part, laborieusement construite, très inégalement maîtrisée, et exceptionnellement pratiquée. Il paraît donc raisonnable de se tourner vers l'idéologie, au sens de conception du monde, pour en chercher les racines. L'ethnographie a rarement pris soin de creuser ce phénomène ; elle s'est généralement contentée de demander aux informateurs de réciter des listes de noms, comme si avec ces listes on avait fait le tour de la question. D'où l'importance d'une enquête comme

---

1   Il arrive que les indigènes se paient royalement la tête de l'enquêteur. Lors de l'expédition D'Entrecastaux (1791-1794) menée pour retrouver des traces de l'expédition La Pérouse, l'abbé naturaliste La Billardière a demandé leurs noms de nombres aux indigènes des îles Tonga (Pacifique Sud), et noté les réponses. Il s'est avéré par la suite que les réponses données pour les très grands nombres, à partir de dix-millions, n'avaient soit aucun sens, soit un sens obscène : « prépuce », « sexe de ta mère », « pénis », « gland du pénis » et « mange tout ce qu'on vient de dire » (Martin, 1818 cité dans Conant, 1895).

celle de Jadran Mimica[1], grâce auquel nous avons déjà fait connaissance avec Omalyce, le démiurge des Iqwaye de Papouasie-Nouvelle-Guinée.

Chez les Iqwaye, donc, il existe un appariement ordinaire, noté lorsque nécessaire par des moyens matériels classiques. Tant de cauris seront référencés par autant d'encoches sur une planchette, ou par des planchettes plus ou moins larges, ou par autant de nœuds sur une ficelle, ou par autant de baguettes. Mimica raconte qu'avant d'attaquer un village ennemi, on se saisit d'une cordelette où sont enfilés entre 150 et 170 coquillages, et quelqu'un réalise la correspondance un à un entre chaque coquillage et des guerriers alignés pour l'occasion, ce qui détermine la quantité nécessaire de combattants. Il s'agit en l'occurrence du moyen le plus efficace et le plus rapide ; la liste savante des noms de nombres serait en effet difficilement praticable dans ce cas. Elle débute avec l'équivalent de « un » et « deux », qui ne sont pas des noms de doigts, et se poursuit avec « deux-un » et « deux-deux », puis avec « main » pour cinq jusqu'à « main la suivante deux-deux » pour neuf et « mains deux » pour dix. Onze se dit « mains deux et en bas à la jambe un », ou en abrégé « en bas à la jambe un », vingt est « personne un » ou « mains deux jambes deux », quatre-cents se dit en substance « autant de personnes que j'ai de doigts à mes mains et mes jambes » (neuf mots dans la langue iqwaye). Le principe de cette liste est clair ; elle comprend cinq noms – un, deux, main, jambe, personne – et des combinaisons de ceux-ci. Dans les combinaisons, « deux », « main » et « jambe » sont seuls ou dupliqués, tandis que « personne » est théoriquement indéfiniment démultiplié par des échafaudages d'autoréférences. Quatre-cents est une personne de personnes, c'est-à-dire autant de personnes qu'il y a de doigts et d'orteils dans une personne ; en substance, cinq cents sera « une personne de personnes (400) et autant de personnes que de doigts d'une main (5×20) », mille sera « personne deux personnes (40×20) et personne deux mains (20×10) », ce qui donne un énoncé de quatorze mots dans la langue iqwaye.

Le lecteur peut imaginer le temps qu'il faudrait, avec de tels noms, pour compter 170 guerriers, et les nombreuses erreurs possibles. Il est donc bien clair que la liste savante n'est pas faite pour compter, y compris probablement de petites quantités ; qui irait s'embarrasser de « main à

---

1   J. Mimica a passé au total plus de trois ans parmi les Iqwaye (Mimica, 1988).

la suivante un » pour six, jusqu'à « main à la suivante deux deux » pour neuf ? Mais alors, à quoi sert cette liste savante ?

C'est là que la conception du monde des Iqwaye peut être éclairante. On se souvient que pour les Iqwaye, l'univers d'avant l'univers était concentré dans le corps du « dieu artisan » Omalyce se nourrissant de son propre sperme. Omalyce réalise l'acte fondateur en coupant son cordon ombilical (en réalité son pénis), ce qui a pour effet d'une part de faire de son corps un monde dispersé (séparation du ciel et de la terre, ses yeux deviennent soleil et lune), et d'autre part de créer de nouveaux êtres, les hommes, qui sont des répliques de lui-même. Les Iqwaye envisagent également un retour au stade originel, au moment où le ciel retomberait sur la terre, ou au moment d'une éclipse de soleil qui précèderait une recréation identique à la première. Le mythe est donc bâti sur l'alternance de l'un qui se répand en de multiples lui-même et de la réunification des multiples, avec le corps humain et la génération humaine comme métaphore de fond. Lorsque l'informateur de Mimica veut expliquer le mystère d'Omalyce engendrant cinq fils, tout en étant lui-même chacun d'entre eux, il prend une tige de bambou et l'applique successivement sur chacun de ses doigts en disant : il est le même que celui-ci, il est le même que celui-ci, etc.

Parallèlement, la liste savante des noms de nombres se déroule d'abord, nous l'avons vu, dans un déploiement du corps, puis avec plusieurs corps et enfin des corps de corps ; mais en outre, le fait remarquable est la gestuelle qui accompagne la récitation de cette liste. Le mot « deux » se dit en montrant le pouce et l'index joints, les autres doigts étant repliés, et ainsi de suite jusqu'à « main », où l'on montre les cinq doigts joints. À dix, les deux mains sont jointes, à quinze c'est le tour des deux mains et d'un pied, jusqu'à vingt où l'interlocuteur s'arc-boute pour joindre mains et pieds. Éventuellement, on peut continuer avec une autre personne, évidemment sans pouvoir aller bien loin ; le geste est rapidement contraint de faire place à l'idée. Ainsi dans les premières étapes au moins, le geste souligne-t-il le double caractère, un et multiple à la fois : on commence certes par un déploiement du corps, mais chaque moment du déploiement est en même temps une réunification.

Mon hypothèse est que nous avons là une façon de modéliser la puissance créatrice, avec un système où elle se déploie sans cesser d'être une et où elle n'a besoin que d'elle seule pour ce faire. Ce modèle détermine et ordonne l'être, conformément à sa nature d'un-multiple réalisé, et il s'exprime en termes corporels, sous l'influence non seulement du mythe local d'Omalyce, mais aussi de la métaphore quasi universelle dans l'archaïsme[1], suivant laquelle le macrocosme, éventuellement un corps humain, se retrouve dans le microcosme par simple changement d'échelle.

Il importe enfin de comprendre en quel sens il est légitime d'affirmer que le système corporel Iqwaye est bien un système numérique. Les signes en sont lourds, avec des risques d'ambigüités, guère utilisables en pratique, mais ils constituent tout de même ce que nous avons appelé une « collection-type », c'est-à-dire un ensemble cohérent de signes numériques. Ce serait une erreur de se prévaloir de l'aspect concret des expressions (main, jambe, personne), ou du caractère mythique (selon mon hypothèse) de la motivation d'origine, pour en nier le caractère numérique ; car les mains et les personnes ne sont plus ici des objets avec leurs propriétés, mais seulement des représentations commodes. La liste corporelle et la gestuelle qui l'accompagne n'expriment rien d'autre que la détermination de l'un-multiple en un système autoréférent de multiples-uns qui s'engendrent et se limitent les uns par les autres, et seulement les uns par les autres. Chaque multiple est en effet « un » de par la jonction des parties concernées. Certains multiples (main ou jambe, personne) sont privilégiés parce que leur caractère « un » a une image physique ; en tant que « uns », ils sont à leur tour multiples, et c'est ainsi que la collection-type s'engendre elle-même, donnant par exemple « personne main leurs jambes mains tout[2] » (20 x 5) pour 100. Dans « mains deux, jambe en bas un » (11), qui est abrégé en « jambe en bas un », on n'exprime rien d'autre que des références internes de la collection-type, à savoir une composition et un ordre total : « jambe en bas un » est encadré, par exemple, par « mains deux » (10) et par « jambe en bas » (15).

---

1   Mais qui n'est pas réservée à l'archaïsme : « Je vois toutes choses réglées et ornées au delà de tout ce qu'on a conçu jusqu'ici, la matière organique partout, rien de vide, stérile, négligé, rien de trop uniforme, tout varié, mais avec ordre, et, ce qui passe l'imagination, tout l'univers en raccourci, mais d'une vue différente dans chacune de ses parties et même dans chacune de ses unités de substance. » (Leibniz, [1703], 1990, p. 57).

2   C'est l'expression complète, qui veut dire « cinq personnes avec tous leurs doigts de mains et de pieds ». En pratique, des abréviations sont utilisées.

L'ÉCHANGE ARCHAÏQUE :
RENDRE LES CŒURS « PAREILS », PROSPÉRER PAR LE DON

Revenons à l'échange, au sens précisé dans l'introduction de ce chapitre. Il est déjà le maître mot de la relation avec les dieux. Les mythologies racontent, souvent sur le mode tragique, les échanges nécessaires après que le démiurge, seul ou en équipe, se soit démultiplié pour créer le monde et l'homme. Ce n'est en effet que parce que les hommes les nomment et leur parlent[1], les nourrissent par des sacrifices divers, maintiennent et reproduisent leur création au moyen de rituels[2], que les dieux[3] et leurs œuvres existent réellement. La création des hommes par les dieux est donc tout autant la création des dieux par les hommes, en un échange que le rituel active en permanence et qui est au fond un échange de substance. Les rapports humains[4] sont pensés de façon analogue ; les hommes se démultiplient certes dans leur descendance, mais également, nous le savons, dans toutes sortes d'espèces animales et végétales, de lieux et d'objets ; des rituels nombreux et compliqués règlent les échanges humains/espèces qui en découlent.

Or, ce type de conception se retrouve dans la circulation des produits : certains d'entre eux sont en effet de véritables « substituts » de la personne, selon l'heureuse expression de Maurice Godelier (Godelier, 1996) ; dans leur échange c'est par conséquent les hommes eux-mêmes,

---

1 « Prononcez nos noms, nous sommes votre mère, nous sommes votre père, priez nous, parlez nous, gardez nos jours » disent les démiurges maya quiché aux animaux qu'ils viennent de créer, mais en vain. Il faudra encore deux essais pour qu'ils parviennent à fabriquer un interlocuteur, d'après le *Popol-Vuh* (Tedlock, 1985, p. 78).

2 « Lorsque l'on offre l'oblation le matin, avant que le soleil soit levé, on engendre le soleil qui se fait lumière et qui, resplendissant, se lève. Mais il ne se lèverait jamais si l'on omettait d'offrir cette oblation ; c'est pourquoi l'on offre cette oblation » dit le *Satapatha Brahmana* védique (Varenne, 1967, p. 68).

3 Pour faire court nous employons le terme de « dieu » pour désigner toute puissance du second monde.

4 L'expression « rapports humains » est employée ici par commodité, malgré son caractère anachronique. Le monde des sociétés archaïques est en effet un monde où chaque « peuple », dont l'organisation est basée sur la parenté et en tout cas pensée comme telle, se considère comme le seul vrai peuple, les vrais hommes, situés de surcroît au centre du monde.

leur substance[1], qui circule. Avant de voir comment cette situation crée une occasion de constitution du nombre, il importe de se renseigner sur le contexte avec quelque précision, ne serait-ce que pour s'ôter de la tête tout parallèle avec le commerce moderne, ses marchandises et ses monnaies.

Prenons l'exemple des ligatures de coquillages retravaillés, connus sous le nom de « cauris » en Afrique, en Asie et en Océanie, ou de « wampuns » en Amérique du Nord, et trop vite qualifiées de monnaies primitives. Certes, ces objets circulent ; certes, ils peuvent faire partiellement fonction de monnaie quand un empire se constitue (en Chine antique) ou lorsque les Blancs s'en emparent (en Afrique de l'Ouest, sur la côte Est de l'Amérique du Nord au temps de la Nouvelle Amsterdam). Mais dans les conditions des sociétés archaïques, ces objets circulent dans la quasi-totalité des cas pour des raisons cérémonielles que l'on ne peut assimiler à des achats et des ventes, sauf à étendre tellement le sens de ces mots qu'ils n'en ont plus aucun.

Ce que raconte Maurice Leenhardt à ce sujet est particulièrement éclairant, puisque tout en employant lui-même le terme de monnaie, ce qu'il en dit démontre qu'il ne s'agit pas de cela (Leenhardt, 1930, chap. 4). En Nouvelle-Calédonie autochtone du début du XXe siècle, on n'achetait pas en effet une chose ou un service avec une longueur donnée de cauris, mais on scellait l'échange de choses ou de services par un échange de cauris de longueurs (et de qualités) identiques. Si l'on arrangeait un mariage par échange de sœurs ou si l'on discutait une convention d'alliance entre deux clans, l'accord était scellé par un serment et « marqué par un échange de deux monnaies de longueurs rigoureusement égales » ; « nos deux cœurs sont pareils », disaient les partenaires devant deux monnaies semblables. Les cauris sont donc au fond une projection de leurs propriétaires, leur âme matérialisée. Chaque lignée possède un panier sacré contenant sa monnaie, dit Leenhardt, et celle-ci est toujours reliée en chapelet à une tête de sparterie ou sculptée qui représente l'ancêtre ; dans le même ordre d'idées, le souffle de l'enfant nouveau-né lui est donné par un oncle maternel qui récupère à cette occasion une certaine longueur de cauris. On ne peut pas dire que l'oncle a vendu ce qu'il a donné au nouveau-né, puisqu'avec les

---

1   Par « substance » il faut comprendre l'être lui-même, et non quelque chose comme le travail socialement nécessaire ou la force de travail individuelle.

cauris, comme le disent les Kanak, il a en main la liane qui rattache
l'enfant au pays de ses maternels, et il doit la rendre en cas de décès de
celui-ci. Pour tout le reste, dit encore Leenhardt, à l'exception du silence
d'autrui, de la vertu magique et des outils, l'échange se fait par troc
sans intervention de cauris.

« Nos cœurs sont pareils », voilà qui est bien dit : métaphore vive et
profonde, typique de la parole des peuples sans écriture. Les cauris ne
sont pas les seuls concernés en la matière, car l'échange véritable doit
être affaire de « cœur », sinon il n'est qu'une activité accessoire considérée
avec quelque mépris. Cela ne veut pas dire qu'on laisse libre cours aux
aléas des sentiments individuels ; bien au contraire, tout est structuré
suivant des degrés de « cordialité ». Il y a en effet un cadre général que
l'on peut décrire ainsi : dans le cercle de la proche parenté, la générosité
est inconditionnelle, sans décompte, sans retour attendu ; plus on s'en
éloigne, et plus l'âpreté peut se faire jour (Sahlins, 1976)[1] ; à la limite,
avec des tribus étrangères qui, c'est bien connu, sont peuplées de « sans
cœurs », le vol, le pillage et le meurtre sont non seulement admis, mais
tenus en haute estime.

Réciproquement, lorsque des circuits d'échanges stables, non réduits à
un simple troc occasionnel, se créent en dehors du cercle de la parenté, ils
créent du même coup une telle fraternité assumée entre les protagonistes
qu'il arrive que celle-ci prenne le dessus, au point que l'échange des objets
qui l'accompagne peut être parfaitement inutile matériellement. Philippe
Descola, enquêtant chez les Achuar d'Amérique du Sud, remarque :

> On chercherait en vain une rationalité économique ou une motivation mer-
> cantile dans le ballet qui fait rebondir deux articles de pacotille [un fusil à
> baguette et une radio] de main en main le long d'interminables sentiers et
> de rivières en crue [...] mais Tseremp aura ce faisant renforcé ses liens avec
> des individus dont il escompte le soutien. [...] Le troc auquel se livrent mes
> compagnons repose sur une relation personnelle et exclusive entre deux
> partenaires seulement, dont l'échange de biens fournit l'occasion plutôt que
> la finalité (Descola, 2006, p. 271).

Même dans le cas d'un échange économiquement utile de biens, ce n'est
pas cette utilité-là qui détermine l'affaire. Elle n'est qu'une conséquence
somme toute accessoire, un peu comme une poignée de main qui inaugure

---

1   Ouvrage indispensable à qui s'intéresse au sujet, avec un appendice riche d'exemples issus
     de la littérature ethnographique du monde entier.

ou qui scelle une relation humaine. C'est ce qui ressort nettement, par exemple, de la description des occasions de troc, du temps de Howitt, chez les aborigènes du sud-est australien (Howitt, 1904, chap. 11). Qu'il s'agisse d'effacer une dette de sang entre deux groupes, et donc de réparer une cordialité endommagée, ou de faire se rencontrer et fêter les jeunes hommes nouvellement initiés, et donc de créer une cordialité nouvelle, le troc est la matérialisation des liens humains qui s'établissent ou se rétablissent. À la suite de danses et de réjouissances, assis les uns en face des autres, le partenaire ou le chef d'un groupe pose un objet par terre, attendant qu'on en pose un autre en échange, et ainsi de suite ; boucliers, boomerangs, kilts en peau de kangourou, bâtons d'ocre rouge, paniers, peaux, etc., changent ainsi de mains. Qu'il s'agisse en réalité d'échange pour l'échange est bien clair lorsqu'au lieu d'un troc d'objets, c'est un troc provisoire de femmes qui a lieu pour sceller un accord ; les femmes de chaque groupe vont rejoindre les hommes de l'autre, et une fois les ébats parvenus à leur terme, tout le monde se retrouve pour serrer solennellement un nœud dans une corde (Berndt 1965).

Parmi les échanges purement cérémoniels, le plus célèbre est la *kula* qui se pratique dans les îles Tobriand de Nouvelle-Guinée (Malinowski, 1963 ; Godelier, 1996). Dans ce chapelet d'îles, deux types seulement d'objets s'échangent dans le cadre de la *kula* : les colliers *soulava* et les brassards *mwali*. Les deux sont fabriqués avec des coquillages polis, découpés et montés sur un support. Les *soulava* circulent exclusivement dans le sens des aiguilles d'une montre, et les *mwali* dans le sens inverse. Les individus, qui peuvent avoir jusqu'à plusieurs dizaines de partenaires, gardent en mémoire ce qu'ils ont donné et à qui, ce qu'ils ont reçu et de qui, ils se font gloire des voyages entrepris dans ce but et racontent abondamment leurs aventures et les dangers encourus, réels ou imaginaires. Avant et pendant une expédition *kula*, d'interminables incantations à tonalité agressive et vantarde assurent la supériorité du groupe sur ses partenaires et la qualité des objets, *soulava* ou *mwali*, que l'on obtiendra d'eux. Une fois arrivé à destination, le groupe se livre avec ses hôtes à un simulacre fait de démonstrations d'hostilité et de fureur, car le partenaire étranger est *a priori* un ennemi ; le mime prend fin par une pratique magique, les ennemis se changent en partenaires, fêtes et entretiens cordiaux peuvent alors commencer. Les colliers et brassards qui circulent sont certes de beaux objets, et il existe entre eux des différences de qualité ; on les classe en trois catégories selon leur taille et leur poli, et lorsqu'il s'échangent contre des objets ordinaires – canots, ignames, cochons – le taux varie en conséquence. Mais l'essentiel, encore une fois, réside dans la charge humaine incorporée dans ces objets précieux. Comme le souligne Maurice Godelier,

> Les objets précieux qui circulent dans les échanges de dons ne peuvent le faire que parce qu'ils sont des doubles substituts, des substituts des objets sacrés et des substituts des êtres humains. [...] [Ils ne circulent] pas seulement dans les potlatch, dans des échanges compétitifs de richesses contre des richesses, mais également à l'occasion des mariages, des décès, des initiations, où ils fonctionnent comme des substituts d'êtres humains dont ils compensent la vie (mariage) ou la mort (guerrier allié ou même ennemi mort au champ de bataille) (Godelier, 1996, p. 101)[1].

Par dessus le marché, dans les circuits cérémoniels comme la *kula*, l'objet précieux se charge de la substance de tous ceux qui l'ont tenu entre leurs mains, laquelle se transmet à son possesseur actuel, fait sa fierté et portera sa renommée au loin lorsque l'objet continuera sa route. Plus il circule, plus sa « valeur » est grande : rien à voir, donc, avec une économie de marché.

Les ethnologues appellent « don et contre-don[2] » cette forme économique dont la condition et le but sont la fraternité. Mais comme le don est projection de soi à travers l'objet donné, et élargissement de soi par les relations qu'il inaugure, il est une manière de s'augmenter de ceux qui sont pris dans le réseau où s'insère le don : d'où son développement en compétition des dons et en volonté de puissance par le don. Les compétitions acharnées, comme certains potlatch amérindiens, fréquents également en Océanie, où la supériorité s'acquiert en écrasant les autres de sa générosité, sont bien connues. La victoire confère alors la noblesse, mais une noblesse provisoire, toujours à la merci d'un nouveau match auquel on ne peut se dérober sous peine de perdre la face. Et pour acquérir cette noblesse, il faut bien avoir accumulé des biens en abondance. Mais gare aux candidats à la noblesse qui s'aviseraient d'oublier leur « privilège », c'est-à-dire leur fonction redistributive : ils s'exposeraient

---

1   Daniel de Coppet, dans ses études sur les 'Are'Are de l'île de Malaita (Iles Salomon, Mélanésie) emploie des expressions similaires à propos des ligatures de perles ou de coquillages qu'il qualifie pourtant de monnaies (De Coppet, 1968 ; De Coppet, 1970).
2   Le classique sur la question est l'*Essai sur le don* paru en 1923 (Mauss, 2009).

à de violentes critiques[1] et à des révoltes qui peuvent leur coûter la vie, comme cela a pu se produire à Hawaï ou en Nouvelle-Guinée.

On le voit, le don est un besoin vital en tant que diffusion de soi[2] ; on se grandit par le don, et c'est précisément là, et non dans une comptabilité liée au troc, que je propose de voir la raison principale de constitution du nombre dans le cadre des échanges. Le troc se fait en règle générale élément par élément, jusqu'à ce que les deux partenaires soient satisfaits. Pour reprendre un exemple baruya, sur le seuil ou dans la maison de son partenaire, on posera à même le sol une barre de sel, et le partenaire fera de même avec des capes d'écorce attendues en échange (Godelier, 1959). Il y a certes un taux habituel, mais il ne fonctionne ni comme une requête préalable du genre « tu me dois tant de capes » ni comme une base de calcul. Quand il y a désaccord, par exemple lorsque le nombre ou la qualité des capes déposées sont jugés insuffisants, on cherche d'abord

> à influencer la sensibilité du partenaire [...] « mes enfants n'ont plus rien à se mettre sur le dos », etc. et plus tard, si l'autre reste insensible, on fera entrer le travail en ligne de compte. Un informateur nous a déclaré un jour : « Quand on marchande, on invoque en dernier le travail. Le travail, c'est du passé, c'est déjà presque oublié. On s'en souvient quand l'autre exagère. » (*Ibid.*)[3]

Une fois le troc réalisé, on ne cherche pas à en garder une trace comptable. Et d'ailleurs, à quoi bon si en principe, le but recherché n'est ni une compensation, ni le profit de l'un et la perte de l'autre, mais de donner une matérialité au fait que « nos cœurs sont pareils[4] » ? La circulation des biens dans les deux sens se suffit à elle-même. Les aborigènes australiens, pour qui le contact ne peut se faire sans *message-sticks*, n'éprouvent nul besoin de *bookkeeping-sticks*. Car le besoin est de réaliser, de matérialiser, d'objectiver : la parole se réalise dans l'objet *stick*, et l'échange humain

---

1   « Tu ne dois pas être le seul riche parmi nous, nous devrions être tous pareils, alors toi, il faut que tu sois égal à nous », paroles adressées à un chef de Nouvelle-Guinée qui fut finalement tué. Cité par M. Sahlins (1976, p. 359).

2   Et qui ne paraît donc pas si « énigmatique » que cela. À quand une étude sur l'*Énigme de l'accaparement* ?

3   L'auteur donne l'exemple de l'échange d'une barre de sel contre six capes d'écorce ; d'après son calcul, cela revient à donner un jour et demi contre quatre jours de travail.

4   Ce qui est affirmé ici ne vise pas à établir des lois objectives de l'échange archaïque, mais à décrire la façon dont les intéressés se le représentent et ce qui, dans cette représentation, peut les amener ou pas à constituer le nombre. Toute discussion sur une éventuelle loi de la valeur est en dehors de notre sujet.

se réalise dans le mouvement des objets échangés. Rien de plus n'est nécessaire. Mais si l'absence de trace comptable caractérise généralement le troc, *la quantification fièrement affichée accompagne au contraire la saga des dons et contre-dons, en tant que mesure de la qualité des intervenants et indice de leurs relations.* Quelques exemples vont nous le faire voir.

DON, CONTRE-DON ET CONSTITUTION DU NOMBRE

L'idée générale est la suivante. Tant qu'on en reste au troc simple, même avec un « tarif », le nombre n'est pas nécessaire. Le « tarif » est une image à reproduire, par exemple celle d'une barre de sel face à quatre capes d'écorces, et non pas un taux, c'est-à-dire une base pour un calcul. D'après la documentation ethnographique en effet, le processus le plus répandu dans les sociétés traditionnelles est une simple reproduction de l'image-tarif, autant de fois que nécessaire : poser une barre de sel et devant celle-ci quatre capes d'écorce, puis éventuellement une autre barre de sel devant laquelle il faudra poser quatre autres capes et ainsi de suite. Il n'y a pas besoin de nombre non plus pour avoir l'idée d'exiger plus de capes ou davantage de sel.

La situation évolue lorsqu'il s'agit de montrer, d'afficher, dans la mesure où il faut un marquage. Les documents ethnographiques abondent en exemples de marques de vantardises, concernant les animaux ou les ennemis tués, les femmes conquises, les fêtes données. Tel jeune mâle hopi grave huit marques sur un rocher, censées représenter ses conquêtes féminines (Talayesva, 1982, p. 96). Cependant, pour se mesurer à cette aune, un autre mâle passant par là n'aura besoin que d'apparier ses propres marques ou ses propres souvenirs avec les encoches du rocher : c'est affaire de bijection et non de nombre.

Mais si l'affichage quantitatif est une affaire collective de première importance d'une part, et que d'autre part cet affichage doive accompagner un déploiement cérémoniel public pour refléter une montée en puissance, de telle sorte qu'elle soit ressentie facilement et avec précision, *il est clair que dans ce cas on sera amené à créer un système de marques (verbales ou matérielles) organisées en une série clairement perceptible (visible, audible, ou les deux) par tous.* C'est un système autosuffisant, s'engendrant lui-même, qui apparaît, c'est-à-dire un embryon de nombre.

PAPOUASIE-NOUVELLE-GUINÉE

Voici d'abord les autochtones de l'île de Ponam (Carrier, 1981). Tout évènement important est accompagné de dons. Pour une occasion donnée, un groupe d'affins décide de faire un don à un autre. Il faudra d'abord le centraliser entre les mains d'un représentant du groupe que nous appellerons *D*, pour « donneur ». Le jour venu, chacun apporte sa contribution et la dépose devant la porte de *D*, mais suivant un schéma déterminé qui reflète ses relations de parenté avec *D* : d'une part les dons provenant des alliés du côté de la mère de *D* sont posés à gauche de la porte et ceux provenant du côté paternel à droite, et d'autre part plus l'on est proche dans le système de parenté, plus le dépôt sera proche de la porte. Ce n'est pas tout, puisque, plus l'on est proche de *D*, et plus l'on s'efforce de faire une contribution importante. Tout cela est compliqué, prend du temps et provoque des disputes. Une fois les cadeaux disposés convenablement, *D* annonce publiquement, dans un ordre de proximité parentale, ce qui a été donné et par qui : « mon oncle paternel, deux sacs de riz, ma tante paternelle, un sac de riz », etc. Ceci fait, *D* rassemble le tout et le porte solennellement devant la porte d'un représentant *R* (pour « receveur ») du groupe destinataire. *R*, à son tour, va partager les cadeaux et les disposer devant sa porte suivant le même principe que précédemment, en fonction de ses liens à lui, avant d'annoncer publiquement ce qu'il distribue et à qui.

On le voit, les quantités publiquement saisies et proclamées sont des indices de relations sociales, qui se ramènent à l'intérieur des sociétés archaïques aux relations de parenté. Les nombres proclamés n'ont pas une importance absolue puisqu'ils ne sont qu'une mesure de la proximité avec *D* ou *R* ; le total des dons de *D* à *R*, à supposer que quelqu'un le connaisse, ne fait pas l'objet d'une annonce solennelle. Ce sont ces relations qui passionnent les Ponam et qui, selon notre hypothèse, ont dû jouer un rôle de premier plan dans l'établissement d'une échelle de quanta ; car par ailleurs, ils n'ont qu'indifférence pour tout dénombrement dans un autre cadre. Par exemple, ils ne comptent pas les personnes et il arrive même qu'un couple ait besoin de réfléchir pour donner le nombre de ses enfants. Car, comme le dit fort justement

Carrier, évoquer un nombre de gens ou de choses ne renseigne en rien sur les relations sociales, contrairement à la connaissance des quantités relatives de choses dans un don qui, en tant qu'indices publics de qualité relationnelle, sont jugées du plus haut intérêt.

Voici maintenant leur système numérique. D'après Carrier, ils ont une série unique de noms de nombres. Les noms non composés[1] sont ceux des nombres de un à six, et ceux des nombres dix, cent, mille et peut-être dix-mille ; le seul dont l'origine soit transparente est cinq, qui laisse voir « main ». Les puissances de dix ont des noms, respectivement *guf, gat, vau* ou *pau*, et *pen* qui ont également pu avoir une signification concrète, puisque dix se dit *sanguf*, littéralement « un dix », cent se dit *sangat*, littéralement « un cent », etc. Les noms composés sont pour une part sans surprise à nos yeux, avec par exemple « un cent et un dix et un » pour 111. Mais il est une particularité remarquable ; toutes les puissances de dix sont comme annoncées par le préfixe *aha* trois « crans » avant d'y arriver. Sept se dit *ahatalof*, c'est-à-dire « *aha* trois », huit *ahaluof* c'est-à-dire « *aha* deux », et neuf *ahase* c'est-à-dire « *aha* un » ; de la même façon, 70 se dit *ahatulunguf*, soit « *aha* 30 », 80 se dit *ahalunguf*, soit « *aha* 20 », et 90 se dit *ahasanguf* ou « *aha* 10 ». On continue ainsi jusqu'à « *aha* 1000 » pour 9 000. L'équivalent en français serait de dire « moins trois » (et non « dix moins trois ») au lieu de sept, « moins 30 » au lieu de 70, etc.

Principe des nombres Ponam
Noms non composés de 1 à 6
Palier 10 : 7 = *aha* 3, 8 = *aha* 2, 9 = *aha* 1, 10 = 1 *guf*, 11 = 1 *guf ne* 1, ...
Dizaines : 20 = 2 *guf*, 30 = 3 *guf*, ..., 60 = 6 *guf*
Palier 100 : 70 = *aha* 30, 80 = *aha* 20, 90 = *aha* 10, 100 = 1 *gat*, ...
Centaines : 200 = 2 *gat*, 300 = 3 *gat*, ..., 600 = 6 *gat*
Palier 1000 : 700 = *aha* 300, 800 = *aha* 200, 900 = *aha* 100, 1 000 = 1 *pau*, ...
Milliers : 2 000 = 2 *vau*, ..., 6 000 = 6 *vau*

---

1 Nous appellerons noms non composés ceux qui ne désignent pas des opérations sur d'autres nombres. Nos « un », « deux », ..., « dix », « vingt », « cent », « mille » sont non composés, contrairement à « quatre-vingt-sept » par exemple.

> Palier 10 000 : 7 000 = *aha* 3 000, 8 000 = *aha* 2 000, 9 000 = *aha* 1 000, 10 000 = *pen* 1, ...
>
> Dizaines de milliers : 20 000 = *pen* 2, 30 000 = *pen* 3, ..., 90 000 = *pen* 9

D'après Carrier, les Ponam n'utilisent que ces noms, à défaut de toute autre collection-type telle que parties du corps, baguettes, encoches ou nœuds. Lors des cérémonies, les quantités de dons ne sont pas enregistrées mais seulement entendues par le public, et on peut comprendre qu'on les « entend » plus facilement si, au delà de 6×10^n, par exemple, on fait une référence à ce qu'il manque pour arriver à 10^{n+1} en énonçant « *aha* 3×10^n » plutôt que « 7×10^n », de la même manière que l'on avait tendance à préférer « dix heures moins vingt » à « neuf heures quarante » avant l'apparition des montres à affichage digital. Dans la pratique courante, les Ponam ont d'ailleurs tendance à ne donner que le compte rond inférieur sous une forme abrégée mais ambigüe, impossible à déchiffrer hors contexte ; par exemple « *si ne faf* » (un et quatre) peut être l'abréviation aussi bien de 14 que de 140 ou de 1400, mais on peut avoir le nombre exact en demandant « le reste ».

Toujours en Nouvelle-Guinée, rendons-nous maintenant chez les autochtones de la vallée de Kaugel dans les hautes terres (Bowers et Lepi, 1975). Les dons – cochons vifs ou débités, gibier, perles – sont alignés et solennellement dénombrés par un représentant du groupe des donneurs. Celui-ci les effleure un à un et les dénombre de deux en deux à haute voix : « en voilà deux », puis « en voilà deux quatre », puis « en voilà deux » pour le cinquième et le sixième, suivis par « en voilà deux quatre huit », puis « deux de douze » pour dix, etc. Ce décompte public valide le nom et le prestige du donneur, il est un indice de son aptitude à accumuler des biens et donc de l'étendue de son réseau de partenaires. On pourra l'afficher pour impressionner les donneurs rivaux, par exemple au moyen d'une encoche sur un morceau de bois pour chaque casoar donné, ou bien d'un collier de pièces de bambou de huit à dix centimètres de long, chaque pièce représentant une distribution.

Le système numérique des Kaugel a en commun avec celui des Ponam de faire systématiquement référence au « palier » supérieur, mais avec la différence que les « paliers » ne sont pas des puissances de 10, mais des multiples de 4 et de 24. Les noms non composés sont ceux des nombres 1 à 4 et de 8, ainsi que ceux des multiples de 4 depuis 4x2 jusqu'à 4x8. Le terme pour quatre vient de « main » ; le sens originel des autres multiples de 4 est inconnu. Les nombres 5, 6 et 7 contiennent respectivement 1, 2 et 3, avec le suffixe *pakara* dont le sens n'est pas donné. De 9 à 32, les termes sont organisés de quatre en quatre, mais avec référence au palier supérieur : 9, par exemple, n'est pas conçu comme 12 − 3, mais comme le premier élément de la troisième « quatraine », et se dira en conséquence « un de *rurepo* », où *rurepo* veut dire 12. Dix et onze, se diront de même respectivement « deux de *rurepo* » et « trois de *rurepo* ». On continue ainsi jusqu'à 32 qui se dit *polangipu*, mais on annonce en même temps que l'on va repartir de 24 (*tokapu*) en requalifiant 32 en 24 + 8, sous le nom de « *tokapu* fini, 8 restant ». La nouvelle unité de 24 est soit mémorisée, soit notée par un bâtonnet mis de côté, mais on ne l'énoncera plus qu'exceptionnellement : 34 se dira en effet comme 10, 48 comme 24 mais en rajoutant tout de même « deux *tokapu* finis », et ainsi de suite jusqu'à 56 qui se dit comme 32. À nouveau, 56 est requalifié en $2 \times 24 + 8$ sous le nom de « 2 *tokapu* 8 restant », et l'on met un deuxième bâtonnet de côté ; 58 se dit donc comme 10 et ainsi de suite. On peut aller, disent les auteurs, jusqu'à *tokapu tokapu*, 24×24.

Principes des nombres des Kaugel
Noms simples de 1 à 4 et 8, puis 5 = 1 *pakara*, 6 = 2 *pakara*, 7 = 3 *pakara*
« Quatraines » : *rurepo* = 12, *tokapu* = 24, …, *polangipu* = 32
Organisation des « quatraines » : 9 = *rureponga* 1 (« 1 de 12 »), 10 = *rureponga* 2 (« 2 de 12 »), 11 = *rureponga* 3 (« 3 de 12 »), et ainsi de suite jusqu'à 29 = *polangipunga* 1 (« 1 de 32 »), 30 = *polangipunga* 2 (« 2 de 32 »), 31 = *polangipunga* 3 (« 3 de 32 »)
Organisation des « vingt-quatraines » : 32 rebaptisé « 24 fini 8 restant », puis 33 à 56 dits respectivement comme 9 à 32, sous-entendu 24 + 9 à 24 + 32. 56 rebaptisé en « 2 *tokapu* fini, 8 restant », puis 57 dit comme 9, sous-entendu 48 + 9, etc.

Les Melpa de la région de Mount Hagen pratiquent un échange cérémoniel appelé *moka*, avec des cochons vifs ou débités et des cauris comme ingrédients principaux (Strathern, 1977 ; Lancry et Strathern

1981). Il est une arène de première importance dans la compétition des statuts, comme le dit Strathern, avec l'affichage de générosité comme élément essentiel. L'une des occasions les plus fréquentes de déclenchement d'un *moka* est la compensation de vies humaines. Le fait qu'un homme d'un groupe B ait été tué réellement ou par une supposée sorcellerie manigancée par un membre d'un autre groupe A, ne donne pas lieu, comme on pourrait l'imaginer, à un paiement compensatoire pur et simple – ce serait ajouter l'insulte à la perte – mais à un don du groupe (B) de la victime à celui (A) du meurtrier, suivi d'un contre-don de A à B. La logique est qu'après le meurtre, qu'il soit réel ou supposé, il y a deux choses à réparer : d'une part les échanges humains et matériels en général entre les deux groupes, et d'autre part la perte de substance subie par le groupe de la victime. Par son premier don, B sollicite certes un contre-don supérieur de la part de A, mais surtout, en donnant quelques cochons, il réamorce l'échange en général qui est comme nous le savons, sous couvert d'échange de biens, un échange de substance et donc de puissance humaine. Le groupe A, de son côté, entérine le rétablissement des échanges généraux par son contre-don, et s'il a rendu par exemple quatre cochons pour un, c'est plus dans le principe pour étaler son pouvoir que pour compenser la perte de substance subie par le groupe B. C'est bien d'étalage qu'il s'agit, au propre comme au figuré. Car d'une part, les différents *moka* s'entrecroisent, donnant lieu à force discussions publiques, car chacun sait exactement qui a donné quoi et à qui ; par exemple pour régler l'affaire en cours, les gens de B réclament de leur côté des contre-dons qui traînent parfois depuis plusieurs années. D'autre part, le règlement final d'un *moka* est l'occasion d'une grande fête assaisonnée de longs discours racontant les combats passés, les alliances, les morts et leurs compensations ; les assistants ont les dons sous leurs yeux, dons qu'un danseur costumé énumère solennellement deux par deux. Jusqu'à huit on plie les doigts deux par deux, sauf les pouces que l'on rajoute en dernier pour faire éventuellement dix. Au delà de huit, une deuxième personne plie un doigt à chaque paquet de huit ou de dix, ou bien met de côté une lamelle de bambou ou de canne. À la fin, le donneur annonce triomphalement le total, l'idéal étant de parvenir à huit fois huit, à huit fois dix ou à dix fois dix. Comme dans la vallée de Kaugel, les lamelles de bambou étaient autrefois conservées et parfois portées en pendentif, non pas pour tenir une comptabilité mais pour étaler sa puissance de donneur. Comme noms de nombres, les auteurs donnent des noms non composés pour 1, 2, 4, 8, ce qui donne une liste de mots équivalents à : 1, 2, 2-1, 4, 4-1, 4-2, 4-3, 8, 8-1, 8-2.

LE POTLATCH D'AMÉRIQUE DU NORD

C'est encore au cours du ballet des dons et contre-dons que des quanta sont affichés et gardés en mémoire, lors des fameux potlatch[1] de certaines tribus de la côte nord-ouest de l'Amérique du Nord. La situation qui prévalait dans cette zone dans le courant du XIXᵉ siècle illustre à merveille le double caractère des sociétés archaïques prises dans leur ensemble, avec la générosité instinctive ou ritualisée et hautement valorisée à un pôle et le vol, le pillage et le meurtre tout aussi hautement valorisés à l'autre pôle. Car c'était pour se procurer des biens ou des esclaves redistribuables lors de potlatch que l'on se livrait à des guerres de pillage incessantes ; les esclaves pouvaient être directement redistribués, sacrifiés ou même mangés si l'on en croit les mythes Kwakiutl collectés par George Hunt (Boas, 1921). Ils pouvaient aussi être échangés contre des peaux, des couvertures ou des canots, et l'arrivée des Blancs à la fin du XVIIIᵉ siècle avec leur faim de peaux ne put qu'aggraver ce qu'un observateur du XIXᵉ siècle qualifiait de « système cruel de guerre de prédation » (R.C. Mayne cité par D. Mitchell [1984]).

Les Nootka tiennent un compte rigoureux des dons cérémoniels, et de cela seulement (Drucker, 1951 ; Folan, 1990 ; Curtis, 1916, vol. 11). Dans le troc simple ou dans les rémunérations pour services rendus comme la construction d'un canot, il n'y a en effet ni taux d'échanges fixes ni comptabilité. Si pour payer un canot, un chef donne une peau de loutre de mer, c'est bien ; s'il en donne trois, c'est parce qu'il a une haute idée de sa propre valeur et non de celle du canot, tandis que le « vendeur » aura ainsi confirmation qu'il a affaire à un grand personnage. Pour les dons cérémoniels en revanche, les documents ethnographiques mentionnent des *tally keepers*, sans plus de précision ; mais comme par ailleurs, on apprend qu'un nœud dans une corde de fibre végétale peut représenter une loutre de mer tuée, un bain rituel ou un chant, une lunaison ou un jour de voyage, et que chaque invité de marque à un potlatch est représenté par une baguette que l'on jette lorsque celui-ci

---

1 Mot signifiant « don » dans la langue chinook.

arrive, il est clair qu'un moyen de ce genre devait servir pour garder la mémoire d'un décompte. Quoiqu'il en soit, l'ordonnateur d'un potlatch annonce solennellement la quantité de ses dons, et d'où ils viennent : combien proviennent d'autres potlatch, combien sont des conséquences de ses droits, combien proviennent de ses alliés, etc. Il sont ensuite distribués aux invités, proportionnellement à leur rang, mais sans rapport fixe : « Voilà ton cadeau, chef X, tant de couvertures ». L'affichage et la conservation – en mémoire ou matériellement – des quanta de dons ne sont ni des appels à des contre-dons, ni la mesure attendue de ceux-ci ; si mesure il y a, c'est celle de la valeur du donneur, de son rang. Des retours sont certes attendus plus tard, mais pas en tant que remboursements. Dans les noms de nombres Nootka, la grande unité est 20, qui se dit *tsakets*. À part *tsakets*, les noms non composés sont ceux des nombres de 1 à 5 et de 10. Le nom de 6 semble signifier « un de la seconde main », « deux de la seconde main » est 7, « deux de moins » est 8, « un de moins » est 9, « un de plus » est 11 ; vingt-et-un se dit « *tsakets* et un », 30 « *tsakets* et 10 ». Pour les nombres supérieurs ou égaux à 40, *tsakets* est sous-entendu : 40 se dit « deux fois », 50 « deux fois et 10 », 100 se dit « cinq fois », 200 se dit « dix fois », 1000 se dit « cinq fois dix fois ». On peut penser que *tsacket* signifie « homme », par comparaison avec des peuples de la même région, tels les Haida qui disent « *laguat* un » (« homme un ») pour 20 et les Tlingit pour qui « un *qa* » (« un homme ») signifie 20, mais la littérature que j'ai consulté n'en dit rien.

L'exemple de potlatch le plus célèbre et le plus commenté dans la littérature ethnologique est celui des Kwakiutl (Boas, 1897, 1921). Le potlatch kwakiutl a évolué surtout dans la deuxième moitié du XIXᵉ siècle, lorsque la colonisation des terres, les maladies et l'alcool eurent détruit 70 % de cette population : d'une affaire collective, menée par les chefs, on est alors passé à des affaires individuelles au point que, selon la description de Boas, chaque enfant était pris dès sa naissance dans une spirale infernale de prêts et d'emprunts toujours plus volumineux et plus coercitifs dans la mesure où la « hauteur de son nom » était chaque fois remise en cause. Mais contrairement à ce que suggèrent les expressions justement critiquées et évidemment fausses de Boas, qui parle de « prêt à intérêt » et qui, dans la même veine, affirme que les écussons de cuivre très prisés ont la même fonction que celle de billets de banque, la nature du potlatch même « dégénéré » reste celle des échanges archaïques.

Tout est affaire de grand nom et de grand cœur, grand nom à condition d'avoir un grand cœur et grand cœur à condition de l'avoir sur la main. Lorsque des ancêtres, nous dit le mythe, eurent échangé leurs canots avec leur contenu de peaux de loutres de mer pour l'un, et de peaux de chèvres sauvages pour l'autre, « c'était comme s'ils avaient échangé leurs cœurs et qu'ils avaient maintenant un seul cœur » (Boas, 1897, p. 387), expression quasi identique à celle des Canaques évoqués plus haut. Tout Kwakiutl qui, au lieu de se placer sur le terrain du cœur, se plaindrait de n'avoir pas reçu suffisamment par rapport à ce qu'il a donné antérieurement, perdrait aussitôt tout prestige ; ce serait comme s'il « s'était lui-même coupé la tête » (Curtis cité dans [Piddock, 1965]).

Nous avons défendu l'hypothèse que la modélisation de la puissance créatrice est une occasion de développement du nombre, et que la mesure de la substance humaine en est une autre. Grâce au potlatch kwakiutl, on s'aperçoit que ces deux « occasions » sont du même ordre. Car la puissance humaine dont il s'agit dans le potlatch originaire est en réalité, à travers la personne de son chef, la puissance du groupe social de base, le *numaym* ; les dons cérémoniels et leur étalage comptable sont le moyen d'assurer la « hauteur du nom » du groupe concerné, c'est-à-dire du nom de l'ancêtre fondateur du *numaym*, dont on prend bien soin de rappeler les exploits lors de chaque cérémonie, en confortant par la même occasion les privilèges du groupe, à savoir les chants, les danses, les emblèmes, etc., dont il a l'usage exclusif. Vu sous cet angle, le potlatch s'apparente donc à un rituel de recréation[1], mais avec la particularité d'être quantifié. Les genèses mythiques des différents *numaym* reflètent cela. Voici par exemple l'ancêtre des Gwasela qui surgit sous forme de baleine au début de l'existence du monde (Boas, 1921, chap. 8). Arrivé sur le rivage, il se débarrasse de son corps animal ; suit une longue série de voyages à l'occasion desquels il rencontre des chefs dont il épouse les filles, ou dont il prend les filles pour ses fils issus des premières, grâce à quoi il accumule les noms pour lui et pour sa descendance : « je suis celui qui se marie tout autour du monde, mon frère ! » dit-il à l'un de ses hôtes. Puis, après avoir énoncé les sept noms déjà acquis, il poursuit :

---

1   L'idée est explicitement présente chez les Haida voisins. Un de leurs mythes raconte en effet la résurrection, grâce à un potlatch, de quelqu'un qui avait perdu la face au jeu. Dans un autre, un chef meurt parce qu'il n'a pas fait assez de potlatch ; il renaît après que ses neveux aient donné dix fêtes en son nom (Mauss, 2009, notes 4 p. 200 et 5 p. 208).

« Ce sont les noms que j'ai obtenus en cadeaux de mariage avec les filles
des chefs de tribus là où j'ai été. Maintenant je viens prendre ton nom,
chef : je veux ta princesse pour mon fils » (*ibid.*, p. 847-848). Prendre
le nom n'est pas se coller une étiquette de plus ; c'est avoir droit aux
privilèges rituels, à la maison avec ses poteaux-totems, ses ustensiles et
ses esclaves, mais c'est surtout s'approprier la substance de la tribu de
façon à faire du héros fondateur le seul et unique ancêtre au détriment,
sans doute, des autres *numaym*. Accumuler les noms n'est pas le seul effet
des mariages à répétition, puisqu'à chaque occasion (mariage, naissance
d'un enfant ou d'un petit-enfant par exemple), l'intéressé reçoit en outre
une série de biens dont la comptabilité est soigneusement gardée en
mémoire : dans l'histoire des Gwasela, chaque don pour chaque occasion
est décrit en détail, des origines à la 23e génération ! Le premier don se
compose de 10 peaux[1] de loutres de mer, 25 de martres et 20 d'ours
noirs, don qui est aussitôt, et c'est là le point essentiel, intégralement
redistribué aux invités. Le narrateur se vante d'avoir raconté là le premier
potlatch du monde : « Cela me fait bien rire quand les chefs inférieurs
prétendent à la supériorité sur moi, moi qui ait pour ancêtre un chef
qui dès le commencement distribua des biens au cours d'une fête »
(*ibid.*, p. 841). Le récit se poursuit avec une liste interminable de dons
et de contre-dons qui charpentent l'histoire comme une litanie ; mais
ce devait être une jouissance de dire ou d'entendre dire qu'à tel moment
furent offerts et redistribués : des noms, 100 peaux de chèvres sauvages,
9 peaux de grizzly, 24 de lynx, 50 d'élan, une maison, ses ustensiles, et
deux esclaves à manger. Ainsi, le héros fondateur opère-t-il la genèse de
son *numaym* en lui fournissant sa substance par les noms qu'il amasse,
et dont la puissance se réalise et se mesure au moyen de distributions,
– peaux de toutes sortes, nattes en écorce de cèdre découpée et tissée,
esclaves, plats en bois –, à charge pour ses descendants de réactualiser
cette genèse par d'autres distributions à l'occasion des naissances, initiations, mariages, etc.

   Tel est le mythe. En pratique, les choses évoluèrent au cours de la
deuxième moitié du XIXe siècle, nous l'avons dit, mais sans que l'aspect
« générosité quantifiée » pour assurer la « hauteur de son nom » ne

---

1   Le texte de Boas dit *blankets*, couvertures. Il s'agissait à l'origine de peaux animales,
    éventuellement assemblées pour faire des vêtements, utilisées aussi comme nattes et
    comme couvertures.

s'atténue, bien au contraire. Les diverses peaux font alors place à une unité de compte standard, la couverture de laine blanche que Boas évaluait à cinquante *cents* dans les années 1890, et les grands potlatch de cette époque sont ponctués d'entassements et de décomptes publics de couvertures pouvant aller jusqu'à plusieurs milliers. Voici le chef Nemogwis, offrant publiquement à un chef rival Owaxalagilis un écusson de cuivre, objet extrêmement prisé, et d'autant plus convoité qu'il est passé entre des mains prestigieuses, analogue en cela aux objets précieux qui circulent dans la *kula* des îles Tobriand. Au cours de la cérémonie (Boas, 1897, p. 346-353), on n'omettra jamais de replacer soigneusement et à plusieurs reprises l'affaire dans son contexte mythique : les divers protagonistes se vantent d'avoir un nom qui remonte aux origines, et tous soulignent en chœur que la cérémonie actuelle ne fait que reproduire la geste initiée par les ancêtres. C'est un grave défi que cette offre pour Owaxalagilis et sa tribu, qui ne peuvent la refuser sous peine de dommage sérieux à leur bien le plus précieux, la « hauteur » de leur nom ; et cette hauteur va être savamment mise en scène. Owaxalagilis fait apporter d'abord 1 000 couvertures, offre modeste. Certes, il fait preuve de mesquinerie, mais du même coup il rabaisse le nom de l'adversaire, ce que celui-ci ne manque pas de relever – « il faut que ce que tu donnes pour cet écusson corresponde à ma grandeur » –, et surtout il l'oblige à demander davantage, autre humiliation. On notera bien une fois de plus que l'enjeu, pour l'adversaire, est « *ma* grandeur », et non une grandeur de valeur de l'écusson. Nemogwis est donc contraint de réclamer, mais il se retranche pour cela derrière l'un de ses lieutenants qui réclamera à sa place. Owaxalagilis cède et fait apporter 200 couvertures de plus, ce qui porte son offre à 1 200 couvertures. La scène se reproduit plusieurs fois, portant l'offre successivement à 1 600, 2 600, 3 200, 3 700 et enfin 4 000 couvertures, ce que Nemogwis accepte et déclare vouloir partager dès le lendemain avec les siens. Grâce à cette montée progressive, le nom de la tribu d'Owaxalagilis impressionne bien plus que si son chef avait donné les 4 000 couvertures d'un seul coup, et la mesquinerie initiale est effacée dans l'esprit des spectateurs. Il semble donc qu'Owaxalagilis soit déjà largement gagnant puisqu'il n'a fait que donner alors que son adversaire n'a fait que réclamer. Mais cela ne lui suffit pas, il faut encore qu'il porte l'estocade en apostrophant ainsi Nemogwis :

> Pourquoi acceptes-tu si vite ? Tu dois avoir une bien piètre opinion de moi. Je suis un Kwakiutl, moi qui suis un de ceux dont toutes vos tribus de par le monde ont pris leur nom. Tu abandonnes, tu seras toujours en dessous de nous.

et il ordonne d'apporter 200 couvertures de plus.

Lors de chaque étape du don fait par Owaxalagilis, un dénommé Maxua joue un rôle clé dans la mise en scène de ce dévoilement de puissance. Il s'agit du titulaire de la charge héréditaire de la comptabilité des biens du chef, et en tant que tel il se livre au décompte public des dons, comme suit :

> Il compte une paire, deux paires, trois paires, …, dix paires […] et il dit à haute voix : « dix paires », et des compteurs repètent « vingt couvertures », et mettent deux cailloux de côté. Lorsque Maxua a compté une autre dizaine de paires, les compteurs disent « quarante couvertures » et mettent deux autres cailloux de côté.

et ainsi de suite. Bien que le texte de Boas ne soit pas tout à fait explicite sur ce point, il semble bien qu'à chaque nouveau don, Maxua recompte toutes les couvertures depuis le début au lieu de ne dénombrer que le supplément et de l'ajouter au total précédent. La procédure est certes lourde et longue mais il faut la comprendre comme un rituel qui, au moyen du décompte, met en valeur un déploiement de puissance. L'histoire ne dit pas ce qu'il advient des 400 cailloux qui ont accompagné le décompte des 4 000 couvertures, mais Boas fait des allusions, très vagues hélas, à un autre moyen : deux cent couvertures semblent représentées par deux bâtonnets avec cinq traits au charbon sur chacun, ce qui est cohérent avec le comptage réel par vingtaines, et qui permettrait, si besoin était, de se contenter de quarante bâtonnets au lieu de quatre-cents cailloux. Mais cet aspect des choses ne préoccupe pas Boas.

Chez les Kwakiutl, les noms non composés sont ceux des nombres de 1 à 7, 10, 100, 1000 et peut-être 1 000 000 (Hall, 1888 ; Curtis, 1916, vol. 10). D'après Hall, le mot désignant 1000 signifie « rond » ou « complet », celui désignant 1 000 000 veut dire « un nombre qui ne peut être compté », et d'après Curtis cent peut se dire quelque chose comme « point d'arrêt ». Les nombres 8 et 9 sont désignés par rapport à 10 puisque leurs noms se réfèrent respectivement à 2 et à 1. On a ensuite des noms qui font systématiquement référence au palier supérieur, dans la mesure où par exemple 36 se dit sous la forme « six de la quatrième dizaine » ; et Maxua, que nous avons vu occupé à compter et recompter les couvertures, annonce un total de « 700 du quatrième millier » quand il en a compté 3 700 et de « 200 du cinquième millier » lorsqu'il est parvenu à 4 200 (Boas, 1897, p. 352-353).

LES POMO DE CALIFORNIE

Pour conclure sur les échanges humains et leur expression quantifiée, nous nous intéresserons aux Pomo de Californie (Loeb, 1926 ; Barret, 1917 ; Dixon et Kroeber, 1907 ; Kroeber, 1925 ; Closs 1990), à cause du classicisme archaïque dont ils font preuve. Ouverts sur l'extérieur, ils pratiquent de façon assez intensive ce qui a toute l'apparence d'un commerce avec une monnaie de wampum[1], ligatures de 100 ou 200 perles fabriquées à partir de coquilles de palourdes soigneusement polies, découpées en fragments de même taille et de formes identiques, percées et assemblées. Mais en réalité, si l'on envisage la circulation dans sa totalité et dans sa réalité sociale, les wampum ne sont pas davantage de la monnaie que les cauris de Nouvelle-Guinée et de Nouvelle-Calédonie, ou que les couvertures et les écussons de cuivre des Kwakiutl.

À la mort d'un Pomo (Loeb, 1926, chap. 2), la coutume est de détruire sa maison et ses biens pour éviter que son fantôme ne traîne encore, en conformité avec la logique archaïque suivant laquelle les objets font partie de la personne au lieu d'être possédés par elle. À côté de cela, les familiers du mort brûlent de leurs propres biens avec le cadavre, y compris des wampum, et il leur faut se montrer généreux dans cet acte ruineux, sous peine de discrédit. Les autres membres du groupe, eux aussi, apportent objets (parures, vêtements, paniers) et wampum avec force gesticulations, cris et lacérations désespérées, mais la parenté du défunt tient un compte rigoureux de tout cela car plus tard, il lui faudra donner en retour des présents de valeur égale ou presque. Les objets sont brûlés avec le corps ; mais des wampum apportés, seule une petite partie est parfois brûlée, par exemple 100 sur 800. La totalité ou les 700 restant sont rendus aux donataires. Que l'on rende en nature les biens apportés et brûlés, ou que l'on rende tout ou presque tout des wampum, il n'y a pas d'échange à proprement parler. C'est de circulation pour la

---

1   Nous suivons Loeb en employant le terme de wampum, bien qu'il soit en général réservé aux ligatures de perles de coquillages utilisées par les Amérindiens de la côte Est.

circulation qu'il s'agit, comme pour réparer un réseau momentanément désactivé par la disparition de l'un de ses maillons. Le volume de cette circulation est un indice de la valeur du disparu.

La même logique est à l'œuvre dans le rituel mettant fin à une guerre (*ibid.*, chap. 1.8). Le chef du parti victorieux – ou celui qui a fait le plus de morts dans le camp opposé – présente ses excuses pour le trouble causé et amorce le traité de paix en offrant au chef des vaincus des wampum en nombre non spécifié. Si le vaincu les rend immédiatement, c'est qu'il refuse de traiter et que les hostilités continuent. Sinon, il en garde soigneusement le compte et rend les perles quelque temps après, les mêmes ou en même quantité. Ce n'est qu'après deux autres va-et-vient de même nature que l'affaire se règle par un don définitif au parti qui a souffert le plus de dégâts. Tout cela représente un échange quantifié de politesses, pour réamorcer la circulation normale, préalable indispensable au dédommagement final, échange de vies contre des perles, parce que les perles données font partie des personnes donatrices et sont signes de leur valeur : vie contre vie, en fin de compte.

Même dans le cas où les échanges se rapprochent le plus du commerce, la pratique associée les place dans un monde en réalité radicalement différent, avec cérémonies et grandes fêtes (*ibid.*, chap. 2.2). Voici par exemple la tribu du lac (A) qui en invite une autre (B) pour lui « vendre » du poisson dans quelques jours. D'ici là, le chef de B bat le rappel de ses subordonnés pour regrouper en un seul fonds les wampum nécessaires. Le jour venu, la tribu B se dirige en masse vers le lieu de résidence de A et ses chefs offrent le fonds de wampum préalablement rassemblé. Suivent plusieurs jours de festivités aux frais de A avant toute transaction. Le jour de l'échange proprement dit, on pose à même le sol les perles apportées par B, qui ont été regroupées par wampum de cent unités. Les chefs de A, et eux seuls, ont décidé à l'avance quelle quantité de poisson ils donneraient pour chaque unité de cent perles ; B ne peut qu'accepter, il n'est pas question de marchander. Pour finir, les poissons reçus par B sont redistribués à ses membres de façon égalitaire, indépendamment de leur contribution en wampum, tandis que les wampum reçus par A sont distribués en son sein proportionnellement à leur contribution en poisson. On pouvait avoir de la même façon des invitations et des fêtes pour des glands, des arcs et des flèches, etc.

Dans les rituels funéraires ou les négociations de paix, il est tenu un compte public et ostentatoire des wampum qui, dans ces cas, ne sont sûrement pas de la monnaie, nous l'avons vu. Si l'on soutient que dans les grandes fêtes distributives les wampum s'apparentent à de la monnaie, on se trouve devant le paradoxe que le vendeur décide seul du prix et que le marchandage n'est pas toléré. Par dessus le marché, le mauvais payeur n'encourt aucune sanction matérielle : il est simplement marqué d'infamie, son nom est réputé mauvais. Le décompte, par conséquent, ne peut avoir une origine « commerciale ». Si tel était le cas d'ailleurs, les systèmes numériques des divers peuples de la région qui échangent entre eux (Pomo, Yuki, Yurok, Wintun...) seraient à peu près les mêmes, ce qui est loin d'être vrai ; il n'y a même pas d'uniformité au sein des Pomo. Ce qui s'est passé sur la côte Est de l'Amérique du Nord dans le courant du XVIIe siècle est éclairant : incontestablement l'influence des Blancs et elle seule est à l'origine de la transformation des wampum en monnaie[1]. Sur la côte Ouest et en Californie en particulier, il y avait largement plus d'un siècle, au moment où Loeb écrivait, que les Pomo étaient en contact avec les Blancs depuis le temps des trappeurs avides de peaux de castors, de loutres et d'ours, et il est probable que sous l'influence de ceux-ci les wampum locaux étaient sur la voie de la monétisation. Mais, à nouveau, s'il fallait trouver dans ce phénomène l'origine des systèmes numériques Pomo, ceux-ci seraient directement dérivés des nombres importés d'Europe, ce qui n'est évidemment pas le cas. Nous sommes donc conduits à nous en tenir à une origine interne, avec les motifs relationnels que nous avons exposés.

Les Pomo, donc, tiennent de véritables comptes à l'occasion de funérailles et de traités de paix ; ils utilisent pour cela des objets et des noms. À l'occasion d'un traité de paix, on mettra un bâtonnet B de côté pour 100 perles, puis un bâtonnet C plus grand pour quatre B, et enfin un dernier D encore plus grand avec une incision à un bout pour dix C. En ce qui concerne les noms de nombres, Dixon et Kroeber donnent sept listes correspondantes aux sept dialectes Pomo, listes différentes mais avec quelques emprunts de l'une à l'autre. Elles semblent constituées de plusieurs « strates » dont chacune est calquée sur les besoins d'affichage précédemment décrits.

---

1   Les avatars de cette monnaie, à l'époque où New York s'appelait New Amsterdam, sont racontés par S.W. Rosendal (1895).

En règle générale, il y a des noms non composés de 1 à 5 ; de 6 à 8 on a des expressions qui contiennent des références respectivement à 1, à 2, à 3, sans que le mot pour cinq apparaisse. Vient ensuite une organisation en paliers de 5 en 5. Chez les Pomo du Nord, par exemple :

9 à 13 : racine kowal		14 à 18 : racine komat	
9 = *kowal-com*	10 moins	14 = *komat-com*	15 moins
10 = *kowal-tek*	10 plein	15 = *komat-tek*	15 plein
11 = *kowal-na-tca*	10-*na*-1	16 = *komat-na-tca*	15-*na*-1
12 = *kowal-na-ko*	10-*na*-2	17 = *komat-na-ko*	15-*na*-2
13 = *kowal-na-subu*	10-*na*-3	18 = *komat-na-subu*	15-*na*-3

Après cela, sauf au Sud-Est et au Sud qui présentent respectivement des paliers de 10 et des paliers de 10 et de 5 mêlés, la série s'organise en paliers de 20. Vingt lui-même a une racine particulière *hma*, et de 19 à 21 la logique précédente s'applique, à savoir : 19 = 1-*hma*-moins, 20 = 1-*hma*-plein, 21 = 1-*hma*-*na*-1. Trente se dit simplement *na*-10, ou *na*-10-plein. À partir de là, le palier change de nom puisque 20 n'est plus *hma* mais « bâton », et la logique des noms est :

40	50	60	70	80	90	100	200
2 bâtons	10 avant 3 bâtons	3 bâtons	10 avant 4 bâtons	4 bâtons	10 avant 5 bâtons	5 bâtons	10 bâtons

Dixon et Kroeber ne disent rien des nombres intermédiaires. Il serait raisonnable d'admettre qu'ils n'ont pas vraiment de noms, tout simplement. Il est clair en effet que nous avons affaire à un système numérique en formation, sur une base énumérative et visuelle. Lorsque les Pomo disent quelque chose comme « 10 après » pour 30, ce ne peut avoir de sens qu'au sein d'une énumération comprenant le 20, et nous faisons la même chose lorsque, dénombrant à haute voix, nous disons : 1, 2, … 9, 10, 1, 2, … 9, 20, 1, 2, … 9, 30, etc. On ne sait pas comment ils diraient 59, par exemple ; mais est-il vraiment utile de nommer 59 ? Au vu des constructions dans les premiers paliers de 5, ce pourrait être : « 3-bâtons-moins » (60 − 1), ou « 10-avant trois bâtons-*na*-10-moins » (50 et 9), autant d'expressions difficiles à saisir et avantageusement remplacées par un geste en direction des trois bâtons et une indication orale du type « 1 avant ». Selon notre hypothèse, le nombre 59 est donc désigné, plutôt que nommé, grâce à la présence d'objets qui marquent les paliers. Pour les nombres plus grands, ce type de désignation dérivant de la présence physique des marqueurs est une certitude. Déjà en effet, suivant les dialectes, « bâton » peut représenter 10, 20, 40, 100 ou 400. Mais au sein même d'un même dialecte ce mot peut avoir plusieurs sens, comme chez les Pomo de l'Est :

200	400	500	2400	3 600	4 000
10 bâtons	1 bâton	1 bâton et 5 bâtons	6	10 moins	10 bâtons

où l'on voit bien que sans la présence de deux types différents de bâtons au moment où l'on parle, les dénomination n'auraient aucun sens.

Les Pomo nous montrent donc un système numérique en voie de constitution, où après le première strate de nombres de 1 à 8, on installe des paliers de 5 en 5 jusqu'à 20 en général, avec une organisation uniforme des intermédiaires (1 avant, « plein », na-1, na-2, na-3). Des bâtons, objets-paliers de 20 ou de 40, sont surajoutés mais probablement sans se préoccuper des intermédiaires. Pour Dixon et Kroeber, l'affaire semble se terminer avec d'autres bâtons, objets-paliers de 400 ; Loeb, cependant, mentionne des bâtons avec une encoche à un bout pour 4 000, et affirme que dix de ces bâtons s'appellent un « grand vingt ». Telle est l'ébauche de système produite dans une société où l'étalage cérémoniel et public de quanta est une nécessité.

LE TEMPS

Nous avons déjà fait remarquer que dans les sociétés sans écriture, on ne tient pas un compte systématique et coordonné des différents cycles temporels. On en reste à des objectifs très limités comme les « camps » à prévoir pour se rendre à un rendez-vous, ou les jours à attendre avant le retour du voyageur. Les quanta correspondants sont marquées aussi bien par des encoches, des bâtonnets, des nœuds dans une ficelle, des marques sur le bras, etc. On raconte que lorsque les Amérindiens Natchez se préparèrent à la guerre de 1729 contre les Français, les différents groupes reçurent chacun un paquet de bâtonnets correspondant au nombre de jours à attendre avant de frapper (Mallery, 1972, p. 257). Ils avaient ordre d'enlever chaque jour un bâtonnet du paquet et de le briser. Celui qui fixe le rendez-vous peut aussi donner une cordelette nouée, et le récipiendaire défaire un nœud chaque jour. L'ethnographie abonde en histoires similaires, partout dans le monde.

LISTES EXTENSIVES DE PARTIES DU CORPS

En reprenant l'exemple typique des Natchez, on voit que nous avons affaire à des quanta, mais avec un ordre ; celui-ci ne se remarque pas dans les objets, bâtonnets ou nœuds identiques, mais dans leur usage, puisqu'il faut les briser ou les défaire l'un après l'autre. De plus, en cas de rendez-vous, le but de la manœuvre n'est pas la totalité en elle-même, la durée, mais l'un de ces éléments, le dernier, le jour fixé d'avance. De ce fait, chaque nœud ou bâtonnet est susceptible de revêtir un caractère spécial, une véritable individualité en tant que moment (jour) déterminé. D'où la possibilité, pour cet usage, de quanta faits de listes standards d'« individualités » ; on les connaît avec les listes ordonnées de parties du corps, courantes en Australie aborigène et en Papouasie-Nouvelle-Guinée[1]. Non pas de ces listes organisées où « main » signifie cinq, « deux mains » signifie dix et « deux hommes » signifie quarante, mais de listes purement extensives sans composition interne[2]. En voici une (Howitt, 1904, p. 697) :

---

1   On dispose d'une très riche documentation sur les systèmes numériques en Papouasie-Nouvelle-Guinée grâce à la thèse de Glen Lean (1992) avec les nombreux rapports ethnographiques que l'auteur a placés en annexes. Document en ligne à l'adresse : http://www.uog.ac.pg/glec/thesis/thesis.htm.

2   L'usage du corps humain comme machine à compter est un fait universel, mais les listes purement extensives de parties du corps, utilisées entre autres comme quanta de temps, ne se rencontrent en masse que dans l'aire océanienne. Ailleurs, on ne peut dire si elles ont existé, sauf peut-être en Californie où subsiste ce que l'on peut prendre pour des traces. Les Pomo, d'après Loeb, désignent leurs lunaisons par des descriptions qualitatives ; la première, par exemple, se dit « lors de la prochaine lune il sera dur de sortir pour chasser ». Mais curieusement, de la troisième à la septième et seulement pour celles-là, on dit en plus : « lune du pouce », « lune du deuxième doigt », …, « lune du petit doigt ». Les Huchnom et les Klamath disent « pouce » et « index » pour les deux premières lunaisons.

Les cinq doigts d'une main, en allant du petit doigt au pouce	1 à 5
Articulation du poignet	6
Milieu de l'avant-bras	7
Intérieur du coude	8
Milieu du bras supérieur	9
Épaule	10
Base du cou	11
Lobe de l'oreille	12
Au dessus de l'oreille	13
Muscle saillant lors de la mastication	14
Sommet de la tête	15
La même chose de l'autre côté jusqu'au petit doigt de l'autre main.	16 à 29

Ce qui donne au total 29 parties. La symétrie par rapport à un point central est caractéristique d'une grande majorité des listes de ce genre, avec par conséquent un total impair. Le messager aborigène décrit par Howitt, qui a transmis le *message-stick* à son destinataire et traduit son contenu, donne ensuite le jour du rendez-vous en listant dans l'ordre les éléments ci-dessus, allant par exemple du petit doigt à l'intérieur du coude pour un rendez-vous dans huit jours. Il connaît la liste par cœur, et il lui suffit donc de se souvenir du point d'arrivée, en l'occurrence l'intérieur du coude, pour reproduire devant les invités la durée adéquate. Ce procédé, au moyen duquel un seul signe (un seul élément du corps) désigne à la fois les jours à attendre, la durée, et le dernier de ceux-ci, la date, est évidemment une invention de portée considérable. Le coude, pour reprendre notre exemple, est certes un point unique, associé au jour de la rencontre, mais il est en même temps celui où l'on arrive quand on a parcouru les précédents depuis le moment où l'on a fixé le rendez-vous, il y a huit jours. Le coude, unique, est donc « lourd » de tous les points précédents ; en filigrane il est bien un ordinal, en tant que degré de cardinalité.

Howitt mentionne ces listes extensives de parties du corps exclusivement comme moyens de fixer une date. Glen Lean dit la même chose pour la Papouasie-Nouvelle-Guinée, mais il remarque que ceux qui

utilisent ce procédé ont en outre quelques noms de nombres, du type :
« un », « deux », « deux-un », « deux-deux », « deux-deux-un » et guère
au delà. Comme par dessus le marché les mots pour « un » et « deux »
ne correspondent jamais aux noms des deux premiers éléments de la
liste corporelle, à savoir « petit doigt » et « annulaire », on pourrait croire
que les deux systèmes, le verbal et le corporel, coexistent en s'ignorant
l'un l'autre, chacun ayant un usage (compter *ou* fixer un moment) et un
caractère uniques (cardinal *ou* ordinal). Nous allons voir qu'en réalité,
les diverses collections-types sont à usages multiples, se juxtaposent
volontiers et s'interpénètrent.

Dans un article souvent cité, A.C. Haddon (1890) donne la liste
de noms de nombres courante chez les insulaires du détroit de Torres,
du type : 1 = *urapun*, 2 = *okosa*, 3 = *okosa-urapun*, 4 = *okosa-okosa*,
5 = *okosa-okosa-urapun*, 6 = *okosa-okosa-okosa* et au delà *ras*, qui signifie
« beaucoup ». Il note cependant l'existence de *urapuni-getal*, c'est-à-dire
une main, pour cinq, et de *okosa-getal*, qui veut dire deux mains, pour
dix. À côté de cela, il y a une liste extensive de parties du corps : les
cinq doigts de la main gauche, puis poignet, coude, épaule, etc., pour
arriver en fin de compte au petit doigt de la main droite. Comment tout
cela s'articule-t-il ? Selon un informateur cité par Haddon, telle liste
corporelle comporte vingt-cinq éléments, et si l'on veut « compter » plus
de vingt-cinq choses (non précisées) on continue avec des « baguettes de
l'épaisseur d'une allumette ». Une autre liste standard a dix-sept éléments
avec la symétrie habituelle par rapport à un axe vertical du corps. Si
elle est épuisée, on continue avec les orteils, les chevilles, les genoux,
les hanches, ce qui nous mène à trente-trois ; au delà, on continue avec
des baguettes. Nous avons ici un bel exemple de limite de certaines
enquêtes ethnographiques : ce que nous venons de relater ne fait pas
sens. Que « compte »-t-on et pourquoi ? Il est à craindre que l'enquêteur
a posé des questions sur l'énumération d'objets, indépendamment de
tout contexte, et que l'informateur lui a donné en vrac différents listages.
Le bon côté de ces réponses en vrac, cependant, est qu'elles confirment
que les matérialisations de quanta – ici parties du corps ou baguettes –,
aussi diverses soient-elles, sont tout de même perçues comme si elles
étaient fondues en un « matériau » unique.

Il y a pourtant un rapport ethnographique particulièrement éclairant,
qui nous permettra de faire une conjecture raisonnable sur l'articulation

que nous cherchons (Aufenanger, 1960). Chez les Ayom de Nouvelle-Guinée, il y a d'une part une liste standard de 23 parties du corps, du petit doigt de la main gauche au petit doigt de la main droite en passant les coudes, les épaules, etc., et d'autre part des mots qui scandent l'énumération, comme ceci :

> Pour compter plusieurs choses une personne en touchera deux en disant *omngar o*, « ces deux ». Ensuite ces deux-là sont comptées sur le petit doigt et sur l'annulaire, et on dit *omngar o*, « ces deux ». Deux autres choses sont alors touchées et on dit *omngar o*, « ces deux ». On continue ainsi jusqu'à ce que tout ait été compté sur les doigts, les parties du bras, etc. Quelques fois deux personnes s'y mettent. L'une touche les choses et l'autre touche ses doigts, etc. Dans ce cas la première personne touche deux choses et dit *omngar o*, puis la deuxième personne touche ses doigts et dit encore *omngar o*.

Ainsi, les noms de nombres que l'auteur donne au préalable, à savoir *nogom* pour un, *omngar* pour deux, *omngar-nogom* pour trois et ainsi de suite, tirent selon toute vraisemblance leur origine d'une scansion à la fois orale et gestuelle : on touche au fur et à mesure les parties de la liste corporelle standard, et on prononce en même temps *omngar* pour chaque paire touchée, et éventuellement *nogom* pour le dernier élément. Si l'on a par exemple cinq objets à dénombrer, la suite des mots prononcés au cours de l'opération décrite ci-dessus est : *omngar o*, puis à nouveau *omngar o*, et enfin *nogom*. De sorte qu'il y a deux façons de se souvenir du résultat de l'opération. Ou bien on mémorise le point d'arrivée « pouce », ce qui veut dire que « pouce », en tant qu'arrivée, « traîne » derrière lui quatre autres doigts, et porte donc en lui l'aspect cardinal. Ou bien on mémorise le résultat par le moyen d'y arriver, c'est-à-dire par la succession *omngar*, puis *omngar*, puis *nogom*, ce qui, en tant que résultat, s'énonce *omngar-omngar-nogom*. Mais en prenant cela comme expression d'un résultat, l'énoncé prend un contenu cardinal (*omngar*, *omngar* et *nogom* sont là en même temps), bien que l'origine ordinale transparaisse dans la succession des mots *omngar* et *nogom*. Il suffit maintenant que par l'effet d'une pratique répétée on se débarrasse du lourd procédé gestuel pour n'en garder que le signe verbal, pour que se fabrique la fameuse série dyadique des noms comme *nogom*, *omngar*, *omngar-nogom*, etc., ou *urapun*, *okosa*, *okosa-urapun*, etc. On peut aller très loin comme cela. Dans l'un des comptes-rendus (Smith, 1978) collectionnés par Glen Lean, on apprend que les Kiwai de Nouvelle-Guinée disent par exemple *netowa-netowa-netowa-netowa-na'u* pour neuf, *netowa-netowa-netowa-netowa-netowa* pour dix et ainsi de suite, et que cette dénomination est clairement associée à un *ancien* listage de parties du corps tombé depuis en désuétude. On voit que la lourdeur du procédé corporel rapporté plus haut a fait place à une lourdeur verbale, et l'on comprend alors que les indigènes ne donnent que quelques mots, jusque *okosa-okosa-okosa* par exemple, et disent ensuite *ras* que l'on traduit couramment par « beaucoup », alors qu'il faut probablement comprendre « et ainsi de suite ». À cause de cette lourdeur, les Kiwai ne retiennent généralement pas un total sous sa forme verbale, mais sous la forme des bons vieux paquets de baguettes ; c'est ce qui se passe pour les rendez-vous, le nombre de têtes d'ennemis, le nombre de cochons tués ou de conquêtes féminines. On observe également parmi ce peuple un moyen porteur de changement radical, qui consiste à remplacer parfois *netowa-netowa-na'u* par *na'u tu*, c'est-à-dire « une main ». Nous avons relaté plus haut que Haddon, après avoir donné *okosa-okosa-urapun* pour cinq, remarque que l'on dit aussi *urapuni-getal*, « une main », ce qui semble assez répandu chez les aborigènes d'Australie (Harris, 1897) : émergence timide d'un nouveau procédé, coexistant encore avec l'ancienne énumération du type « deux-deux-un », avant de la pousser vers la tombe et de prendre toute la place, et point de départ d'un nouveau type de système dont celui des Iqwaye est un bel exemple.

L'aire océanienne, donc, nous offre un exemple remarquable de création d'une liste (corporelle) totalement ordonnée, dans le but exprès de désignation ordinale, et qui pourrait avoir épaulé la création d'une liste de noms de nombres où l'aspect ordinal et l'aspect cardinal sont de fait unis. Mais il est difficile de dire dans quelle mesure cette émergence de l'ordinal parvient à la conscience. Pour en revenir à nos exemples australiens, si le messager doit fixer le rendez-vous dans six jours, il lui suffit de retenir « poignet », puisqu'il connaît sans doute par cœur la liste : auriculaire, …, index, pouce, poignet, coude, etc. Mais rien ne permet d'affirmer, à la lecture des comptes-rendus ethnographiques, que « poignet » est vraiment le nom du quantum en question ; devant les destinataires du message, il refera de toute manière toute l'énumération, depuis le petit doigt jusqu'au poignet. Parce qu'il termine une énumération, « poignet » est à la fois lui-même et ceux d'avant, il est récapitulation et par conséquent l'unité, le tout du processus. Cette fusion technique, issue de la pratique, d'un élément particulier et du tout, et pas seulement de l'un et du multiple en général, ne se transpose pas immédiatement au plan conceptuel. La preuve : au lieu d'être comprise directement comme telle, il arrive à l'unité récapitulative de se détacher et d'être représentée non pas par le point d'arrivée de l'énumération, mais par le suivant, y compris chez des peuples dotés de systèmes numériques avancés. Comme s'il y avait quelque chose de choquant à représenter le tout par un de ses constituants, et que le tout étant autre que ceux-ci, il fallait justement, pour le représenter, une entité de plus. Nous nous permettrons une petite digression avec des exemples de ce phénomène peu remarqué.

« UN DE PLUS » EST LE TOUT

Le phénomène n'est pas réservé à des cas où les constituants du tout sont ordonnés. Dans le mythe de création bambara, l'esprit éclate et de lui surgissent des éléments qui se séparent en 21 catégories disjointes, avec une vingt-deuxième qui résume les 21 autres et exprime la connaissance totale (Dieterlen, 1988). Chez les Dogon voisins, les éléments constitutifs du monde sont aussi classés en 22 familles ; 21 sont reliées chacune à une partie du corps, et la vingt-deuxième au corps tout entier (Dieterlen, 1952). Nous savons que pour beaucoup d'Amérindiens, tout doit aller par quatre, en bijection avec les points cardinaux ; cependant, un cinquième élément se rajoute, comme totalisation des quatre premiers, rôle éminent qui lui donne droit à une place éminente, au centre ou au dessus. Les peintures sèches des Navajo sont organisées en quadrants de quatre couleurs, avec un centre qui peut comporter lui-même les quatre couleurs. Dans le troisième monde de la genèse de ce peuple, il y a quatre montagnes aux quatre orients ; la cinquième, la « montagne du haut », qui signifie aussi « centre », est très sacrée et « le peuple tournait autour » (O'Bryan, 1993, p. 5). On apprend encore que « Femme Changeante » – la terre – donna naissance à quatre filles, la première issue de sa poitrine, la deuxième de son côté gauche, la troisième de son côté droit, la quatrième de son dos et à une cinquième issue de son esprit : encore une métaphore des quatre directions et du centre récapitulateur, ici l'esprit. Lorsqu'aux points cardinaux on ajoute le zénith et le nadir, soit six éléments, un septième fait office de tout : arithmétiquement, le tout est un élément de plus ; géométriquement, l'élément de plus est le centre.

Voici deux exemples liés au temps. Le premier provient du *Satapatha Brahmana*, ce manuel du rituel védique que nous connaissons, remontant à quelques siècles avant notre ère. Prajapati, le démiurge dont l'auto-sacrifice a donné naissance au monde, est 101-uple parce qu'il est l'année. Qu'il soit l'année, nous savons pourquoi ; mais pourquoi 101 ? Réponse :

> Le 101-uple Prajapati, sans doute, est l'année, à qui appartiennent les jours, les nuits, les demi-mois, les mois et les saisons. Les jours et les nuits d'un mois sont soixante [...], il y a vingt-quatre demi-mois, treize mois et trois saisons, ce qui fait cent parties, et l'année elle-même est la cent-unième partie[1].

Il est aussi septuple par les saisons et par les régions :

> Il est septuple par les saisons, six saisons et l'année elle-même qui est la septième partie. Et celui qui brille là-haut est la lumière de l'année : il a cent rayons et le disque lui-même est la cent-unième partie. Il est septuple par les régions : les rayons de l'est sont une partie, ceux du sud en sont une, ceux de l'ouest en sont une, ceux du nord en sont une, ceux du haut en sont une, ceux du bas en sont une, et le disque lui-même est la septième partie (*Satapatha Brahmana*, chap. 10-2-6-2 et 10-2-6-3).

Il faut comprendre que le dernier élément récapitulatif, le cinquième, septième ou cent-unième qui s'ajoute à la liste pour figurer la totalité de ses éléments, est également, en tant que totalité, la marque de l'infranchissable, le seuil de l'infini :

> Au delà réside le monde des pouvoirs, l'immortel. Et l'immortel est cette lumière qui brille là-haut (*ibid.*, chap. 10-2-6-4).

Il faut comprendre aussi qu'inversement, le cent-unième élément figure une totalité réellement accomplie dans les cent précédents, d'où les expressions contradictoires du type « le disque lui-même est la cent-unième partie » ; si bien que tout compte fait, cent et cent-un, c'est tout comme :

> Cela même [la lumière immortelle], en vérité, peut être obtenu soit par l'autel en cent-une parties, soit par une vie de cent ans : celui qui construit un autel en cent-une parties, en vérité, obtient cette immortalité. C'est pourquoi, qu'ils sachent cela ou non, les gens disent « une vie de cent ans mène au ciel » (*ibid.*, chap. 10-2-6-7).

---

1 *Satapatha Brahmana* 10-2-6-1. Traduction anglaise de Julius Eggeling, 1897. En ligne sur le site sacred-texts.com. Le nombre de saisons, on le voit, dépend des besoins de la numérologie. Elles peuvent être trois, quatre (les saisons classiques), cinq (une saison des pluies s'intercale entre l'été et l'automne) ou six (les cinq précédentes avec une saison de la rosée entre l'hiver et le printemps).

Terminons cette digression avec la Genèse de l'Ancien Testament, où la création est scandée par l'énumération des jours de travail : il y eu un soir et un matin, premier jour, et ainsi de suite jusqu'au sixième jour. Quant au fameux septième jour, André Chouraqui traduit ainsi le texte qui le définit (*Genèse* chap. 2, versets 1 à 3) :

> Ils sont achevés, les ciels, la terre et toute leur milice. Elohims achève au jour septième son ouvrage qu'il avait fait. Il chôme, le jour septième, de tout son ouvrage qu'il avait fait. Elohims bénit le jour septième, il le consacre. Oui, en lui, il chôme de tout son ouvrage.

Les mots sont importants. Elohims achève, mais il ne fait rien ; il conclut au septième jour l'ouvrage qu'il avait fait, selon la traduction de la *Bible de Jérusalem*. Après l'énumération des six jours effectifs, vient celui d'après, dont la seule fonction est d'exprimer le total des six premiers, et dont le contenu est la création tout entière. Il est donc à la fois un jour sans durée (qui n'est pas scandé par la formule « il y eut un soir et un matin »), la marque purement abstraite (achèvement, conclusion) de l'action antérieure, et un jour lourd du contenu de ce qu'il achève ; c'est cette contradiction que contient la formule admirable « en lui, il chôme de tout son ouvrage ». S'activer le septième jour en se livrant à des travaux nécessairement particuliers, aussi créateurs soient-ils, reviendrait par conséquent à nier son caractère totalitaire et à profaner la création par excellence. D'où l'implication rituelle imposée à Moïse de faire du septième un jour consacré au dieu Yahvé-Adonaï, un « signe en pérennité » entre le peuple et son créateur, au point que « son pro-fanateur mourra, il mourra, oui, quiconque y fera un ouvrage, cet être sera tranché du sein de ses peuples » (*Exode* 31-14, trad. Chouraqui). De la même manière que dans le *Satapatha Brahmana* il n'y a rien au delà de cent années de vie ou de l'autel 101-uple, sinon l'immortalité ou un recommencement de vie ou d'autel, il ne peut rien y avoir au delà du septième jour, puisqu'il est le tout, sinon l'immortalité ou le recom-mencement. Il n'y a pas de huitième jour, mais un recommencement du même cycle de sept jours, cycle[1] que nous pouvons donc rajouter à notre liste des images archaïques remarquables de l'un-multiple.

---

1 Est-ce ainsi qu'il faut comprendre la traduction de Chouraqui : « vous garderez mes shabats, c'est un signe entre moi et vous pour vos cycles » (*Exode*, chap. 31-13), alors que selon les traductions courantes « c'est un signe entre moi et vous pour vos générations » ?

TECHNIQUES DE CONSTITUTION
DU NOMBRE

La documentation ethnographique rassemblée dans le chapitre précédent suggère que la raison endogène principale de constitution du nombre est l'étalage de puissance, puissance humaine simple ou humaine sublimée (« divine »). L'étalage, cela veut dire montrer l'un-multiple, le modèle de la puissance, non pas dans une diversité de multiplicités particulières qui, comme quanta, sont chargées d'exprimer telle ou telle qualité, mais dans son développement propre. Privées de toute référence autre qu'elles-mêmes, les multiplicités doivent donc se déployer les unes par rapport aux autres : la possibilité de ce rapport interne tient au fait que chaque multiplicité étant une, elle est son tour multiple, et peut donc constituer un « un » d'ordre supérieur. Le critère décisif du passage au nombre, est donc double : d'une part, s'agissant de déploiement, on devra constater un ordre total des multiplicités ; d'autre part, cet ordre devra avoir pour ossature une hiérarchie de « uns ».

Il s'agit dans ce chapitre de la pratique de l'affaire ; nous en avons déjà une idée précise grâce aux exemples du chapitre précédent. Nous la présentons maintenant de façon plus systématique, en soulignant des évolutions chaque fois qu'elles sont perceptibles, et en examinant pour finir ce que cette pratique révèle et promet en matière de calcul.

LES PREMIERS PAS

Rien n'est plus difficile que de percevoir et d'analyser un commencement. Lourdement chargé du contraire dont il est issu, le phénomène passe inaperçu dans ses débuts ; on ne peut être certain de son apparition qu'après-coup, lorsqu'il s'est suffisamment développé.

D'où une zone d'incertitude propice aux controverses. Par exemple, on lit un peu partout qu'il existe des peuples qui n'ont que « un », « deux » et « beaucoup » comme vocabulaire numérique : est-ce bien le cas ? Si oui, y a-t-il dans ces termes quelque chose de numérique, ou de potentiellement numérique ? Essayons au moins de poser avec précision ce problème des premiers pas dans la constitution du nombre, en tâchant de déchiffrer la documentation ethnographique.

Ce qui a été présenté comme l'exemple le plus fruste connu concerne les Piraha, chasseurs-cueilleurs de la région amazonienne au Brésil (Gordon, 2004 ; Everett, 2005 ; Franck et coll., 2008). Si on aligne une série d'objets, ils savent aligner une série d'autres objets en correspondance un à un avec la première. Ils ont trois noms liés aux quantités, que les uns interprètent comme « un », « deux » et « beaucoup » ; d'autres disent qu'ils n'ont aucun nom de nombre, même pas « un ». Le fait est que, confrontés à la tâche de dire « combien », les réponses des Piraha testés sont totalement incohérentes. Mais que valent ces tests, quand on sait par ailleurs que les Piraha refusent toute assimilation, et que certaines séances avec les Blancs ne sont pour eux que des occasions de s'amuser ? Je les crois inexploitables.

À la fin du XIXᵉ siècle, les habitants des îles Andaman (Golfe du Bengale) disaient *ubatul* et *ikpor* respectivement pour un et deux objets ; au delà, ils continuaient en se touchant le nez avec chaque doigt, geste scandé seulement par « et ceci » (Man, 1883). Une fois l'énumération terminée, jamais au delà de dix, ils montraient tous les doigts concernés et prononçaient *arduru*, c'est-à-dire « tout » ; il n'y a donc aucun nom au delà de « deux », et le résultat est la simple présentation des doigts, image de la multiplicité. Par ailleurs le même rapport note que ni les orteils, ni des encoches, ni des cailloux n'étaient jamais utilisés, les Andaman n'ayant aucun besoin d'enregistrer des quanta dans la vie profane ou rituelle. L'auteur mentionne aussi des noms « ordinaux » qui semblent n'être que des désignations de places sur une ligne, que l'on pourrait traduire par (initial, final) lorsqu'il y a deux objets, (initial, entre, final) pour trois objets, (initial, entre, entre-final, final) pour quatre objets : rien à voir, donc, avec une numération. Il existe enfin pour les pluralités d'humains quatre termes signifiant « beaucoup » dans un ordre croissant, à commencer par *arduru* (« tout »), et deux termes pour les pluralités d'objets ou d'animaux.

Nous avons donc une collection-type de deux mots seulement, « un » et « deux », et une autre de dix signes ordonnés : deux doigts sont tendus pour « deux », etc., jusqu'à dix doigts pour « dix ». Le premier critère (l'ordre total) est respecté mais pas le deuxième (hiérarchie de « uns »). Faute du deuxième critère, qui est le moteur interne de la constitution du nombre, celle-ci s'arrête nécessairement assez vite, parce que nous ne pouvons nous représenter clairement que des pluralités réduites. Au delà, on se contente chez les Andaman d'une hiérarchie de « beaucoup », fondée non pas sur un « sens approximatif du nombre », mais sur la capacité à comparer immédiatement des collections suffisamment différentes en taille, capacité qui, rappelons-le, n'a nul besoin pour exister d'une quelconque idée de nombre (Annexe 1). Les Andaman n'ont donc fait qu'un demi-pas vers le nombre.

D'après un compte-rendu de 1897, des aborigènes du Queensland (Australie) disaient l'équivalent de « un », « deux », « deux-un », « deux-deux », « deux-deux-un », puis un mot que l'on traduit par « beaucoup ». Le « beaucoup » est un au-delà non érigé en système, mais plus déterminable que chez les Andaman, grâce à des appariements. Si l'on demande en effet à quelqu'un de compter ses doigts et ses orteils et d'en marquer le nombre dans le sable,

> il commence alors la main ouverte et baisse les doigts deux par deux et fait un double trait dans le sable pour chaque paire. Ces traits sont tracés parallèlement. Quand le compte est terminé, il dit *pakoula* pour chaque paire. Cette façon de compter est courante dans la région, et souvent pratiquée par les anciens pour contrôler le nombre d'indigènes qui font partie du camp (Leroy, 1927, p. 116)

Il s'agit donc, nous dit-on, de compter pour contrôler le nombre d'indigènes ; mais comme celui-ci dépasse à coup sûr « deux-deux-un », et qu'il ne saurait être décrit par « beaucoup », il faut supposer que le contrôle consiste en une simple bijection (ou tentative de bijection) avec un ensemble de marques préexistantes, exactement de la même façon que dans l'histoire du berger et des cailloux. Dès lors, il ne s'agit pas de comptage ni de nombre, mais de quantum ; le contrôle n'est qu'un appariement. Le pas décisif, cependant, réside d'une part dans le regroupements des traits dans le sable par paires, et d'autre part dans les noms associés par successions de « deux » et de « un » ; car si une paire peut être « une », elle peut être multiple, d'où la possibilité de plusieurs deux comme dans « deux-deux », et par conséquent de l'auto-engendrement des multiplicités. Le cas semble donc simple, il est raisonnable d'y voir un premier pas dans la constitution d'un système numérique, les deux aspects du critère décisif (ordre total et hiérarchie de « uns ») étant présents. Il en est de même pour tous les systèmes du type « un », « deux », « deux-un », « deux-deux », etc., décrits dans le précédent chapitre.

S'agissant des « beaucoup », nous voyons déjà que ce que les ethnologues traduisent par ce terme peut avoir des sens très différents. C'est un sujet intéressant et délicat, qui mériterait d'être creusé davantage. « Beaucoup » peut vouloir dire, comme dans l'exemple précédent, ce qui ne peut être inclus dans une liste de nombres, mais peut cependant être signalé par des appariements ; il signifie probablement en même temps « et ainsi de suite », comme nous l'avons suggéré pour les insulaires du détroit de Torres. « Beaucoup » peut être aussi une ou plusieurs hiérarchies quantitatives sans signalisation, dépendantes du type d'objets, comme chez les Andaman, un peu comme nous dirions, s'agissant du sable : une pincée, une poignée et un tas. Inversement, il peut exister des « beaucoup » qui sont désignés par des nombres, ce qui semble être le cas chez les Munduruku de la région amazonienne (Pica et coll., 2004 ; Pica et Lecomte, 2008). Ce peuple a des noms de nombres assez classiques (« une poignée » pour cinq jusqu'à « quatre poignées » pour vingt) avec en outre ce que Pierre Pica appelle des noms de « nombres parallèles », comme « trois de chaque côté[1] » par exemple. Cependant les Munduruku ne comptent – difficilement, avec ennui et répugnance[2] –, que si on leur demande explicitement ; à la question « combien » ils préfèrent répondre par une approximation, comme « une main », « plus qu'une main », ou « tous les doigts des mains et encore un peu ». Il est erroné, à mon avis, de parler à ce sujet de nombre approximatif ; nous avons là en réalité des « beaucoup », mais exprimés avec des noms de nombres, ce qui ne diffère pas dans le principe des « beaucoup » couramment utilisés de nos jours, tels que « une dizaine », « une douzaine », « une quinzaine », « une vingtaine », « il y a trente-six façons de le faire », etc.

---

1   En prononçant ce vocable, l'interlocuteur montre trois doigts à chaque main. Cependant, nous dit Pica, il ne s'agit pas vraiment du nombre six, car la connotation de symétrie (« de chaque côté ») est principale. Pourquoi cette restriction, alors que l'utilisation de symétries est très répandue dans l'expression des nombres, que ce soit sous forme de mot, de signes graphiques ou de gestes ? Voir en particulier (Zaslavsky, 1973).

2   Les vidéos mises en ligne par Pierre Pica sont éloquentes !

S'agissant des amorces de systèmes, on en connaît un grand nombre, très semblables dans le principe à ceux que nous venons de mentionner, la seule différence étant que certains vont « plus loin » que d'autres. Certains Yanoama d'Amazonie disent « un » et « deux », et parfois seulement « deux-un » et « deux-deux » pour continuer, mais en général ils ne font que montrer le total avec les doigts (Closs, 1990-a) ; indice de la difficulté d'ériger un système, c'est-à-dire de concevoir plusieurs multiplicités en une seule ? Chez les Bacairi du Matto Grosso (*id.*), on a *tokale* et *ahage* pour « un » et « deux » respectivement. On compte avec le petit doigt de la main gauche en disant *tokale*, puis on saisit l'annulaire en le joignant au petit doigt et en disant *ahage* ; on continue avec le majeur en prononçant *ahage-tokale*, et ainsi de suite jusqu'à *ahage-ahage-ahage* avec le petit doigt de la main droite. Contrairement à ce que font les gens des îles Andaman, on ne se contente donc pas de scander « et ceci », puisqu'à chaque saisie de doigt on donne un nom qui résume tout le processus antérieur, affirmant donc à la fois le caractère cardinal et le caractère ordinal de l'énonciation. La particularité des Bacairi, c'est qu'ils ne vont pas au delà de *ahage-ahage-ahage* ; ils continuent au besoin avec les doigts restants de la main droite, mais en prononçant uniquement « celui-ci » à chaque fois. Toujours dans le Matto Grosso, les Bororo (*id.*) vont plus loin que les Bacairi, au moins jusqu'à dix, en prononçant l'équivalent de « deux-deux-deux-deux-deux » : on ne peut guère continuer ainsi, d'où la nécessité d'adapter le « matériau » de la collection-type (ici doigts et orteils) avec des unités d'ordre supérieur : main et homme. Le problème se pose pour toute collection-type ; les solutions vont du bricolage opportuniste à l'élaboration d'un véritable système.

ADAPTATIONS ET INTERPÉNÉTRATIONS DES COLLECTIONS-TYPES

Les divers matériaux (cailloux, nœuds dans une corde, baguettes, entailles, parties du corps) ne sont souvent à l'origine que des représentations de quanta. Le signe certain de leur transformation en collection-type, c'est-à-dire en représentation de nombres, est l'existence d'une échelle d'unités clairement matérialisées ; si les premiers pas sont ambigus, nous l'avons constaté, les progressions ultérieures n'ont rien de mystérieux.

CAILLOUX, CORDES NOUÉES, BAGUETTES, ENCOCHES

Parmi les humbles *cailloux*, on peut par exemple en choisir des blancs, des rouges et des noirs pour représenter respectivement 10, 100, et 1000 comme dans un royaume africain du XIXᵉ siècle où il s'agissait de dénombrer des soldats (Zaslavsky, 1973, p. 96). On connaît aussi la fortune des cailloux, devenus jetons ou petites boules comme instruments de calcul à l'aide d'abaques, où ils désignaient des unités différentes suivant la colonne où on les plaçait ; bien connues au Moyen Âge européen et durant la Renaissance, les abaques ont eu leur équivalent avec les bouliers en Chine à partir du XIIIᵉ siècle. On possède d'authentiques abaques romaines, mais en ce qui concerne des abaques grecques, nous n'avons que seulement des témoignages littéraires[1] ; les rares documents iconographiques grecs, la Table de Salamine et le vase dit de Darius, ne font pas l'unanimité quant à leur interprétation (Heath, 1981, vol. 1 p. 48-51). On peut supposer l'existence d'abaques égyptiennes[2], et enfin nous ne savons rien d'éventuelles abaques sumériennes ou mésopotamiennes. On constate seulement que la région qui va du Levant à l'Iran a livré aux archéologues des milliers de jetons d'argile de formes précises (cônes, sphères, cylindres, disques, tétraèdres), dont les plus anciens remontent à la fin du IXᵉ millénaire ; mais que, pendant la période préhistorique, ces formes aient pu signaler des regroupements d'unités n'est qu'une hypothèse (Nissen et coll., 1993, chap. 4).

Les *cordes nouées* se sont développées en quipus, dont le principe est que les nœuds indiquent des unités diverses décelables suivant leur

---

1   Un personnage des *Guêpes* d'Aristophane dit à son père qu'il est plus facile de calculer une somme avec les doigts qu'avec des cailloux (Heath, 1981, vol. 1 p. 48).

2   « Les Grecs écrivent et disposent les jetons qui servent à calculer en déplaçant la main de gauche à droite : les Égyptiens vont de droite à gauche, et ce faisant ils assurent qu'ils écrivent à l'endroit, les Grecs à l'envers » (Hérodote, 1964, p. 156). On notera toutefois que le passage d'Hérodote (*L'Enquête* II-36) est consacré à l'écriture égyptienne, et qu'à lire la traduction française ci-dessus il n'est pas absolument certain que la disposition des jetons concerne également les Égyptiens.

emplacement, grâce à un agencement savant de cordes principales et secondaires ; on cite généralement le cas des quipus des Incas parce qu'il est le plus élaboré, mais le procédé fut utilisé en beaucoup d'autres endroits (Menninger, 1977, p. 252-256).

Nous avons vu chez les Kwakiutl et les Pomo comment des *bâtonnets* se spécialisent suivant leur taille ou avec des encoches pour noter des unités d'ordre supérieur. Un développement plus avancé est connu dans la notation chinoise antique, où les nombres d'unités, de dizaines, de centaines, etc. étaient indiqués par le nombre correspondant de baguettes, mais disposées horizontalement pour les unités, verticalement pour les dizaines, à nouveau horizontalement pour les centaines et ainsi de suite.

Les *message-sticks* des aborigènes d'Australie sont faits *d'encoches*, dont certaines représentent des quanta, mais sans que ces encoches se diversifient pour signaler des unités d'ordre supérieur. Chez les Iqwaye de Papouasie-Nouvelle-Guinée au contraire, une grande encoche représente deux petites. Diversifiées ou pas, les encoches, on le sait, se développèrent en une technique universelle de comptabilité connue sous le nom de taille. Elle avait encore force de loi selon le Code Civil français de 1804, et il fallut rien de moins que le grand incendie de Westminster en 1834 pour que les bâtons entaillés disparaissent définitivement de la comptabilité d'état britannique. Ces respectables *tallies* anglais étaient codifiés depuis la fin du douzième siècle pour la représentation des unités d'ordre supérieur : une encoche de la largeur de la main pour 1000 livres, de l'épaisseur du pouce et courbée pour 100 livres, et ainsi de suite jusqu'à une simple incision sans enlèvement de bois pour un penny (Menninger, 1977, p. 238).

LE CORPS HUMAIN

Le comptage avec les doigts, antédiluvien, s'est lui-même développé en Occident à l'initiative des Romains en un système de compte utilisé jusqu'au XVIe siècle, avant de disparaître lorsque l'usage des chiffres indiens se généralisa. Nous le connaissons grâce à la description qu'en donne le moine bénédictin anglais Bède le Vénérable (672-735). Les doigts sont spécialisés de façon à pouvoir désigner par des pliages variés les nombres de 1 à 9 999 :

Main gauche		Main droite	
Unités	Dizaines	Centaines	Milliers
Auriculaire, annulaire, majeur	Index, pouce	Pouce, index	Majeur, annulaire, auriculaire

Il est raisonnable de penser que les calculs se faisaient sur l'abaque et que le système digital servait seulement à conserver le résultat intermédiaire (Menninger, 1977, chapitre « *Finger Counting* »).

Mais le développement le plus décisif, parce qu'il a probablement modelé les systèmes actuels, est celui des listes de parties du corps. Nous connaissons déjà des listes purement extensives, principalement en Australie et en Nouvelle-Guinée, peut-être disparues ailleurs en ne laissant derrière elles que quelques traces. Utilisées pour fixer des rendez-vous, mais aussi pour des appariements ordinaires, chaque élément de la liste (épaule gauche, par exemple) peut représenter une date (rendez-vous dans dix jours) et une durée (dix jours), donc un ordinal et un cardinal. C'est leur avantage par rapport aux objets comme des cailloux, des baguettes ou des nœuds, lorsqu'ils sont indifférenciés. Leur inconvénient est qu'elles sont très limitées, en général à une vingtaine de parties sur une ligne allant du petit doigt d'une main au petit doigt de l'autre, en passant par les poignets, les coudes, etc. ; pour aller au delà, on pourra prendre tout ce qui tombe sous la main, des baguettes, d'autres parties du corps… en risquant de perdre du même coup l'avantage de la représentation du total par un seul objet. Il paraît plus rationnel d'utiliser une deuxième fois la même liste en recommençant au début : procédé fréquent d'après Glen Lean, qui malheureusement ne donne pas de détail plus concret (Lean, 1992, chap. 2).

On en sait un peu plus avec les Oksapmin de Papouasie-Nouvelle-Guinée grâce aux enquêtes menées par G. B. Saxe (2012). La liste compte vingt-sept éléments, du pouce d'une main (1) au petit doigt de l'autre (27), avec pour élément central le nez (14) (Fig. 8). L'auteur ne fait aucune référence à une utilisation temporelle (rendez-vous, lunaisons ou autres). Un nombre d'objets est indiqué par la partie correspondante : « avant-bras » pour 7, « avant-bras » avec un préfixe signifiant à peu près « de l'autre côté » pour 21. Lorsqu'il y a plus de vingt-sept objets, on repart dans l'autre sens : « poignet » (28), « avant-bras » (29), et il faudra donc un nouveau déterminatif comme « en remontant » pour préciser.

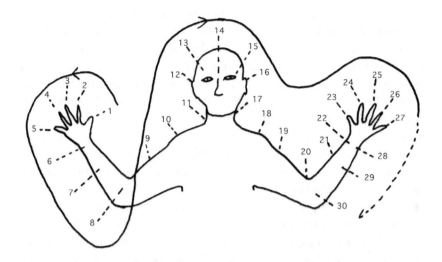

Fig. 8 – Liste extensive de parties du corps chez les Oksapmin (Papouasie-Nouvelle-Guinée). Dessin de l'auteur d'après Saxe, 2012, *Cultural Development of Mathematical Ideas*, Cambridge University Press, fig. 29, p. 76.

Le procédé ne peut donc s'appliquer qu'à des collections réduites. Aucun germe d'unité d'ordre supérieur ne se laisse deviner, rien ne fait penser à un système numérique en voie de formation : une fois arrivé au bout (« petit doigt » = 27), on recommence avec un nouveau déterminatif (« poignet en remontant » = 28) et non pas avec quelque chose comme « corps-pouce » (27 + 1). Le seul signe de système potentiel est dans une liste des noms de nombres, réduite à cinq éléments, où « quatre » se dit « deux-deux ». Ces noms n'ont rien à voir avec les noms des doigts de la liste corporelle, et il n'y a aucune contact entre les deux types de listes, contrairement à ce que nous avons constaté parfois (chapitre précédent).

S'il est certain que les matériaux indifférenciés (cailloux, nœuds, baguettes, entailles) ont muté comme nous l'avons décrit en collections-types différenciées pour noter les unités d'ordre supérieur, nous sommes en revanche réduits, faute d'exemples suffisamment nombreux, à des conjectures quant à l'évolution des listes extensives de parties du corps. La seule certitude, c'est qu'un système savant sur le modèle du corps humain a existé partout dans le monde, avec des « cinquaines » (mains et pieds) et des vingtaines (personne) ; nous le désignons par « main-pied-homme », système dont nous connaissons déjà un exemplaire d'une régularité parfaite chez les Iqwaye de Papouasie-Nouvelle-Guinée. La question qui vient immédiatement à l'esprit est celle du lien entre ces deux utilisations du corps, et en particulier d'une éventuelle mutation de listes corporelles extensives en système savant. Ailleurs qu'en Australie et en Papouasie-Nouvelle-Guinée, les listes extensives soit n'ont jamais existé[1], soit ont disparu ; en Australie et en Papouasie-Nouvelle-Guinée, elles coexistent parfois avec des systèmes « main-pied-homme » embryonnaires. Chez les Oksapmin, la liste extensive survit sans se transformer[2].

À défaut de signes évolutifs incontestables, nous avons quelques exemples d'imbrication de listes extensives et d'embryons de système savant. Tel est le cas, difficile à interpréter, des Abau de Papouasie-Nouvelle-Guinée (Lean, 1992, chap. 2), où « nombril », « poitrine » et « œil », pourraient être des lambeaux d'une liste corporelle extensive insérés dans un système de noms par ailleurs fondé sur des paliers de 5 :

1 à 5	« petit doigt » de la main gauche à « pouce »
6	« main un nombril »
7	« main un poitrine deux »
8	« main un poitrine deux nombril »
9	expression signifiant : une main et les doigts de l'autre sauf le pouce
10	« main deux »
11	« main deux nombril »
12	« main deux poitrine deux »
13	« main deux poitrine deux nombril »
14	« main deux poitrine deux nombril œil un »
15	« main deux pied un »
20	« main deux pied deux »

1   À moins de faire entrer dans cette catégorie un compte rituel des Dogon, qui énumère neuf parties du corps, puis les dix doigts et enfin le nombre trois (nombre mâle), pour obtenir le nombre 22, « nombre clé de l'univers ». (Calame-Griaule, 1985).
2   Je ne tiens pas compte des transformations artificielles qui pourraient émerger des tests d'addition et de soustraction auxquels l'enquêteur soumet les Oksapmin.

Voici encore les Orokolo, toujours en Papouasie-Nouvelle-Guinée, avec leurs noms de nombres de un à dix qui sont les dix premiers éléments (pouce, index, ..., petit doigt, poignet, ..., épaule) d'une liste corporelle qui en comporte 27 (Wolfers, 1969). Mais pour compter à partir de 10, on change de modèle : 10 lui-même qui était « épaule » se dit maintenant « les mains côte à côte », 11 est l'équivalent de « dix et un » et ainsi de suite.

Il est raisonnable de conjecturer que pour briser la limitation naturelle des listes corporelles, lorsque celles-ci préexistaient, le principe fécond de multiplication des mains (avec « main » = 4 ou 5) fut généralement introduit, en l'accordant plus ou moins intelligemment avec la liste extensive ou en mettant celle-ci au musée. Le cas mentionné plus haut des Bororo (Brésil), est peut-être éclairant quant à une possibilité de transition d'une liste extensive au mode main-pied-homme (Closs, 1990-a). Un premier rapport de 1894 indique que l'on compte les objets en les regroupant par deux et en examinant ses doigts avant de donner le total ; l'indication est certes sommaire, mais elle fait penser à la relation de Aufenanger sur les Ayom de Nouvelle Guinée, suivant laquelle on dénombre les objets deux par deux en suivant en même temps une liste extensive de parties du corps, et en prononçant l'équivalent de « ces deux » à chaque paire. Un second rapport de 1942 mentionne des noms de nombres du type 1, 2, 2-1, et ainsi de suite jusqu'à 2-2-2-2-2 à l'exception de cinq qui se dit à peu près « main » ; mais en temps ordinaire, nous dit-on, on se contente de montrer les doigts concernés en disant « ainsi » ou « seulement autant que cela » pour moins de dix, « mes mains ensemble » pour dix et on continue avec les orteils. Un troisième rapport de 1950, enfin, fait état d'une autre liste, autosuffisante cette fois-ci puisqu'on se dispense d'accompagner les mots par le geste d'exhiber les doigts et les orteils. La voici :

1	Un seul
2	Une paire
3	Une paire et celle dont il manque le partenaire
4	Paires ensemble
5	Autant que dans ma main entière
6	Une expression qui indique le changement de main

7	Ma main et un autre avec un partenaire
8	Mon doigt du milieu
9	Celui à côté de mon doigt du milieu
10	Mes doigts tous ensemble
13	Celui du milieu de mon pied
15	Mon pied est fini
20	Votre pied, autant qu'il y en a avec votre pied
21	On recommence
22	On recommence, deux d'entre eux

Nous avons là un très beau *patchwork*. De un à quatre, les mots reflètent directement l'ancien comptage par paires. Les mots pour huit, neuf et treize ne sont pas des expressions cardinales comme le serait « une main et trois de l'autre main » pour huit, mais des expressions ordinales puisqu'elles indiquent le nom du dernier doigt, dans l'esprit des listes purement extensives de parties du corps. Une fois que la liste est épuisée avec les deux mains et les deux pieds, on recommence, au lieu de nommer une nouvelle unité « personne », et cela aussi est dans l'esprit des listes extensives comme nous le savons. Enfin, les expressions cardinales sont dominantes. Peut-on déduire de cela une progression des Bororo depuis un système 1, 2, 2-1, 2-2, etc. éventuellement associé par des gestes à une liste corporelle, jusqu'à une liste purement verbale qui serait elle-même un système main-pied-homme en voie de formation ? L'hypothèse est tentante, on a même très envie de la généraliser, mais les exemples de ce type sont trop peu nombreux et trop fragmentaires. Une telle évolution serait logique, c'est tout ce que l'on peut dire ; on ne pourra probablement jamais en dire davantage.

LE SYSTÈME MAIN-PIED-HOMME

Il est extrêmement répandu. Avec les doigts et les orteils, il présente ce qui peut s'apparenter à des éléments indifférenciés comme des bâtonnets ; mais avec les mains et les pieds on a des regroupements naturels du premier ordre, et enfin avec « homme » un regroupement du second ordre. On continue plus ou moins loin avec des « hommes », éventuellement jusqu'à « homme-homme » pour 400 et au delà. Tel est le système pur et complet ; dans la réalité, nous le savons déjà, il y a une grande variété d'organisations internes et d'hybridations avec d'autres collections-types.

VARIANTES

Les noms des premiers nombres, de un à quatre en général, sont la plupart du temps d'origine obscure. Il arrive comme chez les Bororo d'Amérique du Sud ou les Iqwaye de Papouasie-Nouvelle-Guinée que l'on y devine un groupement par paires. Il arrive aussi que certains des noms des quatre premiers nombres consistent en une description du doigt concerné. Ainsi chez les Zuñi, en 1892, d'après Cushing (Conant, 2007, p. 26) :

1	2	3	4	5
Pris pour commencer	Pris avec	Le doigt qui divise également	Tous les doigts sauf un	L'entaillé

On peut se livrer aussi à une analyse philologique et trouver parfois « égal », « mains » ou même « pieds » à l'origine du nom du nombre deux ; « trois » semble révéler quelquefois « plus », ou « beaucoup ». On peut encore avoir des origines tout à fait fortuites : d'après un missionnaire du XVIIIe siècle (*ibid.*, p. 40), le « quatre » des Abipones (en Argentine actuelle) veut dire « orteils d'autruche » et le « cinq » est formé du nom d'une peau tachetée de cinq couleurs, mais il se dit aussi « doigts d'une main ».

Les noms des nombres au delà de cinq peuvent encore être non-composés jusqu'à neuf ou dix, et le reste est fait de noms composés avec « mains », « pieds » et « homme » : telle est la tendance générale, et bien que les cas particuliers soient légion, nous n'ennuierons pas trop longtemps le lecteur avec cela. Par exemple, « main » peut être le nom de quatre et pas de cinq comme chez les Kewa ; dans une île de Micronésie au XIXe siècle, « homme » signifiait dix et non vingt, « deux-hommes » voulait dire vingt, etc. (*ibid.*, p. 43). Conant cite même des cas où « homme » voulait dire cinq d'après des rapports du XIXe siècle concernant la Tasmanie et l'Amérique du Sud.

Les trois regroupements « main », « pied » et « homme » ne figurent pas nécessairement tous. Il est possible que seules les mains entrent en jeu ; chez les Betoya d'Amérique du Sud (*ibid.*, p. 80), 5, 10, 15 et 20 se disent respectivement « une main », « deux mains », « trois mains », « quatre mains », et un intermédiaire comme 16 se dit « trois mains et un ». On peut avoir aussi « main » pour cinq, un nom qui ne signifie pas « deux mains » pour dix, puis « deux dix » pour vingt et la suite comme un système décimal (Lean, 1992, chap. 3). Lorsqu'en outre les pieds interviennent, ce n'est qu'un changement de mot : du point de vue de la constitution du système, les deux pieds sont deux mains supplémentaires. L'un des plus remarquables, de par son obstination à en rester aux mains et aux pieds malgré la lourdeur qui en résulte très rapidement, est celui des Luiseño de Californie tel qu'on le connaissait au début du XXe siècle (Dixon et Kroeber, 1907 ; Closs, 1990-a). On a des noms non-composés de 1 à 5 ; cinq ne se dit pas « main », mais il intervient dans la suite soit sous son nom propre, soit sous le nom de « main ». Voici la liste des noms, avec les variantes éventuelles :

6	« encore un », « cinq un en plus », « main finie un doigt »
8	Comme ci-dessus, avec « trois » à la place de « un »
10	« mes mains finies », ou bien comme ci-dessus avec « cinq » à la place de « trois »
11	« deux fois cinq et un de plus », « un doigt à côté de mon autre main »
15	« mes mains finies et un pied »
16	« un orteil à côté de mon pied », « trois fois cinq et un de plus »
20	« un autre pied fini », « quatre fois cinq »
21	« un doigt à côté de mon autre pied »
25	« mes mains et mes pieds finis et un autre cinq »
30	« cinq fois cinq, cinq de plus »
40	« deux fois mes mains et mes pieds finis », « mes mains et mes pieds finis et de nouveau mes mains et mes pieds finis »
71	« cinq fois cinq, un autre cinq fois cinq, et quatre fois cinq, un de plus »

80	« quatre fois mes mains et mes pieds finis »
100	« cinq fois mes mains et mes pieds finis »
200	« de nouveau mes mains et mes pieds finis »

En général, la mécanique du système main-pied-homme est additive dans le sens où cinquante, par exemple, sera « deux hommes et deux mains ». Mais il y a des cas où la dénomination se fait en fonction du palier supérieur, soit sous la forme « *x* unités avant ce palier », soit sous la forme « *y* unités dans ce palier ». Nous avons déjà rencontré cette technique à plusieurs reprises dans d'autres systèmes, en Papouasie-Nouvelle-Guinée et chez les Amérindiens. Voici la liste de certains Maidu de Californie au début du XXe siècle (Dixon et Kroeber, 1907 ; Closs, 1990-a), dans la traduction qu'en donnent Dixon et Kroeber ; on a des noms non composés de un à quatre, cinq est peut-être « main », puis :

6	3 double
7	5-2
8	4 double
9	4 vers 10
10	Main double
11	1-flèche (?)
12	2 vers 1-flèche (?)
13	3 vers 15
14	4 vers 15
15	*Hiwali* (sens inconnu)
16	1 vers homme-1
17	2 vers homme-1
18	3 vers homme-1
19	4 vers homme-1
20	Homme-1
30	10 vers 2-homme
40	2-homme
50	10 vers 3-homme
60	3-homme

70	10 vers 4-homme
80	4-homme
90	10 vers 5-homme
100	5-homme

Le nombre 9 est donc décrit en substance comme « quatre dans la deuxième cinquaine », 13 comme « trois dans la troisième cinquaine » et ainsi de suite. Nous avons déjà rencontré ces paliers de cinq et de vingt chez les Pomo de Californie, avec la différence qu'il n'est question chez ceux-ci ni de « main » ni d'« homme », mais de *cal*, dont l'étymologie est inconnue, et de « bâtons » ; mais la mécanique est la même, et ses difficultés aussi. Comme pour la liste des nombres des Pomo, Dixon et Kroeber ne donnent en effet de la liste Maidu que les noms de dix en dix à partir de vingt, et la question se pose des noms de nombres intermédiaires. Comment dire, par exemple, 59 dans un tel système ? Si les paliers de cinq subsistent entre 20 et 100, on pourra dire « 4 vers 3-homme » pour indiquer quatre degrés dans la cinquaine entre 55 et 60, de la même manière que 19 se dit « quatre vers homme-1 ». Il serait plus difficile d'exprimer 69 : suivant le même modèle, comme 70 se dit « 10 vers 4-homme », il faudrait énoncer « 4 vers 10 vers 4-homme », expression qui prête à confusion. Mais la question se pose-t-elle réellement ? Nous en savons assez dès maintenant pour comprendre que le nombre ne se constitue pas une unité après l'autre, à la Peano, mais avec quelques noms pour les premiers éléments et des paliers, c'est-à-dire des multiplicités transformées en unités ; qu'il puisse y avoir des difficultés pour nommer les intermédiaires est un inconvénient mineur. On pourra toujours les montrer plus directement.

Tels sont quelques-uns des systèmes d'origine explicitement corporelle, avec leurs paliers de 5, 10 ou 20 et leurs associations diverses. On peut remercier les ethnographes de nous en avoir relaté un si grand nombre, et les compilateurs comme Tylor, Conant et Lévy-Bruhl d'avoir rassemblé cette documentation[1], nous fournissant ainsi la preuve que les doigts et leurs regroupements naturels furent un modèle très généralement adopté pour constituer le nombre. Peut-on en inférer que l'écrasante majorité

---

[1]   (Tylor, 1871, chap. 7 ; Conant, 2007 ; Lévy-Bruhl, 1910 ; chap. 5). Ces trois ouvrages souvent regardés de haut de nos jours constituent encore une source documentaire indispensable.

des systèmes d'hier et d'aujourd'hui, avec leurs paliers de 5, 10 ou 20 et la variété de combinaisons de ces paliers, trouvent leur origine dans ces regroupements corporels, même si toute trace philologique ou autre de cette origine a disparu? La réponse est oui, ... très probablement.

LE SYSTÈME MAIN-PIED-HOMME
EST L'ORIGINE PROBABLE DE NOS SYSTÈMES ACTUELS

En l'absence d'écriture, les regroupements en unités d'ordre supérieur doivent avoir un répondant concret pour fixer les idées. Or, il y a une variété infinie de tels objets dans la nature. Chez les Abipones d'Amérique du Sud, où quatre se dit « orteils d'autruche », cet animal, qui a deux doigts à chaque patte, aurait été tout à fait apte à fournir un modèle de regroupement et donner ainsi naissance à la séquence : 1, patte, patte-1, patte-patte = autruche (4), autruche-1 (5), ..., patte-autruche (8), ..., autruche-autruche (16), etc. On peut imaginer un développement du même genre avec l'insecte et ses six pattes, l'oiseau et ses trois organes de vol (les ailes et la queue), les nervures de telle feuille qui a une importance médicinale ou autre, telle fleur et ses pétales. Le corps humain lui-même est susceptible de regroupements variés. Il est quatre par ses quatre membres, la tête est sept par ses sept ouvertures ; chez les Dogon, nous le savons, il est trois en tant que mâle ou quatre en tant que femelle.

On pourrait penser encore à des éléments rituels comme les quatre points cardinaux qui jouent un rôle central dans les rituels amérindiens. Cela donnerait un palier de quatre, ou bien de cinq si aux quatre orients on ajoutait le centre ou le zénith, ou encore de six si avec les quatre premiers on prenait le zénith et le nadir, ou enfin de sept si en outre le centre se mettait de la partie. Aucune influence de ce type sur la constitution des systèmes numériques n'est décelable ; en Amérique par exemple, le caractère « sacré » de quatre voisine avec des paliers de 5, 10 et 20 dans la quasi totalité des cas.

Il y a donc surabondance de modèles naturels possibles avec des paliers et des sous-paliers numériques de valeurs diverses, et pourtant seules, ou à peu près, les valeurs 5, 10 et 20 se sont imposées. Même les paliers de quatre, au lieu de cinq, proviennent presque toujours de la mise à l'écart du pouce et donc du choix de « main » pour quatre. Nous l'avons déjà constaté en Papouasie-Nouvelle-Guinée chez les Kaugel et les Melpa, et Glen Lean mentionne 13 autres cas dans cette région. Les

Kewa de la même région disent « pouce » pour cinq, « 2 pouces » pour
six, « trois pouces pour sept », « deux mains » pour huit, « deux mains
trois pouces » pour 11 et « trois mains » pour 12. D'après Kroeber, trois
peuples amérindiens de Californie ont des paliers de quatre : les Yuki,
les Salinan et les Chumash (Kroeber, 1925). Ce pourrait bien encore
être une machinerie digitale si l'on en croit Kroeber : il affirme que
les Yuki mettent une paire de brindilles dans chaque espace entre les
doigts, d'où le morphème « main » dans le nom de huit, et il ajoute
qu'ils utilisent très habilement cette méthode, mais « quand on leur
demande de compter sur les doigts comme leurs voisins, ils deviennent
très lents et commettent de fréquentes erreurs. » Une autre exception
est constituée par les paliers de six sans explication connue : Glen Lean
recense cinq cas, et il n'y a pas d'autre exemple conséquent ailleurs, à
ma connaissance.

Voilà pour les exceptions. D'une part, donc, il y a surabondance
de modèles naturels (y compris corporels) possibles, et par conséquent
une surabondance de paliers envisageables ; d'autre part, à très peu
d'exceptions près, les seuls paliers qui ont pris racine sont les paliers
de 5, 10 et 20. Il est donc quasiment certain que si modèle naturel il y
a, celui-ci est le corps humain.

D'un autre côté, tout concourt, dans l'usage et le développement
des systèmes fabriqués à l'image du corps, à la disparition de toute ou
partie des références à celui-ci. C'est le cas de presque tous les systèmes
à tendance vigésimale qui subsistent encore : en Europe dans les langues
d'origine celtique (gaélique, gallois, mannois, breton), en danois (les
traces de système vigésimal dans la langue française datent du XIe siècle
et sont dues aux contacts avec les nouveaux venus Normands) et dans les
langues caucasiennes, en Afrique (Igbo et Yoruba[1]), en Asie (Aïnous à
l'extrémité orientale de la Russie et au Japon). L'effacement de l'origine
corporelle est d'ailleurs inévitable lorsque le système est vraiment utilisé.
Lorsqu'on dénombre en effet par « homme », c'est-à-dire par paquets
de 20, on peut bien avoir des hommes à disposition, comme chez les
Mafulu de Papouasie-Nouvelle-Guinée où pour exprimer 83, quatre

---

1   Pour Samuel Johnson, le prêtre anglican africain de la deuxième moitié du XIXe siècle
     à qui nous devons la connaissance des nombres yorubas de l'époque, « il ne fait pas de
     doute » qu'il s'agit d'une numération issue du modèle main-pied-homme, malgré l'absence
     de preuves directes (Johnson, 1921 ; Zaslavsky, 1973, p. 204).

hommes étaient assis avec leurs mains et leurs pieds réunis tandis qu'un cinquième homme restait debout avec le pouce et deux doigts de sa main droite repliés (Wolfers, 1969). Mais il est clair qu'avec une pratique intensive, on remplacera les hommes par des marques quelconques, et comme il faut dénombrer ces marques pour avoir le total, il est possible que le nom de l'objet marqueur finisse s'imposer à la place de « homme ». C'est ainsi que « vingt » peut être « bâton » comme chez les Pomo de Californie dont nous avons souvent parlé. Mais il y a une raison plus profonde, liée à la logique du système, qui se fait jour dès que des grands nombres entrent en jeu. Tant que l'on ne dépasse pas quelques multiples de 20, l'image concrète de « homme » avec ses 20 doigts peut être utile : l'expression peut être fort encombrante, mais elle a l'avantage de l'image encore présente et lisible en cas de difficulté de manipulation des regroupements. Arrivés à 400, on peut encore se représenter « homme – homme » comme « autant de doigts qu'il y en a sur autant d'hommes que mes doigts », mais il est clair qu'à ce niveau la représentation concrète est plutôt un obstacle qu'une aide à la représentation de l'échelle des unités ; pour en maîtriser la mécanique, il devient indispensable de se débarrasser de toute référence concrète au profit d'un schéma de répétition purement formel, l'un des moyens envisageables étant de changer le vocabulaire. Pour les unités d'ordre supérieur, « homme-homme-homme » et ainsi de suite, il ne peut plus être question de représentation ; mais en plus, la dénomination des ces unités par répétition est un nouveau type d'obstacle que l'on détourne en inventant un vocabulaire spécifique[1], car il est inadéquat et contre-productif de désigner par une longue liste de mots ce qui doit impérativement être conçu comme « un ». On a un bel exemple avec le système maya (Closs, 1990-b), le plus développé que nous connaissions parmi les systèmes vigésimaux ; le nom du nombre 20 varie suivant les dialectes, et dans l'un d'entre eux il signifie homme, dernier témoin d'une origine lointaine. Le système se développe régulièrement jusqu'à 20^6, et en maya yucatèque les puissances de 20 ont pour noms respectifs :

---

1   Comme dans tout système de dénomination des nombres. Comme il y a nécessairement un plus grand parmi les nombres ayant un nom non composé, par exemple milliard, on ne peut continuer qu'avec des milliards de milliards, puis des milliards de milliards de milliards et ainsi de suite, à moins d'inventer de nouveaux mots, lesquels conduisent à de nouvelles répétitions. C'est une course sans fin.

hun kal, hun bak, hun pic, hun calab, hun kinchil, hun alau, où *hun* veut dire « un », et *kal, bak*, etc. des choses diverses, dénotant ainsi une liste hiérarchique de « uns ». On sait parfois déchiffrer ces « choses » ; pour 20, quand ce n'est pas « homme », on pense pouvoir le dériver de « attacher » ou « empaqueter » et le nom de 20^3 proviendrait de « sac ». En nahuatl, la langue des Aztèques encore parlée au Mexique, la racine « main » est décelable dans les noms de cinq et de dix ; le nom de 20 est « un groupe compté », 20^2 est « cheveux » ou « herbe du jardin » et 20^3 est « sac » comme dans un dialecte maya.

LE CALCUL

Nous voyons que partout dans le monde archaïque, le nombre, que ce soit par son expression orale (les noms de nombres) ou matérielle (nœuds, encoches, bâtonnets…), se constitue, après les premiers éléments, par des paliers et une organisation autour de ceux-ci : certains nombres sont « un », plusieurs de ces « uns » sont un autre « un » et ainsi de suite dans une échelle de « uns », et c'est à l'intérieur de celle-ci que les autres nombres se déterminent. Cette loi universelle connaît une grande diversité d'applications, avec des échelles plus ou moins cohérentes et d'ampleurs variées, ainsi que des types différents de référence aux paliers, nous en avons vu des exemples significatifs dans ce chapitre et dans le précédent.

Mais toujours, *constituer ou montrer le nombre au moyen d'une échelle de « uns » et d'une mécanique de positionnement dans cette échelle, c'est faire du calcul.* Dans la plupart des cas, nous avons affaire à un calcul cumulatif dans le sens où il désigne le nombre par les unités des divers ordres qu'il contient, comme dans notre système décimal ou dans « deux hommes et deux mains » pour cinquante. L'autre méthode de calcul, minoritaire mais très loin d'être négligeable, pourrait être qualifiée de régressive dans le sens où le nom du nombre indique ce qui manque pour arriver à l'unité d'ordre supérieur, ou bien désigne directement l'intervalle où il se trouve dans l'échelle des unités, comme « deux mains du troisième homme » pour cinquante. Nous avons constaté plusieurs fois cette méthode, en Nouvelle-Guinée et chez des Amérindiens. Un autre exemple notable est celui des Aïnous où la méthode est partiellement appliquée (Conant 2007) ; chez les Yoruba d'Afrique, elle l'est systématiquement (Johnson, 1921 ; Zaslavsky, 1973, p. 204-208).

Si le calcul constitue le nombre comme nous venons de le montrer, sa mission se borne pour l'essentiel, dans les sociétés archaïques, à ce rôle d'instrument de constitution. On ne multiplie les dizaines ou les vingtaines avant une éventuelle addition ou soustraction de quelques unités que pour désigner un nombre donné, comme l'abréviation d'un dénombrement ; il ne viendrait à l'idée de personne de poser par exemple « un homme et quatre » comme une unité et de se demander combien font « un avant quatre hommes » de ces unités, autrement dit de multiplier 24 par 79. D'ailleurs, à quoi bon un tel casse-tête ? Sans aller jusque là, souvenons nous de Maxua, le compteur attitré des cérémonies du potlatch kwakiutl : à chaque nouveau don de couvertures, dont le montant est publiquement annoncé par l'adversaire avant d'être déposé, Maxua recompte le total au lieu de faire une addition. Lorsque le chef d'une tribu Pomo en Californie répartit un lot de poissons, il les distribue un à un jusqu'à épuisement au lieu de faire une division ; il est vrai que la même source dit que des wampum sont distribués proportionnellement à un apport initial, sans d'autres précisions, mais on peut préjuger sans risque que la soi-disant proportionnalité n'est que de l'à-peu-près.

Si le calcul n'est qu'un auxiliaire de constitution du nombre, il contient pourtant la *possibilité* objective de dépasser cette fonction subordonnée. Le fondement de la mécanique constitutive est en effet de prendre explicitement certains nombres pour des « uns ». Cependant, rien ne distingue en principe ces « uns »-là des autres nombres ; ils n'en diffèrent que par des représentations extérieures, comme « main » et « homme », qui en rendent l'unité visible. Or ces représentations, comme nous avons essayé de le montrer, disparaissent nécessairement en tant qu'images indispensables dès que la pratique s'intensifie. Si donc certains nombres peuvent être pris explicitement pour des « uns » et se démultiplier – comme tant de « mains », tant d'« hommes » –, rien ne s'oppose dans le principe à ce qu'il en soit de même pour n'importe quel nombre. D'où la possibilité de la multiplication en général : une question du genre « combien font "un avant quatre hommes" fois "un homme et quatre" ? », peu probable, est néanmoins possible. Enfin, si n'importe quel nombre peut être « un », la série des nombres prend l'aspect d'une série de « uns », donc d'une série indifférenciée, où il n'y a par conséquent pas de raison de réserver à certains « uns » (comme « main », « homme ») la possibilité d'être divisés : d'où la possibilité du calcul fractionnaire.

Il n'y a pas de véritable réalisation de ces possibilités dans les sociétés archaïques, nous l'avons déjà souligné. Tout au plus peut-on remarquer une certaine liberté calculatoire dans la mesure où les différents paliers et les différentes manières de localiser les intermédiaires autorisent plusieurs dénominations du même nombre chez un même peuple. Chez les Yoruba la dénomination régulière de 3 000 est « mille de moins que deux deux-milliers », mais « familièrement », comme l'affirme S. Johnson (1921), on dit plutôt « 15 deux-centaines » et il en va de même pour les autres grands nombres. Les Kédang d'Indonésie ont une numération parfaitement régulière de base dix, ce qui ne les empêche pas de dire dans certains cas « trois deux » au lieu de 6, « trois trois » au lieu de 9, « deux sept » pour 14, « trois cinq » pour 15 et de continuer avec des multiples de cinq jusqu'à « neuf cinq » pour 45 (Barnes, 1982). Nous verrons dans le chapitre sur la numérologie que certains peuples sans écriture dépassent le symbolisme immédiat selon lequel quatre, par exemple, se réfère directement aux quatre directions cardinales, pour s'engager dans un symbolisme spéculatif à base de calcul, mais le phénomène est marginal. Enfin s'il existe parfois un mot pour « moitié » dans les sociétés archaïques, les fractions en général et le calcul fractionnaire sont inexistants.

Pour que les possibilités dont nous avons parlé deviennent réalité, il faut une impulsion extérieure. Il faut que s'offre au nombre un nouveau domaine d'application qui rende nécessaire le calcul généralisé. Ce domaine est celui de la *mesure*. C'est un changement capital de perspective qui ne se développe pour de bon que dans les empires primitifs parce que l'organisation sociale l'exige. Dans les sociétés archaïques, on a bien des étalons de longueur pour la construction des maisons ou des canoës. Il s'agit la plupart du temps d'étalons corporels, tels ceux, typiques, des Kédang (Barnes, 1982). Les longueurs envisagées sont celles qui vont du bout des doigts à différents endroits du corps : poignet, milieu de l'avant-bras, coude, départ du biceps, milieu du biceps, fin du biceps, épaule, début de la poitrine, milieu de la poitrine, sternum, puis tous les points symétriques par rapport à ceux-ci jusqu'au bout des doigts de l'autre bras[1]. Mais il n'y a aucun rapport numérique entre ces diverses longueurs, qui par dessus le marché ne semblent sollicitées que dans le cas précis de la longueur des défenses d'éléphants, puisque pour évaluer le diamètre des gongs, par exemple, ont utilise aussi les bras, mais avec des subdivisions différentes. Pour estimer le volume d'une défense d'éléphant, occupation d'importance car il s'agit du cadeau donné à la famille de l'épousée, on mesure sa longueur, et on prend comme indice de sa section le nombre de largeurs de doigts (encore une autre unité) qui restent lorsqu'on dispose le pouce et l'index comme une clé anglaise autour de la défense. L'étalonnage qui s'en suit n'est évidemment pas le résultat d'un calcul, le lecteur s'en doute, mais il y a tout de même un étalonnage officiel dont l'unité est le *munaq* : une défense d'un *munaq* est longue comme du bout des doigts au bas du biceps, avec un doigt de large pour indice de la section. Le nombre de *munaq* obtenus suivant la longueur de la défense et l'indice de sa section n'est qu'appréciation, mais une appréciation faite semble-t-il une fois pour toutes et reconnue par tous.

L'estimation du volume des défenses d'éléphants est la plus sophistiquée des pratiques rencontrées au cours de mes explorations de la documentation sur les sociétés archaïques. On le voit, nous sommes très loin de ce qui va se développer dans les premiers empires.

---

1 Le rapprochement de cette liste d'unités de longueur avec les listes extensives de parties du corps est évidemment tentant. Ce n'est jamais spontanément le cas dans le monde des peuples sans écriture, à ma connaissance. L'enquêteur peut en revanche suggérer le rapprochement par le biais de tests, avec succès (Saxe, 2012, p. 215-222).

GÉNÉRALISATION DU CALCUL
L'un-multiple réalisé

Le nombre ne peut se constituer sans calcul, mais dans un premier temps, nous le savons, il s'agit d'un calcul dont l'objet unique est la désignation du nombre, comme 5×20 peut désigner 100 sous la forme « main-homme ». Que la généralisation du calcul soit possible résulte de la dialectique de l'un-multiple ; que cette dialectique s'impose résulte de la considération de la grandeur continue et de sa mesure. La conséquence en est le nombre véritablement « rationnel », dans un sens à préciser.

Dans les sociétés archaïques la mesure se borne à des comparaisons avec une foule d'étalons disparates. Pour observer la généralisation du calcul, l'invention de vrais systèmes de mesures et le passage au nombre rationnel, nous devons nous tourner vers les cités-états et les empires primitifs, du moins certains d'entre eux : car si par exemple nous avons une bonne connaissance des systèmes numériques des cités-états d'Amérique Centrale et même de l'empire Inca grâce à ses *quipus*, nous savons peu de choses des éventuels calculs de leurs administrateurs. De même en Inde, on ne sait rien de la gestion des cités de l'Indus (de -2400 à -1700), et les traditions mathématiques les plus anciennes, remontant à quelques siècles avant notre ère, font voir une géométrie et un calcul savant pleinement développé au service du rituel ; entre les deux, rien n'est connu. En Chine aussi, nous n'avons pratiquement rien avant les traités mathématiques de l'époque des Han (-206 à 220). Il n'en est pas de même au Moyen-Orient, avec une documentation fragmentaire en Égypte, plus riche en Mésopotamie.

PASSAGE AU NOMBRE RATIONNEL

Reprenons succintement la dialectique de l'un-multiple brièvement exposée dans le premier chapitre. Le « un » est du même ordre que « chose », ou que « ceci », qui sont en même temps « n'importe quelle chose », tout objet désigné ; par suite, « un », « chose », sont de par leur concept même « des uns », « des choses », c'est-à-dire la multiplicité indéterminée. En se déterminant, la multiplicité redevient un « un » : deux, trois, cinq sont en effet chacun une chose, un nombre. À son tour, « le cinq » en tant que « un » est « des cinq », multiplicité qui se déterminera par exemple en « quatre cinq » et ainsi de suite. Le modèle corporel illustre le processus et fait voir le choix de certains « uns » pour bâtir un système : cinq (doigts) = une (main), quatre (mains) = un (homme).

Mais ce qui a été fabriqué ainsi est unilatéral. Le fait même que les « uns » puissent être hiérarchisés met au premier plan leur différence ; autrement dit, la variété des déterminations qu'ils représentent est l'aspect principal. Or, en tant que « uns », ils sont identiques : c'est bien de le dire, mais ce n'est qu'une abstraction. L'identité ne peut acquérir un sens véritable que par la démonstration concrète du passage des « uns » les uns dans les autres. Comme on le sait, l'image utile est celle de la mesure des grandeurs continues. Le passage de quatre à cinq se « montre » en divisant une grandeur en quatre parties égales, puis en prenant cinq de ces parties ; mais il se « démontre » par l'invention de l'objet « rapport », en l'occurence 5/4.

Le nouvel objet 5/4 est une démonstration du passage de quatre à cinq dans la mesure où il s'impose dans le système, permettant d'écrire $5 = 4 \times (5/4)$ aussi naturellement que l'on écrit $12 = 4 \times 3$; permettant donc de concevoir cinq comme « des quatres » (au nombre de 5/4), ou comme « des 5/4 » (au nombre de quatre) aussi naturellement que l'on conçoit douze comme « des quatres » (au nombre de trois) ou « des trois » (au nombre de quatre). On le voit, l'intégration de 5/4 et de tout autre rapport dans le système provoque l'extension de celui-ci, au sein duquel le nouveau venu 5/4 acquiert le statut de « un » comme les autres.

Finalement, cinq est tout aussi bien quatre, et par le même raisonnement tout aussi bien n'importe quel nombre. C'est ainsi que les multiplicités déterminées sont véritablement « une » ; par là, le nombre réalise complètement l'un-multiple qui lui a donné naissance. D'où sa qualification de « rationnel », aussi bienvenue dans son sens étymologique de rapport que dans son sens plus général de « conforme à la raison ».

Dans ce chapitre, nous allons voir comment le nombre rationnel émerge en pratique, grâce à la documentation connue sur l'Égypte et la Mésopotamie antiques. Dans le chapitre suivant, nous verrons comment le même rationnel fut théorisé en Grèce antique.

ÉGYPTE

PREMIÈRES TRACES :
NOMBRE DÉNOMBRANT ET NOMBRE MESURANT

En Égypte, les plus anciens signes peut-être numériques connus à ce jour figurent sur les étiquettes d'ivoire ou de pierre trouvées dans une tombe attribuée au roi « Scorpion » près d'Abydos, datée de -3300 environ (Fig. 9) (Dreyer, 1998, p. 113-125). Trente-neuf d'entre elles portent exclusivement des marques de six à douze signes identiques, soigneusement rangés par groupes de trois, quatre ou cinq, deux autres portent uniquement une spirale qui fait penser à l'écriture hiéroglyphique du nombre 100, et enfin trois portent une spirale et une marque allongée (Fig. 9, au centre).

FIG. 9 – Étiquettes d'ivoire, avec des signes peut-être numériques.
Abydos, vers 3300 avant J.-C. Dessin de l'auteur, d'après Dreyer,
1998, *Umm El-Qaab I. Das prädynastische Königsgrab U-j und seine frühen
Schriftzeugnisse*, Darmstadt Verlag Philipp von Zabern, fig. 75 (35, 42),
p. 117, fig. 78 (42), p. 125.

En supposant que nous avons bien affaire à des nombres, on remarque que le signe ∩ pour 10 n'existe pas encore puisqu'il peut y avoir 10 et 12 marques faites respectivement de deux rangées de 5 et de trois rangées de 4. D'autres étiquettes portent, à côté d'effigies animales, un rond seul ou accompagné de deux signes allongés (Fig. 9, à droite), dont le sens est inconnu, mais auxquelles il n'y a aucune raison *a priori* de refuser une signification numérique ou métrologique. Quelques siècles plus tard, vers -3000, on a les tablettes de Nagada dans la tombe de l'épouse de Narmer, le dernier roi de la dynastie dite « zéro », avec cette fois-ci les hiéroglyphes définitifs des unités, dizaines et centaines : I, ∩, ৭.

Jusque-là, nous n'avons rien de plus que dans les sociétés sans écriture puisqu'elles aussi, nous l'avons vu, peuvent créer des marques spéciales pour divers ordres d'unités. Environ cinq siècles plus tard, avec la *Pierre de Palerme* que les scribes gravèrent au cours de la cinquième dynastie (2501-2342), un changement radical est en cours. La *Pierre de Palerme*[1], où sont inscrites les annales des quatre premières dynasties et du début de la cinquième, est l'attestation la plus ancienne[2] d'une pratique étendue du dénombrement, et de l'existence d'un système de mesures de longueurs, d'aires, et probablement de poids. On y parle en effet de « l'année du recensement du peuple décapité », du « châtiment de la Nubie, 4 000 hommes et 3 000 femmes faits prisonniers, saisie de 200 000 têtes de bétail » ; on y observe des mentions très nombreuses du type « années du $n^{\text{ième}}$ dénombrement », « première année du compte de l'or », $n^{\text{ième}}$ occurrence « du compte de l'or et des champs » ou bien « de l'argent et du lapis-lazuli ». La *Pierre de Palerme* indique pour chaque année la hauteur du Nil[3] : 3 coudées et 5 paumes, ou 2 coudées et 2 doigts, ou 3 coudées 6 paumes 3 ½ doigts[4], etc. Cela suggère que le système courant d'unités de longueurs, avec ses

---

1 Source : Clagett, 1992, p. 47-141.
2 On a découvert en 2013 sur le site du ouadi el-Jarf des documents plus anciens encore, datés d'environ -2650 (fin du règne de Chéops). Il s'agit de plusieurs centaines de fragments de papyrus en écriture hiératique (la *Pierre de Palerme* est en hiéroglyphes) dont les deux tiers sont des documents comptables, donnant par exemple les livraisons journalières ou mensuelles de denrées alimentaires pour les membres de l'équipe de travailleurs (Tallet, 2014). On attend la traduction complète.
3 On ne sait pas où se situait le point de repère pour ces mesures.
4 Le rapport est : 1 coudée = 7 paumes = 28 doigts. Il y a aussi quelques mentions de l'empan, unité qui ne figure pas dans les textes mathématiques ultérieurs. L'empan vaudrait 12 ou 14 doigts.

coudées, paumes, doigts et fractions de doigts, remonte aux débuts de la première dynastie, c'est-à-dire au tout début du IIIe millénaire. Il devait y avoir également des unités de poids, puisqu'il est question de compte d'or, d'argent et de lapis-lazuli, mais elles ne figurent pas dans le texte. L'unité de surface présente dans la *Pierre de Palerme* est le *setat* avec ses fractions, 1/2, 1/4 et 1/8, mais nous n'avons que les résultats, sans aucune information sur les procédés de mesure ; on ne sait pas si en ce temps-là, le *setat* était déjà un carré de 100 coudées de côté. Il n'y a aucune allusion à des mesures de capacités.

Au temps de la *Pierre de Palerme*, nous avons donc comme deux « espèces » de nombres, à savoir d'un côté le nombre « dénombrant » avec un système décimal sans fractions, et de l'autre le nombre « mesurant » avec des systèmes variés de mesure comportant quelques fractions. Avec ces deux domaines d'application du nombre, comprenant des variétés au sein de chacun, on pourrait s'attendre à plusieurs notations spécifiques. Il semble que ce soit très peu le cas en Égypte, pour l'essentiel, contrairement à ce qui se passe en Mésopotamie à la même époque. Il y a certes des reliquats archaïques : un nombre de mois est donné par autant de signes lunaires (Fig. 10), et une longueur de un à trois doigts est indiquée par un à trois signes de doigts. Mais il ne s'agit que de reliquats. Pour écrire « treize jours », on ne mettra pas treize fois le signe de jour, mais le signe du nombre 13 et le signe de jour, et de même pour indiquer deux coudées on mettra le signe de 2 et le signe de la coudée (Fig. 10). À partir du temps de la *Pierre de Palerme* au plus tard, donc, qu'il s'agisse d'un nombre entier d'unités de mesures ou d'un nombre d'individus, la notation générale est la même ; l'exception importante, dont on ne sait pas si elle date de cette époque, est celle du *hekat*, une unité de capacité, avec des signes spéciaux pour 5 à 10 *hekat* et pour les centaines de *hekat*. En ce qui concerne les fractions, il y a des signes spéciaux pour les fractions de *hekat*[1] et de *setat* ; les fractions de doigt, quant à elles, préfigurent la notation générale ultérieurement adoptée, avec le signe de « part » au dessus du nombre *n* pour signifier 1/*n* (voir 1/4 sur la figure 10) et des notations particulières pour 1/2, 2/3 et 3/4 (voir 3/4 sur la figure 10).

---

1   Ce sont les célèbres notations dites (sans véritable fondement) de « l'œil d'Horus », qui représentent respectivement 1/2, 1/4, 1/8, 1/16, 1/32 et 1/64 de *hekat*. Il y a en plus le *ro*, qui vaut 1/320 de *hekat*.

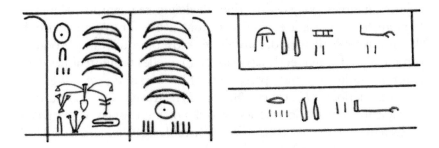

FIG. 10 – *Pierre de Palerme*. À gauche, colonne de gauche : 4 mois
et 13 jours. Colonne de droite : 6 mois 7 jours. À droite deux hauteurs
du Nil. En haut et de droite à gauche : 2 coudées, 2 paumes, 2 doigts
et 3/4 de doigt. En bas et de droite à gauche : 2 coudées, 2 doigts
et 1/4 de doigt. Dessin de l'auteur d'après Clagett, 1992,
« Ancient Egyptian Science. Vol 1 : Knowledge and Order »,
Ancient Egyptian Science. A Source Book, 3 vol., Philadelphia American
Philosophical Society, fig. I-33, p. 772, fig. I-35, p. 774.

GÉNÉRALISATION DU CALCUL :
LE NOMBRE RATIONNEL DANS LE *PAPYRUS RHIND*

Par quel chemin l'Égypte antique est-elle parvenue à créer un domaine
unique d'application du nombre, celui de la quantité, qu'elle soit discrète
ou continue, et par là parvenue à la rationalité du nombre, qui exige
que les rapports de nombres soient nombres et inversement ? Nous n'en
savons rien, puisqu'après la *Pierre de Palerme*, il y a un vide documentaire
de quatre siècles au moins jusqu'au *Papyrus Rhind*[1], dont l'original date-
rait du XIXe siècle avant notre ère ; un bond dans le temps, donc, doublé
d'un bond qualitatif puisque le *PR* est un traité de mathématiques.
Mais il est certain que le moteur du développement fut le calcul. Car le
nombre qui mesure avec ses fractions et le nombre qui dénombre furent
contraints pour des besoins pratiques d'opérer les uns sur les autres, et
de ce frottement résulta un polissage qui les rendit indiscernables et les
constitua en une « espèce » nouvelle. Et si nous ne connaissons que très
peu l'histoire de ce polissage, nous en connaissons le principe : qu'il soit
dénombrant ou mesurant, le nombre est la même « chose » en tant que
rapport de quantités respectivement discrètes ou continues.

---

1   Noté *PR* dans la suite. Source : Clagett, 1999.

Voyons comment cette mutation capitale est réalisée dans le *PR*.
Tout d'abord il n'y a aucun mot, dans cet ouvrage, qui pourrait être traduit par « nombre ». Le nombre apparaît :

- soit directement, sans référence concrète d'aucune sorte, dans les énoncés du type :

$$\text{exprimer 2 à partir de 7, multiplier } \frac{1}{7} \text{ par } 1\frac{1}{2}\frac{1}{4},$$

$$\text{soustraire } \frac{2}{3}\frac{1}{15} \text{ de } 1^1$$

- soit comme rapport de « quantités » sans plus de précision, dans les énoncés du type :

une quantité et son septième ajoutés font 19, trouver la quantité

- soit enfin comme rapport de quantités concrètes : énoncés du type « diviser sept pains pour dix hommes », calculs d'aires, de volumes et de capacités.

Les procédés de calcul sont identiques dans les trois cas, et avec les quantités concrètes on voit bien la fusion de fait entre le nombre dénombrant et le nombre mesurant pour donner ce qui n'est ni l'un ni l'autre, mais le rapport de quantités quelconques. Le dix dénombrant de « dix hommes », par exemple, rapport entre une collection réduite à un homme et une collection de dix hommes, devient également rapport entre des quantités de pain :

$$7 \text{ pains} = 10 \times \frac{2}{3}\frac{1}{30} \text{ pain}$$

et de la même façon il peut être rapport entre des quantités quelconques homogènes.

Quand le nombre est exprimé directement sans référence concrète, les rapports qui apparaissent sont par conséquent, de fait, des rapports de nombres. C'est ce qui se produit clairement dans l'illustrissime table du début du *PR*, table des « faire 2 de *n* », ou « exprimer 2 à partir de *n* » (selon la suggestion de Michel Guillemot), pour *n* entier impair variant de 3 à 101. Dans les sociétés archaïques, on peut exprimer 10 à

---

1 L'écriture $\frac{1}{p}\frac{1}{q}$ signifie $\frac{1}{p} + \frac{1}{q}$.

partir de 2 : « deux mains ». Mais on ne peut pas exprimer 7 à partir
de 2 seulement ; il faudrait dire « trois deux et un demi de deux »,
mais l'usage « un demi » n'existe pas dans l'expression des nombres.
Mais exprimer 2 à partir de 7 est inconcevable dans tout système de
numération archaïque.

Le calculateur égyptien, quant à lui, peut le faire grâce à l'image
implicite de 7 comme une grandeur (un segment de longueur 7 par
exemple) divisible à volonté : on peut en prendre la moitié, le tiers, le
quart, etc. Et il se trouve qu'en prenant le quart, puis le 28e de cette
grandeur, on obtient la grandeur 2. Le calculateur le prouve en substance ainsi :

$$\text{la moitié de 7 est } 3\frac{1}{2}$$

$$\text{le quart de 7 est } 1\frac{1}{2}\frac{1}{4} \text{ ; il manque donc } \frac{1}{4} \text{ pour faire 2.}$$

$$\text{Or } 7{\times}4 = 28, \text{ donc } \frac{1}{4} \text{ est le } 28^e \text{ de 7.}$$

Finalement, le quart et le 28e de 7 font 2 :

$$\text{le résultat est } \frac{1}{4}\frac{1}{28}.$$

où $3\frac{1}{2}$, $1\frac{1}{2}\frac{1}{4}$ et $\frac{1}{4}\frac{1}{28}$ veulent dire respectivement $3 + 1/2$, $1 + 1/2 + 1/4$ et
$1/4 + 1/28$. En notation actuelle, le résultat peut s'écrire : $\frac{2}{7}=\frac{1}{4}+\frac{1}{28}$. L'intérêt,
c'est qu'à partir du moment où l'on sait exprimer de cette manière 2 à
partir de n, on pourra exprimer[1] de la même manière n'importe quel
nombre à partir de n. À partir de sept, par exemple : $\frac{4}{7}=\frac{1}{2}\frac{1}{14}$, $\frac{9}{7}=1\frac{1}{4}\frac{1}{28}$. On
a donc l'expression des rapports de 2 à 7, de 4 à 7, etc.

Inversement, et là se situe comme je le crois le point central de la
« rationalisation » du nombre, ces rapports eux-mêmes sont à volonté
des « uns », des « deux », etc. Il faut bien comprendre en effet que $\frac{1}{4}\frac{1}{28}$,
par exemple, n'est pas seulement un opérateur externe qui fabrique
2 à partir de 7, mais un nombre à part entière, si l'on peut dire. La
meilleure preuve en est qu'il fonctionne lui-même comme une unité,
et qu'il peut par conséquent être multiplié… et divisé. Le problème 7

---

1   Je ne donne ici que l'idée générale, sans entrer dans les détails techniques souvent difficiles.

du *PR* le montre bien ; il inaugure une série de quatorze calculs sous le titre de « exemples de complétion » et qu'un contemporain intitulerait « exemples de multiplication ». Ce problème 7, donc, se présente dans le *PR* comme suit :

1	$\frac{1}{28}$	$\frac{1}{4}$
	1	7
$\frac{1}{2}$	$\frac{1}{56}$	$\frac{1}{8}$
	$\frac{1}{2}$	$3\frac{1}{2}$
$\frac{1}{4}$	$\frac{1}{112}$	$\frac{1}{16}$
	$\frac{1}{4}$	$1\frac{1}{2}\frac{1}{4}$
Total	$\frac{1}{2}$	

où les nombres dans les zones grisées sont en rouge sur le papyrus.

Explication : il s'agit de multiplier $\frac{1}{4}\frac{1}{28}$ par $1\frac{1}{2}\frac{1}{4}$:

1	$\frac{1}{4}$	$\frac{1}{28}$	Une fois $\frac{1}{4}\frac{1}{28}$
	7	1	Si $\frac{1}{28}$ est pris comme unité, $\frac{1}{4}$ vaut 7
$\frac{1}{2}$	$\frac{1}{8}$	$\frac{1}{56}$	Moitié de $\frac{1}{4}\frac{1}{28}$
	$3\frac{1}{2}$	$\frac{1}{2}$	$\frac{1}{28}$ étant l'unité, $\frac{1}{56}$ est $\frac{1}{2}$ et comme $\frac{1}{4}$ vaut 7, $\frac{1}{8}$ vaut $3\frac{1}{2}$
$\frac{1}{4}$	$\frac{1}{16}$	$\frac{1}{112}$	Quart de $\frac{1}{4}\frac{1}{28}$, c'est-à-dire moitié de $\frac{1}{8}\frac{1}{56}$

	$1\frac{1}{2}\frac{1}{4}$	$\frac{1}{4}$	$\frac{1}{28}$ étant l'unité, $\frac{1}{16}$ vaut $1\frac{1}{2}\frac{1}{4}$ et $\frac{1}{112}$ vaut $\frac{1}{4}$
Total	$\frac{1}{2}$		$\frac{1}{28}$ étant l'unité, $\frac{1}{4}\frac{1}{28}$ avec sa moitié et son quart font un total de 14 (somme des nombres dans les zones grisées). D'où le résultat : $\frac{14}{28} = \frac{1}{2}$

Ce calcul très simple (le *PR* en comporte de beaucoup plus compliqués, mais le principe est le même) est absolument typique de la méthode égyptienne. Les nombres, entiers ou en unités fractionnées, sont librement pris comme unités suivant les besoins du calcul ; ils peuvent donc opérer sans restriction les uns sur les autres (multiplier) et inversement deux nombres étant donnés on sait trouver l'opérateur de liaison (diviser). Il sont donc une seule et même « espèce », grâce à la fusion de fait du nombre entier et du rapport de nombres entiers.

Il est vrai que le rapport de deux entiers ne s'exprime pas tel quel, dans sa simplicité (comme 5/7) et dans sa généralité (dans le sens : 5/7 = 10/14 = 15/21, etc.). Son concept affleure cependant dans certaines applications, sous les formes du *seked* et du *pefsu*.

Le *seked* est une expression de la pente : un *seked* est ce dont il faut s'avancer horizontalement pour s'élever d'une coudée, et il est exprimé en paumes (problèmes 56 à 60 du *PR*) ; derrière son apparence de longueur, c'est en réalité au rapport avancée/élévation sous sa forme générale que nous avons affaire, puisque dans les problèmes proposés par le *PR* un même *seked*, de 5 paumes 1 doigt par exemple, correspond à plusieurs couples avancée-élévation. Le second rapport est le *pefsu*, nombre de pains ou de pots de bière fabriqués avec un *hekat* de céréales (problèmes 69 à 78 du *PR*) ; là encore, un même pefsu de 15, par exemple, correspond à plusieurs couples nombre de pains/ quantité de céréales.

Notons enfin que si entiers et rapports d'entiers sont de fait une même « espèce » nouvelle, il est probable qu'à celle-ci était associé le segment de droite comme image privilégiée. Il y a plusieurs arguments en faveur de cette thèse. Tout d'abord, un hypothétique segment doublement gradué serait une « règle à calcul » et une illustration du principe fondamental : transformer n'importe quel nombre en un autre par changement d'unité. Le changement d'échelle auxiliaire dans multiplication ci-dessus, par exemple, où 1/28 était pris comme unité, se lirait très simplement sur la règle suivante :

1	7	14	21	28
1/28	1/4	1/2	1/2 1/4	1

Nous n'avons aucune preuve de l'existence d'une telle règle. Mais si on observe que les fractions choisies dans cette multiplication – et dans celles des problèmes 9 à 15 du *PR* – correspondent exactement aux fractions de longueurs (1/28e de coudée = 1 doigt, 1/4 de coudée = 7 doigts), on voit que la procédure de calcul du tableau ci-dessus revient à convertir 1/4 1/28 de coudée, puis sa moitié et son quart, en doigts et fractions de doigts ; c'est bien la longueur qui est ici l'image du nombre, et il n'est donc pas absurde de supposer l'existence de schémas analogues à la règle ci-dessus.

Un autre argument est l'habitude prise dans certains calculs d'aires, de donner le résultat en nombre de « bandes » d'une coudée de largeur et de 100 coudées de longueur avant de le donner en *setat* (carré de 100 coudées de côté), comme si l'aire était d'abord conçue comme la longueur d'une bande de largeur d'une coudée. On a un exemple explicite du même type dans le *Papyrus Reisner*, de la même époque que le *PR*, où des volumes sont exprimés en unités de longueur, sous-entendu longueur d'un « tube » dont la section est un carré d'une coudée de côté (Clagett, 1999, document IV-6 ; Gillings, 1982, chap. 22). Signalons enfin l'hypothèse suggérée par Sylvia Couchoud : le même mot égyptien, transcrit *stwti*, apparaît dans le *PR* et dans le *Papyrus de Moscou* (même époque que le *PR*) avec la signification de « hauteur », mais aussi d'« aire » ou de « volume », et il dériverait de la racine *sti*, « tirer », « tendre » comme dans l'expression « tendre la corde » présente dans les rites de fondation (Couchoud, 1993, p. 182). Si cette hypothèse pouvait être validée, ce serait une belle trace de la modélisation de toute grandeur par la grandeur linéaire.

MÉSOPOTAMIE ET ÉLAM

Il est remarquable qu'en Mésopotamie et en Élam nous ayions au même moment un développement analogue[1]. Nous en connaissons mieux certains détails grâce à une documentation plus riche.

NOMBRE DÉNOMBRANT ET NOMBRE MESURANT : JUNGLE DES PREMIERS SYMBOLES

Dans la seconde moitié du IVe millénaire et avant la naissance de l'écriture (vers -3100), on connaît les « bulles-enveloppes » d'argile contenant des *calculi* de formes géométriques diverses mais standardisées, à signification probablement numérique ou métrologique, avec parfois l'indication du contenu par les empreintes de ces objets sur l'enveloppe. On a aussi les premières tablettes qui ne comportent que des empreintes circulaires ou allongées typiques des signes numériques qui auront cours durant tout le IIIe millénaire jusque vers -2100 ; tout ce qu'on peut en dire est que si nombre il y a, le rapport entre l'unité « circulaire » et l'unité « allongée » n'est pas celui qui aura cours dès la période suivante.

Dans la période suivante, dite d'Uruk IV et III (-3200 à -3000), nous disposons d'un matériel d'étude considérable avec des milliers de tablettes comptables. Par exemple, on aura au recto le nombre de travailleurs par équipe avec le total au verso, ou le nombre de moutons affectés à chaque berger avec le total des bêtes au verso. Ou encore le nombre d'ouvriers et les rations de céréales par équipe, avec éventuellement le volume total de céréales. Sur une face, on pourra avoir le nombre de jarres (grandes ou petites) de bière (de tel ou tel type) données à divers individus, et au verso les totaux partiels des volumes de gruau d'orge et de malt pour chaque type de jarre et de bière, puis le volume total de gruau d'orge d'une part et de malt de l'autre. Dès cette époque également, on inscrit au recto de la tablette les aires d'une série de champs rectangulaires calculées en fonction de leur longueur (signalée par un trait horizontal), et de leur largeur (signalée par un trait vertical), et on inscrit au verso le total général des aires.

---

1   Sources : Nissen et coll., 1993 ; Robson, 2008.

Les totaux divers et les calculs d'aires et de capacités, que l'on devine derrière les laconiques allusions de la *Pierre de Palerme*, nous les avons donc ici en vrai. De même la variété des systèmes numériques et métrologiques, dont il ne subsiste que quelques traces en Égypte, s'étale ici sous nos yeux (Nissen et coll., 1993, p. 28-29). Au temps d'Uruk IV et III, il y a d'abord le système de dénombrement courant, dont les unités sont alternativement 10 fois et 6 fois les précédentes, avec un signe pour 1/2 ou 1/10 très rarement utilisé à ma connaissance ; ce système peut connaître une légère variation dans quelques cas particuliers. Pour donner le nombre de certaines rations, de fromage et de poissons frais, on passe des « soixantaines » aux « cent-vingtaines » puis aux « mille deux-centaines », alors que dans le système courant on passe des « soixantaines » aux « six-centaines » et aux « trois mille six-centaines » ; il peut également y avoir une légère variation dans les signes. De plus, à Suse en Élam, à l'époque dite proto-élamite (vers -3000) on a un système de dénombrement décimal[1].

Concernant les systèmes de mesures du temps, des aires et des capacités, non seulement les regroupements d'unités diffèrent d'un type de grandeur à l'autre, mais le même signe peut représenter un nombre différent selon qu'il s'agit de simple dénombrement, ou bien d'aire ou de capacité. C'est, semble-t-il, seulement dans le cas des capacités que la quantité fractionnée existe comme telle, et qu'elle entre réellement dans le calcul. Comme en Égypte, une fraction de quantité est exprimée en somme de fractions de l'unité : une tablette donne un total de 2 1/2 1/4 1/10 pour l'orge nécessaire, une autre 9 1/2 1/6 (Nissen et coll., 1993, fig. 32).

Les documents dits « archaïques » de la Mésopotamie de la fin du IVe millénaire et des débuts du IIIe montrent donc clairement ce que l'on entrevoit seulement dans les documents égyptiens de la même époque : l'opposition entre le nombre dénombrant et le nombre mesurant d'une part, et l'opposition entre l'entier et le fractionnaire dans la catégorie des mesures d'autre part. Les deux oppositions se constatent dans les signes comme dans les systèmes d'unités. La première connaît une exception importante : sur les tablettes archaïques, les signes et le système des longueurs sont identiques à ceux des nombres dénombrants. Sur les tablettes archaïques, les fractions (de 1/2 à 1/6, ainsi que 1/10) n'existent à ma connaissance que pour les mesures de capacité, avec une

---

1   Plus au nord, en Assyrie et à Mari, le système utilisé en pratique par les marchands et les scribes du palais de Mari était également essentiellement décimal (Robson, 2008, § 5.2).

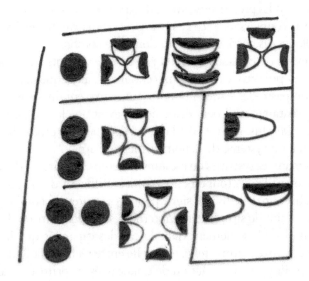

F<small>IG</small>. 11 – Fragment de tablette de la période d'Uruk III (environ 3200-3000).
Sur la colonne de gauche et de haut en bas, les signes circulaires représentent
respectivement 10, 20 et 30, et les signes en pétales 1/3, 1/4, 1/5 en unité
de capacité. Sur la colonne de droite et de haut en bas, on a les produits :
3 1/3, 5 et 6 en unité de capacité. En unités de capacité, un rond imprimé
signifierait 30 et non 10, et le signe de 5 unités de capacité signifierait 1 pour
le dénombrement ordinaire. Dessin de l'auteur, d'après Nissen et coll., 1993,
*Archaic Bookkeeping. Early Writing and Techniques of Economic Administration in
the Ancient Near East*, Chicago The University of Chicago Press, fig. 38, p. 42.

notation qui les distingue immédiatement des mesures entières puisque sauf pour 1/10, 1/n est noté en effet par n marques de stylet regroupées à la façon de n pétales d'une même fleur (fig. 11) : l'unité s'ouvre en fractions comme le bourgeon s'ouvre en pétales.

TENDANCES À L'UNIFICATION PAR LE CALCUL

On sait un peu mieux qu'en Égypte comment les choses ont évolué à partir de cette situation archaïque, grâce à une certaine abondance de documents vers le milieu du troisième millénaire et surtout à la fin de celui-ci, à la période dite d'Ur III (vers -2100). Sans surprise, le moteur du changement est le calcul, qui fait opérer les nombres dénombrants sur les nombres mesurants, les diverses catégories de nombres mesurants entre elles, les entiers sur les fractions, et qui étend progressivement l'emprise du calcul fractionnaire, apparemment réduit aux mesures de capacité à l'origine.

Dès le début, le nombre dénombrant opère sur les mesures de capacités, y compris fractionnaires. Rien de plus simple en théorie, mais certainement pas en pratique, puisque comme nous le savons le nombre dénombrant et le nombre mesurant diffèrent complètement aussi bien par leurs signes que par les regroupements d'unités. Lorsqu'on lit par exemple (Fig. 11) sur une tablette d'Uruk III (-3200 à -3100), parmi d'autres calculs du même type, que 10 fois 1/3 de mesure de céréales égale 3 et 1/3 de cette même mesure, le signe de 10 pour « dix fois », veut dire 30 lorsqu'il s'agit de capacités ; sur la ligne suivante, on lit que 20 fois 1/4 de mesure égale 5 mesures, avec un signe de 20 pour « 20 fois » qui voudrait dire 60 en termes de capacités et inversement un signe de 5 pour la capacité qui voudrait dire 1 en terme de nombre dénombrant.

Il n'y a rien à dire d'autre que dans le cas égyptien. Sur la première ligne de la tablette ci-dessus, le dix dénombrant (donc rapport entre des collections discrètes), que l'on reconnaît comme tel par son signe, devient rapport entre des capacités ; par conséquent, il se mue de fait en rapport en général, ce qui exige à plus ou moins long terme l'unification des notations.

On observe en effet au cours du IIIe millénaire une tendance à l'alignement des échelles et des signes du nombre mesurant sur ceux du nombre dénombrant. Car d'une part, le système du nombre dénombrant est le seul à faire disparaître les quelques variations qu'il pouvait connaître et à rester stable, même si en fin de période le cunéiforme change la façon de dessiner les signes (ils sont incisés et non plus imprimés), alors que les systèmes de mesures restent très diversifiés. Et d'autre part, on constate qu'à l'époque d'Ur III, les notations et l'échelle des superficies et des capacités, à partir des *bur* pour les premières et des *gur* pour les secondes, tendent fortement à s'aligner sur la notation et sur l'échelle des nombres dénombrants. Le nombre dénombrant semble donc agir comme un pôle d'attraction du nombre mesurant pour constituer l'espèce unique du rapport. Si nous rapprochons cela du fait que sur les tablettes archaïques, les notations des mesures de longueurs sont les mêmes que celles du nombre dénombrant, nous pouvons émettre l'hypothèse que comme en Égypte, la longueur d'un segment de droite fut l'image privilégiée de la grandeur en général, et, partant, du nombre.

S'agissant du calcul fractionnaire, il semble peu se développer. Cantonné aux mesures de capacité sur les tablettes archaïques, il s'impose à l'époque d'Ur III au plus tard, même dans les nombres dénombrants, par le biais de la comptabilité des travailleurs-jours : dans un décompte de la quantité de farine fournie et de divers travaux effectués, l'ensemble est évalué à 12758 5/6 travailleurs-jours (Nissen et coll., p. 53). Il y a aussi des fractions de coudées (1/3, 1/2 et 2/3) et de *gin*[1] (1/6, 1/4, 1/3, 1/2 et 5/6), et surtout une unification des notations fractionnaires, qu'il s'agisse de *sila*, de travailleurs-jours, de coudées ou de *gin*, et cela avant le grand changement provoqué par l'invention du système sexagésimal de position puisque dans celui-ci, il n'y a plus besoin de notation spéciale pour les fractions.

LA FORME RATIONNELLE ENFIN TROUVÉE :
INVENTION DU SYSTÈME SEXAGÉSIMAL DE POSITION

En Mésopotamie et en Élam, nous connaissons donc de façon un peu plus détaillée qu'en Égypte la dispersion initiale du nombre et les voies d'unification. Mais quant à l'achèvement du processus, l'historien éprouve la même frustration dans les deux cas. En Égypte, il y a un vide documentaire entre les premières écritures numériques incontestables (vers -3000) et la *Pierre de Palerme* (-2500 à -2300 environ) d'une part,

---

1   Unité de poids d'argent.

et d'autre part entre celle-ci et l'authentique corpus mathématique du *Papyrus Rhind* (vers -1900 pour l'original) où le nouveau champ du nombre rationnel est constitué en pratique ; en Mésopotamie, de -3200 à -2100, nous avons une masse documentaire considérable mais c'est le même mystère qu'en Égypte quant au bond en avant que représente le passage des calculs de l'époque d'Ur III à la constitution du nouveau champ, avec le système sexagésimal de position et le brillant corpus mathématique des tablettes de l'époque dite paléo-babylonienne (-1900 à -1600).

Nous sommes amplement informés sur la plus urgente des tâches de ce nouveau système sexagésimal de position, grâce à la masse de tablettes paléo-babyloniennes d'apprentissage du nouveau calcul et de conversions des anciens systèmes dans le nouveau, mais nous ne savons rien ni du lieu ni des conditions de son invention[1]. La seule certitude est que contrairement au cas égyptien, les documents administratifs conservèrent les anciens systèmes métrologiques et que le nouveau système unifié resta confiné dans les cercles de scribes de haut niveau. L'indétermination de l'écriture en l'absence de curseur suffit à expliquer que le système n'ait pu être facilement pris en main par les praticiens de l'administration. Comme on le sait, le système sexagésimal de position consiste en effet à écrire des suites de nombres compris entre 1 et 59, de telle sorte que la suite 25-6-12, par exemple, peut signifier $25 + 6 \times 60 + 12 \times 60^2$, aussi bien que $25 \times 60 + 6 \times 60^2 + 12 \times 60^3$, ou encore que $25(1/60) + 6 + 12 \times 60$, et de façon générale $25 \times 60^n + 6 \times 60^{n+1} + 12 \times 60^{n+2}$ pour tout exposant n, positif, nul ou négatif. Invention géniale qui, en remplaçant les signes des divers ordres de grandeur par des places successives sur une ligne, réalise la fusion du nombre entier et du fractionnaire en une seule espèce, et rend possible l'extension indéfinie dans les deux sens[2] des ordres de grandeur sans avoir besoin d'inventer des signes nouveaux. Mais comme il n'y a pas de curseur du type virgule, ni zéro médial ou terminal, il n'y a plus que des ordres de grandeur relatifs. Les trois places dans la suite 25-6-12 sont anonymes, puisque 25-6-12

---

1 Il est très probable que les calculs intermédiaires, qui ne figurent jamais sur les tablettes, étaient faits à l'aide de jetons (peut-être en continuité avec les jetons préhistoriques des bulles-enveloppes) disposés en colonnes par ordre de soixantaines, ce qui est de fait un système de position (Robson, 2008, note 56 du chap. 3).
2 Dans le sens 60, 60^2, 60^3, etc. et dans le sens inverse 1/60, $1/60^2$, $1/60^3$, etc.

est un nombre quelconque de la forme $60^n(25+6\times60+12\times60^2)$, où n est un entier positif, négatif ou nul. Cette écriture, inutilisable telle quelle pour l'addition, est au contraire très commode pour la multiplication, et nous la pratiquons à notre façon lorsque pour multiplier 12,3 par 0,0045 nous nous ramenons à 123×45 ; il reste toutefois l'addition finale, où il faut prendre garde de décaler correctement les rangs, et le calculateur babylonien avait évidemment le même problème[1]. Le système de position à la babylonienne apparaît donc comme la fixation d'un moment jugé essentiel de la multiplication, en n'écrivant du nombre que ce qui est suffisant dans le cœur de cette opération, à savoir l'ordre relatif des « chiffres » les uns par rapport aux autres. La division de a par b est une multiplication particulière, celle de a par $1/b$; d'où le besoin de tables de multiplication et d'inverses, qui fournissent en effet une part considérable du matériel documentaire[2] de l'extrême fin du troisième millénaire et des débuts du second. La seule difficulté, en l'absence de virgule et de signe de place vide, était de les lire correctement : si une table dit que la 1-21e partie de 60 est 44-26-40, il faut comprendre, en termes actuels, que $(1 + 21/60)$ multiplié par $(44 + 26/60 + 40/60^2)$ fait 60, et que par conséquent si l'on veut diviser par $1 + 21/60$, il faudra multiplier par $44/60 + 26/60^2 + 40/60^3$, et donc placer 44, 26 et 40 dans les colonnes adéquates.

S'agissant des inverses qui ne peuvent s'exprimer de façon finie en puissances de 60, comme 1/7, 1/11, etc., les tables les sautent purement et simplement la plupart du temps. Moins souvent, elles disent l'équivalent de « cet inverse n'existe pas », ce qui veut dire en réalité « cet inverse ne peut être complètement écrit. » De cela, nous avons deux preuves. La première, massive, est que la division par 7, par exemple, lorsqu'elle apparaît dans un problème, est faite directement en cherchant par combien il faut multiplier 7 pour obtenir le dividende ; dès lors, puisque quelque chose comme « 21 divisé par 7 » existe, et qu'en application de la règle générale ce quelque chose est « 21 fois l'inverse de 7 », il s'en suit que l'inverse de 7 existe. La seconde preuve, plus effective et plus

---

1   D'où la grande vraisemblance d'un calcul pratique en colonnes avec deux types de jetons, les « 1 » et les « 10 » pour noter les nombres de 1 à 59.
2   Eleanor Robson évalue à 400 environ le nombre de tables publiées, qui représenteraient 5 à 10 % seulement du matériel disponible dans les musées, et à environ 160 le nombre de tablettes de problèmes.

profondément significative, mais beaucoup plus rare puisqu'elle ne s'appuie en tout et pour tout que sur deux documents (Fowler et Robson, 1998), est que ces tablettes donnent des valeurs approchées d'inverses dans les cas où le calcul ne se « finit » pas, grâce à la souplesse du système qui permet, comme dans notre système décimal, d'approcher d'aussi près que l'on veut la « fin » théorique.

Nous avons donc assisté, en l'espace d'un millénaire et demi à peu près, comme en Égypte et *grosso modo* au même moment, à l'émergence du nombre rationnel. Nous avons vu que les calculs, même dans un contexte concret de mesures particulières et avant la création du système sexagésimal de position, impliquent un passage implicite au nombre rationnel ; nous pouvons ajouter ici que cet implicite est tout à fait explicite après la création du système. Un bel exemple nous est donné par les tablettes scolaires de Nippur (Proust, 2008), où l'on voit des problèmes de calculs d'aires dont les données sont en unités traditionnelles, fractions archaïques comprises ; les données sont alors converties dans le nouveau système dans lequel le calcul se fait, puis le résultat est reconverti en unités traditionnelles d'aire, fractions archaïques éventuelles comprises. La partie calculatoire de l'affaire se déroule bien dans le monde du nombre en tant que pur rapport, qui a été spécialement créé pour cela.

Telle est l'émergence pratique du nombre rationnel. Environ un millénaire et demi plus tard, les penseurs mathématiciens géniaux de la Grèce du Ve au IIIe siècle avant J.-C. en feront la théorie.

THÉORIE DU NOMBRE
L'un-multiple pensé

Le nombre rationnel, au sens précisé dans le chapitre précédent, existe de fait, pratiquement, dans les documents mathématiques égyptiens et mésopotamiens des débuts du IIe millénaire. Deux sources de développements ultérieurs peuvent s'apercevoir dès cette époque. La première, de type purement technique (calculatoire), contient les germes du zéro et des nombres négatifs. La seconde provient de l'inadéquation entre le nombre rationnel et sa représentation : car si tout rationnel peut se représenter par des rapports de grandeurs – et ceux-ci à leur tour par des rapports de longueurs –, l'inverse est faux ; les cas les plus célèbres sont le rapport entre la diagonale d'un carré et son côté, et le rapport entre l'aire du disque et le carré construit sur son diamètre. Difficulté contournable, cependant, au moyen de « valeurs approchées » qui font parfaitement l'affaire dans les applications pratiques. Bien que difficile à cerner dans les documents des premières civilisations, une certaine reconnaissance de ces « valeurs » dont on ne fait que « s'approcher » existe bel et bien, premier pas vers la constitution du nombre « irrationnel » moderne.

Les Grecs, quant à eux, ont abordé le problème de front, avec une radicalité nouvelle, fille du bouleversement intellectuel que constitue la naissance de la philosophie. Ils ont d'abord démontré que certaines « valeurs », dont on « s'approche » au moyen du nombre rationnel, ne sont pas elles-mêmes des nombres rationnels. Et s'il existe des grandeurs dont le rapport n'est pas rationnel, c'est que le nombre rationnel n'est pas rapport de grandeurs : d'où la nécessité d'une théorie spécifique, théorie du nombre rationnel, développée dans les livres VII à IX des *Éléments* d'Euclide.

NOUVELLES POSSIBILITÉS LATENTES

Le système sexagésimal de position contient la possibilité du *zéro intermédiaire*, quand on veut écrire par exemple $15 \times 60^2 + 45$, où la position des soixantaines est vide. On connaît une tablette qui donne les puissances successives de 100 avec une erreur à partir de la sixième puissance, justement parce qu'on a négligé de laisser un espace suffisant entre deux nombres pour marquer le saut d'un ordre de grandeur (Nissen et coll., 1993, p. 147-149). Comme ce genre d'erreur est rare, on pense que les calculateurs utilisaient une abaque. On rencontre aussi un signe de séparation fait de deux chevrons disposés en diagonale dès l'époque paléo-babylonienne, puis, quelques siècles avant notre ère au plus tard, il semble que ce signe soit systématiquement utilisé comme signe de place vide, avec par conséquent des propriétés objectives sous-jacentes, $0 \, a = 0$ et $a + 0 = a$.

On a moins attiré l'attention sur les germes de nombres négatifs en Mésopotamie (Friberg, 2007, appendice 1 ; Nissen et coll., 1993, p. 62). Dès -2500 environ, nous connaissons un grand nombre de tablettes où les performances attendues des travailleurs sont confrontées aux performances réelles. Lorsque ces dernières sont inférieures aux premières, le scribe calcule la dette et l'inscrit avec un signe particulier qui ressemble au Γ grec : « Γ 30 » signifiera par exemple un déficit de 30 jours de travail. Il est remarquable que cette écriture ait débordé le cadre strictement comptable pour devenir un mode fréquent d'écriture des nombres quel que soit le contexte. Plutôt que 168 *gur* d'orge, on écrira « 170 Γ 2 » pour 170 moins 2 *gur*, et de même « 20180 Γ 1 » jours de travail, « 660 Γ 10 » travailleurs, ou encore une aire de « 8 *bur* 1 *ese* Γ 1/4 *iku* ». La raison de cela pourrait être une économie d'écriture pour une plus grande commodité de lecture : dans la notation qui précède le système sexagésimal de position, il ne fallait que 9 signes pour écrire « 170 Γ 2 » alors qu'il en aurait fallu 14 pour écrire 168. Avec le nouveau système de position, cette simplification ne s'imposait plus, d'où son absence des textes mathématiques paléo-babyloniens. Il n'empêche, on a là un bel exemple de possibilité d'extension à la nouvelle espèce des négatifs, un peu comme les nombres notés avec des baguettes noires en Chine de l'époque des Han.

À côté des deux sources de développements possibles que nous venons de mentionner, sources vite taries faute d'impulsion externe, il en est une autre beaucoup plus féconde, jamais tarie au cours de l'histoire ultérieure : c'est la contradiction entre le nombre rationnel et sa représentation par des rapports de grandeurs. Établie par les Grecs des Ve et IVe siècles avant J.-C., la contradiction fut-elle seulement perçue par les calculateurs égyptiens et mésopotamiens ? Grâce au système sexagésimal de position qui autorise en théorie la continuation d'un calcul aussi loin que l'on veut, et en s'appuyant sur une modélisation géométrique, les mathématiciens babyloniens étaient capables par exemple de donner de bonnes valeurs approchées de la diagonale du carré de côté 1 (notre $\sqrt{2}$). Pensaient-ils qu'avec davantage d'habileté, ils finiraient par trouver une valeur rationnelle exacte, ou bien soupçonnaient-ils que celle-ci était hors d'atteinte ? La documentation ne permet pas de répondre. La question est la même avec les mesures du cercle en fonction du diamètre, et d'une façon plus générale avec les remarquables valeurs approchées dans les mathématiques de l'Inde védique et de la Chine des Han.

C'est donc aux Grecs des Ve et IVe siècles avant J.-C. que l'on doit la preuve qu'aucun nombre rationnel ne peut exprimer la diagonale du carré de côté 1, autrement dit le rapport entre la diagonale et le côté d'un carré[1], et qu'il existe une infinité d'autres rapports de grandeurs tout aussi inexprimables, dits irrationnels. Découverte capitale, dont l'effet est qu'il y a désormais dans l'esprit des mathématiciens grecs les nombres entiers et leurs rapports d'un côté, et les grandeurs de l'autre. Mais séparation ne veut pas dire divorce. Bien qu'Euclide, dans ses *Éléments* (vers -300), traite séparément des grandeurs et des nombres, il maintient pourtant le segment de droite comme modèle de la grandeur en général et du nombre, indépendamment de la nature de la première et quel que soit le second. C'est ainsi que l'on pourra trouver dans un même schéma un segment qui représente un nombre carré (a^2) ou

---

1   Rappel de la preuve la plus simple en termes actuels. Soit un carré de côté 1 et d la longueur de sa diagonale. Le carré construit sur la diagonale a une aire double de celle du carré initial, donc $d^2 = 2$, d'où $d = \sqrt{2}$. Supposons que $\sqrt{2}$ soit égal à une fraction p/q irréductible. On aurait alors $\frac{p^2}{q^2} = 2$ donc $p^2 = 2q^2$. Par suite p^2 est pair, donc p aussi, parce que s'il était impair son carré le serait aussi. On peut donc poser $p = 2p'$: on aura donc $4p'^2 = 2q^2$, donc $q^2 = 2p'^2$, donc q est aussi pair (même raisonnement que pour p). Donc p et q seraient pairs tous les deux, ce qui n'est pas possible puisque la fraction p/q est irréductible.

cube (a^3) à côté d'un autre segment qui représente le « côté » (a) de ce nombre[1]. Mais ce n'est pas tout : il arrive même à Euclide de faire du calcul figuré, puisque des propriétés des figures démontrées de façon purement géométriques dans le livre II des *Éléments* sont directement utilisées pour justifier des identités purement numériques[2]. Euclide traite donc deux domaines distincts, celui des nombres et celui des grandeurs, avec cependant une représentation commune (le segment de droite) ; par le biais de cette représentation, le domaine de la grandeur inclut donc celui du nombre, ce qui crée pour ce dernier un espace à conquérir.

En effet, une fois l'unité de longueur choisie, certains segments peuvent être l'image d'un nombre rationnel et d'autres non, et pourtant les deux participent d'une représentation commune, et peuvent coexister dans une même figure comme dans le cas emblématique de la diagonale du carré de côté 1. De plus, les segments qui ne sont pas l'image d'un nombre rationnel le sont tout de même « presque », soit empiriquement dans l'opération pratique de mesure, soit savamment par un algorithme d'approximation. On peut donc dire, sans jeu de mots, que la dichotomie entre segments « nombres » et segments qui ne le sont pas a une apparence d'irrationalité, puisqu'elle s'oppose à la continuité du modèle géométrique qui les englobe et qui fournit des approximations. D'où la possibilité d'une extension du concept de nombre, qui ne sera réalisée complètement que vingt-deux siècles plus tard au moyen de la domestication mathématicienne du concept de passage à la limite, après une longue période de développement séparé des « rationnels » et des « irrationnels ».

---

1   Propositions 11 et 12 du livre VIII des *Éléments*. Dans les manuscrits dont on dispose, toutes les propositions des livres arithmétiques (VII, VIII et IX) des *Éléments* sont accompagnés de schémas représentant des nombres par des segments de droites non gradués. Dans le manuscrit dit d'Orville (888 après J.-C.), le texte de la proposition VIII-11, par exemple, est illustré par cinq segments dessinés verticalement côte à côte et représentant respectivement : un nombre carré, un second nombre carré, le « côté » du premier, le « côté » du second, le produit de ces deux côtés.

2   Proposition 15 du livre IX, où Euclide utilise les décompositions de rectangles des propositions 2 et 3 du livre II pour justifier les identités numériques que l'on écrirait aujourd'hui $a(b+a) = ab + a^2$ et $(a+b)^2 = a^2 + b^2 + 2ab$. Dans les lemmes (1) et (2) de la proposition 28 du livre X, Euclide utilise le montage géométrique de la proposition 6 du livre II pour justifier l'identité numérique que l'on écrirait aujourd'hui $ab + \left(\frac{a-b}{2}\right)^2 = \left(\frac{a+b}{2}\right)^2$.

THÉORIE DU NOMBRE
DANS LE LIVRE VII DES *ÉLÉMENTS* D'EUCLIDE[1]

Maintenant inversement, si les nombres entiers et leurs rapports ne peuvent s'identifier (par le truchement de la mesure) à la grandeur puisqu'il n'en sont qu'un cas particulier, quel est donc le contenu de cette particularité ? Le problème ne pouvait échapper aux mathématiciens philosophes de la Grèce antique, pour qui la délimitation de chaque domaine d'étude au moyen de définitions et de principes était une affaire de première importance, objet de débats entre eux et parmi leurs successeurs jusque dans l'antiquité tardive. Euclide définit[2] les figures et leurs éléments, puis la grandeur, puis le nombre. Ce dernier, qui ne peut se diluer dans la grandeur, a donc son domaine spécifique, décrit dans les livres VII à IX des *Éléments*. Ces livres constituent le premier traité connu d'arithmétique en tant que théorie du nombre.

Théorie du nombre : il ne s'agit plus en effet de le construire comme cela a été fait dans les sociétés archaïques, ni de détailler les procédures opératoires qui découlent de son système, ni encore de l'appliquer dans divers domaines pratiques en tant que comptabilité et mesure. Tout cela est désormais maîtrisé. Reste le problème de la nature du nombre ; on peut certes construire un modèle du nombre entier ou fractionnaire en se restreignant à l'ensemble des segments commensurables avec un segment *u* donné, mais on ne fabrique par ce moyen qu'une image et non une définition : l'image se fonde en effet sur des dénombrements de fractions de *u*, de *u* lui-même ou des deux à la fois dans chaque segment. Tel segment *s* sera par exemple une image de 5/4 parce qu'ayant ramené *u* à quatre sous-unités, j'en compte cinq dans *s*. Le dénombrement de parties, c'est-à-dire la production de nombres entiers, est un préalable au modèle et ce sont donc eux qui doivent être définis.

La motivation évidente des livres VII à IX des *Éléments* fut de développer dans la mesure du possible le nombre suivant son concept (l'un-multiple), et seulement ainsi. En effet, comme nous le verrons, les

---

1   Source : Euclide, *Les Éléments*, 4 volumes (1990, 1994, 1998, 2001), PUF, traduction et
    commentaires de Bernard Vitrac.
2   Pour être exact il faudrait dire qu'il *pose* les objets en question, il les *déclare*.

seuls objets considérés sont la monade (l'un) et la multitude de monades, et tout le développement consiste à déterminer cette multitude en multitudes les unes des autres. Si quelques nombres particuliers sont tout de même présents dans les *Éléments*, c'est dans la langue du texte et non dans la théorie, à l'exception de la monade (un) et de la dyade (deux)[1] ; peu importe ici que la monade soit considérée ou pas comme un nombre, le fait est qu'elle fonctionne objectivement comme un nombre dans les *Éléments*. On n'y trouvera donc *a fortiori* ni symboles de nombres, ni système numérique avec une ou plusieurs bases, ni procédures pratiques d'addition, de multiplication, etc., ni exemples d'application des théorèmes et problèmes résolus à quoi que ce soit d'extérieur à la théorie.

Il va de soi que les tentatives de développement suivant le concept ne sont pas tombées soudain du sommet de l'Olympe. Elles sont le fruit du travail des mathématiciens penseurs désireux de fonder l'acquis antérieur, lequel, par conséquent, devait fortement connoter la première théorie. L'acquis, c'est le nombre qui s'est développé « en soi », qui est même devenu objet de corpus en Égypte et en Mésopotamie[2], mais en quelque sorte sous la contrainte extérieure, c'est-à-dire principalement comme instrument de dénombrement des choses et de mesure des grandeurs. Aussi la première théorie du nombre, où celui-ci doit être « pour soi », c'est-à-dire en rapport seulement avec lui-même et non avec les choses et les grandeurs, conserve-t-elle dans le développement euclidien les *formes* dénombrement et mesure, mais uniquement pour exprimer le nombre face à lui-même : comme nous le verrons en effet, le nombre ne dénombre pas des choses mais il *se* dénombre, il ne mesure pas des grandeurs mais il *se* mesure. Par ailleurs les évidences que suggèrent ces formes se révèlent indispensables au développement de la théorie, y compris dans certaines démonstrations ; c'est ainsi que la divisibilité, concept central, est toute entière fondée sur l'analogie avec la mesure : on ne dit pas « trois divise douze », mais « trois mesure douze ». Et

---

1 Exemples : trouver la plus grande commune mesure de trois nombres, trois jouant en réalité le rôle d'un nombre quelconque supérieur à deux, trouver la quatrième proportionnelle de trois nombres, démontrer que dans une proportion continue à partir de l'unité le quatrième sera un cube ainsi que tous ceux qu'on prend en en sautant deux, et le septième à la fois cube et carré ainsi que ceux qu'on prend en en sautant cinq. Mais 3, 4, 5 et 7 n'existent pas dans la théorie.

2 Je ne veux pas dire que les Grecs connaissaient les documents mathématiques égyptiens et babyloniens : il est seulement question d'acquis commun.

surtout, cette analogie fournit des axiomes implicites, jamais posés mais constamment utilisés :

- tout nombre se mesure lui-même,
- si a mesure b et b mesure c, alors a mesure c,
- si un nombre mesure deux autres nombres, il mesure leur somme et leur différence.

C'est enfin sous la forme de « mesure » que s'exprime l'opposition fondamentale entre le nombre rationnel et la grandeur. Car si deux nombres rationnels ont nécessairement une mesure commune[1] et peuvent donc être qualifiés de « commensurables », il n'en est pas de même avec par exemple le côté d'un carré et sa diagonale. En supposant en effet qu'il existe un même segment contenu exactement p fois dans la diagonale et q fois dans le côté, le rapport diagonale/côté serait le rationnel p/q, ce qui est impossible (note 1 p. 221) : diagonale et côté sont alors dits « incommensurables ».

L'UN-MULTIPLE EN GÉNÉRAL

Dans le cadre de cette étude, nous n'avons pas à décrire l'arithmétique euclidienne. Nous voulons seulement montrer en quoi il s'agit bien d'une théorie du nombre – théorie de l'un-multiple déterminé en lui-même – par opposition à un système de pratiques numériques comme dans les corpus égyptiens et mésopotamiens. Et pour cela, nous n'aurons guère besoin de plus que des définitions et des seize premières propositions du livre VII des *Éléments*.

Euclide commence par poser son objet dans les deux premières définitions :

Déf. 1. Est monade ce selon quoi chacune des choses existantes est dite une.
Déf. 2. Et un nombre est la multitude composée de monades[2].

Cette double définition est commentée dans l'annexe 3. Elle est remarquable par sa façon de poser nettement la contradiction fondamentale

---

1 Deux entiers quelconques ont au moins 1 comme mesure commune ; deux rationnels p/q et p'/q' ont au moins $1/qq'$ comme mesure commune, contenue pq' fois dans p/q et $p'q$ fois dans p'/q'.
2 *Éléments*, livre VII, définitions 1 et 2, traduction de Bernard Vitrac légèrement modifiée : je mets « monade » pour le grec « monas », là où Vitrac dit « unité ».

un-multiple : en effet « ce selon quoi chaque chose existante est dite une » est le même pour chaque « chose existante », et pourtant « la multitude » de ce même existe. Tout l'intérêt du texte euclidien est dans l'expression et le développement de cette contradiction.

Avec les définitions 1 et 2 ci-dessus, nous n'avons que le couple monade-multitude en général, sans autre détermination. Nous sommes encore bien éloignés de notre notion familière de nombre entier, comme on peut le voir dans le contre-exemple suivant. Décidons d'appeler « nombre » la multitude composée de monades en une suite illimitée :

$$1, 1, 1, \ldots$$

Maintenant ce nombre[1], comme toute « chose existante », est « un », et par conséquent la multitude de cette chose au sens que nous venons de décider, c'est-à-dire la suite illimitée :

$$(1, 1, 1, \ldots), (1, 1, 1, \ldots), (1, 1, 1, \ldots), \ldots$$

existe également. Or il n'est pas très difficile de démontrer qu'il existe une bijection (correspondance un à un) entre la suite 1, 1, 1, … et la suite (1, 1, 1, …), (1, 1, 1, …), (1, 1, 1, …), … Par conséquent, la première suite est exactement aussi nombreuse que la seconde[2] ; autrement dit, avec la définition que nous avons choisie, il n'y aurait qu'un seul nombre, à savoir :

$$1, 1, 1, \ldots$$

L'UN-MULTIPLE DÉTERMINÉ :
RAPPORT ET PROPORTION

Il est donc nécessaire de préciser le contenu de la « multitude » de la définition 2. C'est ce que vont faire les définitions 3 à 5, en déployant la multitude en une pluralité de multitudes qui se déterminent les unes par rapport aux autres avec deux critères fondamentaux, la comparaison (plus petit, plus grand) et la mesure (divisibilité) :

> Déf. 3. Un nombre est une partie d'un nombre, le plus petit du plus grand, quand il mesure le plus grand.

---

1   En mathématiques actuelles c'est bien un nombre, dit « transfini », appelé « aleph zéro ».
2   En termes modernes : aleph zéro multiplié par aleph zéro égale aleph zéro.

Déf. 4. Et des parties, quand il ne le mesure pas.

Déf. 5. Et un multiple, le plus grand du plus petit, quand il est mesuré par le plus petit.

Le sens de ces définitions est précisé un peu plus loin, dans la démonstration[1] de la proposition 4 selon laquelle « tout nombre est soit une partie, soit des parties de tout nombre, le plus petit du plus grand. » En substance, le sens est le suivant : de deux nombres,

- ou bien l'un est une multitude de l'autre, comme 20 est une multitude de 4 : on dira alors que 4 est une partie de 20, ou que 4 mesure 20, ou que 20 est un multiple de 4.

- ou bien aucun des deux n'est une multitude de l'autre, comme 4 et 9 : les deux ont tout de même une mesure commune minimale[2], à savoir la monade 1 ; puisque 4 est des monades, et que chacune d'entre elles est « une partie » de 9, 4 est bien « des parties » de 9, et inversement. Dans les deux premières propositions du livre VII, Euclide démontre que deux nombres ont également une mesure commune maximale, notre « plus grand commun diviseur » (pgcd) : par exemple, 2 étant la plus grande mesure commune à 6 et à 10, on pourra dire que 6 est « des parties » de 10 parce que 6, en tant que « des 2 », est bien « des parties » de 10, et inversement.

Ainsi est précisé le contenu de la multitude (nombre) au moyen de la mesure, par laquelle s'opère la mise en rapport numérique de deux nombres, c'est-à-dire la liaison de tout couple de nombres par le nombre. Et puisque la multitude ne se détermine pas dans l'absolu mais par sa mise en rapport, c'est-à-dire par sa situation en regard d'une autre multitude – l'une est ou bien « une partie » ou bien « des parties » ou bien « multiple » de l'autre –, *le rapport est l'objet central de l'arithmétique* ; il est posé comme suit par Euclide :

Déf. 21. Des nombres sont en proportion quand le premier, du deuxième, et le troisième, du quatrième, sont équimultiples, ou la même partie, ou les mêmes parties.

---

1 Il n'y a en réalité nulle démonstration, mais une simple explicitation des définitions 3 à 5.
2 Là est la différence essentielle par rapport aux grandeurs en général.

Exemples :

Equimultiples : 20 est le même multiple de 4 que 10 l'est de 2, donc (20, 4, 10, 2) sont en proportion.

Même partie : 4 est la même partie de 20 que 2 l'est de 10, donc (4, 20, 2, 10) sont en proportion. *Mêmes parties* : 6 est les mêmes parties de 10 que 21 l'est de 35, parce qu'il y a les mêmes multitudes de 2 dans 6 et 10 respectivement que de multitudes de 7 dans 21 et 35 respectivement, autrement dit 2 mesure le couple (6, 10) de la même manière que 7 mesure le couple (21, 35)[1] :

$$6 = 2, 2, 2^2 \qquad 10 = 2, 2, 2, 2, 2$$
$$21 = 7, 7, 7 \qquad 35 = 7, 7, 7, 7, 7$$

Donc (6, 10, 21, 35) sont en proportion.

Tel est l'objet central de l'arithmétique. S'agissant de la proportion (*a*, *b*, *c*, *d*), Euclide utilisera les expressions équivalentes « *a* est à *b* comme *c* est à *d* », ou « *a* et *b* sont dans le même rapport que *c* et *d* ».

Un cas particulier de « même partie » ou « d'équimultiple » est celui où la monade intervient. Par exemple (1, 5, 4, 20) sont en proportion parce que 1 mesure 5 comme 4 mesure 20, autrement dit il y a autant de monades dans 5 que de 4 dans 20. Considérant la définition suivante :

> Déf. 16. Un nombre est dit multiplier un nombre quand, autant il y a de monades en lui, autant de fois le multiplié est ajouté [à lui-même], et qu'il est produit un certain [nombre][3]

on voit que le fait que (1, 5, 4, 20) soient en proportion équivaut à dire que 5 multipliant 4 produit 20 : autant il y a de monades dans 5, autant de fois 4 est ajouté, et il est produit le nombre 20. Dire que la multiplication du nombre *a* par le nombre *b* produit le nombre *ab*

---

1   L'expression « mesurer le couple », bien qu'étant de mon fait, ne trahit pas Euclide. Elle résulte d'une analogie avec la similitude géométrique conforme à la définition 22 du livre VII : d'après celle-ci les nombres « plans » comme 6 x 10 et 21 x 35 sont dits « semblables » parce que les « côtés » 6, 10, 21, 35 sont en proportion.

2   Cette notation, bizarre pour un moderne, s'inspire de celle d'Euclide. Dans les *Éléments* en effet, les nombres sont représentés par des segments de droites, et l'addition de deux nombres BH et HG est représentée par l'expression « BH, HG, les deux ensemble ».

3   Les passages entre crochets sont des ajouts du traducteur Bernard Vitrac.

revient à dire que les quatre nombres 1 (monade), a (multiplicateur), b (multiplicande), ab (produit) sont en proportion.

Le résultat fondamental de la commutativité de la multiplication, échange possible du multiplicateur et du multiplicande sans changer le produit, apparaît alors dans ce contexte comme un cas particulier de l'échange possible des « moyens » dans une proportion. Une fois démontrée en effet la validité de l'échange des moyens, comme le fait la proposition 13 :

> Prop 13. Si quatre nombres sont en proportion, de manière alterne, ils seront aussi en proportion

la conséquence en sera que si par exemple 5 multipliant 4 produit 20, (1, 5, 4, 20) seront en proportion, donc (1, 4, 5, 20) le seront aussi, par suite il y aura autant de monades dans 4 que de 5 dans 20, donc 4 multipliant 5 produira aussi 20. D'où la proposition 16 :

> Prop. 16 : Si deux nombres se multipliant l'un l'autre produisent certains [nombres], leurs produits seront égaux entre eux.

Comme la proposition 13 est le théorème central qui commande toute la suite du développement euclidien, nous en donnerons d'abord une démonstration « à la » Euclide. Nous le commenterons ensuite pour en préciser la fonction dans le développement du concept de l'un-multiple.

LE THÉORÈME FONDAMENTAL :
ÉCHANGE DES « MOYENS » DANS UNE PROPORTION,
OU COMMUTATIVITÉ DE LA MULTIPLICATION

La démonstration de la proposition 13 – échange possible des « moyens » dans une proportion – est l'aboutissement d'un long chemin qui part de la proposition 5. Voici une idée de ce chemin, conforme en substance à celui suivi par Euclide mais s'appuyant sur l'exemple de la proportion (6, 10, 21, 35), ce qui ne restreint pas la généralité de la démonstration :

> (6, 10, 21, 35) sont en proportion. Il s'agit de démontrer que (6, 21, 10, 35) sont aussi en proportion.
> (6, 10, 21, 35) sont en proportion parce que 6 est les mêmes parties de 10 que 21 l'est de 35 (2 mesure le couple [6, 10] de la même façon que 7 mesure le couple [21, 35]) :

$$6 = 2, 2, 2 \qquad 10 = 2, 2, 2, 2, 2$$
$$21 = 7, 7, 7 \qquad 35 = 7, 7, 7, 7, 7$$

Comme 2 = 1, 1 et 7 = 1, 1, 1, 1, 1, 1, 1, on a :

$$2 = 1, 1 \qquad 7 = 1, 1, 1, 1, 1, 1, 1$$
$$2 = 1, 1 \qquad 7 = 1, 1, 1, 1, 1, 1, 1$$
$$2 = 1, 1 \qquad 7 = 1, 1, 1, 1, 1, 1, 1$$

où l'on voit (verticalement[1]) qu'il y a autant de (1, 1, 1) dans (2, 2, 2) que de 1 dans 2, et autant de (1, 1, 1) dans (7, 7, 7) que de 1 dans 7. Autrement dit : il y a autant de 3 dans 6 que de 1 dans 2, et autant de 3 dans 21 que de 1 dans 7. Ce qui revient à : la monade mesure le couple (2, 7) de la même façon que 3 mesure le couple (6, 21) :

$$2 = 1, 1 \qquad 7 = 1, 1, 1, 1, 1, 1, 1$$
$$6 = 3, 3 \qquad 21 = 3, 3, 3, 3, 3, 3, 3$$

Par conséquent, 2 est les mêmes parties de 7 que 6 l'est de 21. On démontrerait de la même façon que 2 est les mêmes parties de 7 que 10 l'est de 35. Par conséquent, 6 est les mêmes parties de 21 que 10 l'est de 35, autrement dit (6, 21, 10, 35) sont en proportion[2]. Ce qu'il fallait démontrer.

Le lecteur aura remarqué que le pivot de la démonstration est le passage de :

$$6 = 2, 2, 2, \text{ \textit{i. e.} trois fois 2 produit 6}$$

à :

$$6 = 3, 3, \text{ \textit{i. e.} deux fois 3 produit 6}$$

au moyen d'une technique qui équivaut à la lecture du tableau :

$$1\ 1\ 1$$
$$1\ 1\ 1$$

une fois comme deux lignes de trois éléments (2 x 3), une fois comme trois colonnes de deux éléments (3 x 2). De même, le passage de : 21

---

1   Cette disposition est de mon fait pour faciliter la lecture. J'y reviens plus loin.
2   Euclide utilise sans l'expliciter une forme de transitivité : (6, 21, 2, 7) d'une part et (2, 7, 10, 35) d'autre part étant en proportion, il en résulte que (6, 21, 10, 35) l'est aussi.

= 7, 7, 7, ou trois fois 7 produit 21, à : 21 = 3, 3, 3, 3, 3, 3, 3, ou sept fois 3 produit 21, se fait au moyen d'une technique équivalente à la lecture d'un même tableau, une fois comme trois lignes de sept éléments (3 x 7) et une fois comme sept colonnes de trois éléments (7 x 3). Par conséquent, *le pivot implicite de cette démonstration est la commutativité de la multiplication*. Or la commutativité de la multiplication (prop. 16) est démontrée comme un cas particulier de l'échange des moyens dans une proportion, en substance comme ceci :

> supposons[1] que 3 multipliant 2 produise 6. Il y a donc autant de 2 dans 6 que de monades dans 3, donc 1 est la même partie de 3 que 2 l'est de 6, et par suite (1, 3, 2, 6) sont en proportion. Comme on peut échanger les moyens, les nombres (1, 2, 3, 6) sont en proportion, donc il y a autant de 3 dans 6 que de monades dans 2, autrement dit 2 multipliant 3 produit 6, ce qu'il fallait démontrer.

L'apparence est donc qu'Euclide aurait fait une banale erreur de débutant, en démontrant la commutativité (prop. 16) comme une conséquence d'une propriété (prop. 13) qui la contient déjà. La technique associée, à savoir la lecture d'un même tableau de deux façons différentes, est même utilisée dès le premier maillon de la chaîne des propositions 5 à 16. Voici en effet la proposition 5 :

> Prop. 5. Si un nombre est une partie d'un nombre, et qu'un autre soit la même partie d'un autre, ils seront aussi, les deux ensemble, la même partie des autres, les deux ensemble, que celle d'un seul est d'un seul.

En termes actuels : si a est le $n^{\text{ième}}$ de b et si a' est le $n^{\text{ième}}$ de b', alors $a + a'$ est aussi le $n^{\text{ième}}$ de $b + b'$. La preuve est en substance la suivante, avec un exemple qui facilite la lecture sans restreindre la généralité :

> 3 est la même partie de 15 que 4 l'est de 20. Je dis que 3, 4, les deux ensemble (*i. e.* 3 + 4), est la même partie de 15, 20, les deux ensemble (*i. e.* 15 + 20), que 3 l'est de 15. Comme en effet 15 = 3, 3, 3, 3, 3 et 20 = 4, 4, 4, 4, 4, il y a autant de 3, 4 dans 15, 20 que 3 dans 15. Ce qu'il fallait démontrer.

On notera que dans cette preuve, il n'y a rien de plus que ceci : les dix objets, cinq 3 et cinq 4, initialement regroupés en deux fois 5 objets,

---

1   Ici comme dans la démonstration précédente, le fait de prendre un exemple ne restreint pas la généralité de la preuve.

peuvent être regroupés en cinq couples (3, 4), c'est-à-dire en cinq fois 2 objets. Ce n'est rien d'autre que le tableau :

$$3, 3, 3, 3, 3$$
$$4, 4, 4, 4, 4$$

lu d'abord en deux lignes de 5 éléments chacune, puis en cinq colonnes de 2 éléments chacune.

Alors, puisque le fondement réel de toute cette affaire est une évidence pratique, un authentique calcul figuré (lecture d'un même tableau de deux manières différentes) pourquoi Euclide ne le prend-il pas tel quel, dès le départ, comme un axiome implicite ? Après tout, il le fait bien avec la mesure, qui non seulement n'est pas définie, mais qui, nous l'avons déjà remarqué, jouit de propriétés jamais explicitées provenant elles aussi de l'évidence pratique : si a mesure b et b mesure c, alors a mesure c ; tout nombre se mesure lui-même ; si a mesure b et c il mesure $b + c$.

La raison est qu'Euclide n'est ni un calculateur ni un cuistre de la rigueur, mais un penseur de l'un-multiple. Ce sont les déterminations de ce concept qui commandent tout le développement et non l'utilité calculatoire, et encore moins une plate rigueur formelle. Tâchons de voir comment.

DÉVELOPPEMENT EN SPIRALE
ET PASSAGES DES « PÔLES » UN ET MULTIPLE
L'UN DANS L'AUTRE

Reprenons le mouvement général. Les définitions 1 et 2 qui posent la monade et la multiplicité ne sont rien de plus que la reprise de l'idée apparemment simple, mais commune, de la pluralité de uns. Les définitions 3 à 5 la précisent avec l'idée non moins commune de mesure, qui détermine des multiplicités par leurs façons d'être les unes par rapport aux autres : de deux multiplicités, ou bien l'une mesure l'autre ou bien aucune des deux ne mesure l'autre.

Mais on délaisse immédiatement la mesure en tant que copie de la mesure ordinaire, qui consisterait par exemple à donner un résultat de 5 en comptant les segments de 4 coudées mis bout à bout dans un segment de 20 coudées, pour la concevoir comme rapport monade/multiplicité : le résultat de la mesure (5) est pensé sous la forme « 4 est monade par rapport à la multiplicité 20 de la même façon que la monade par rapport à la multiplicité 5 ». Autrement dit : 4 mesure 20 comme 1 mesure 5, *i. e.* (4, 20, 1, 5) sont en proportion. Partis de la pratique commune de la mesure en tant que dénombrement, on s'est donc haussé, grâce au concept de proportion, à la pensée de la mesure en tant que rapport de nombres et comparaison de ces rapports.

Vient ensuite le théorème fondamental d'échange des moyens (prop. 13), avec la circularité que nous avons constatée : il sert à prouver la commutativité de la multiplication (prop. 16), alors que celle-ci sert à prouver le théorème fondamental. Mais en réalité, la preuve du théorème fondamental ne s'appuie pas sur une propriété de la multiplication en tant que telle, mais sur une lecture immédiate du genre : trois lignes de deux objets chacune sont aussi deux colonnes de trois objets chacune. Car la multiplication, telle que définie par Euclide (déf. 16), n'est pas le comptage immédiat – par exemple trois lignes de deux objets chacune –, mais son placement au niveau supérieur de la proportion – par exemple (1, 3, 2, 6) – ; et tout l'intérêt de la preuve du théorème fondamental est dans une telle élévation de divers comptages immédiats à ce niveau supérieur, puis dans leur transformation finale en propriété de cette forme supérieure, à savoir l'échange des moyens (prop. 13). Le retour au comptage immédiat en lignes ou en colonnes, ensuite, mais sous sa forme supérieure de proportions particulières, conduit à la commutativité de la multiplication (prop. 16). Enfin, la commutativité de la multiplication, jusqu'ici propriété de proportions particulières (1, *a*, *b*, *a*×*b*), sert à son tour à prouver la propriété générale des proportions : (*a*, *b*, *c*, *d*) sont en proportion si et seulement si *b*×*c* = *a*×*d* (prop. 19).

Ainsi, la circularité que nous avons aperçue doit être comprise comme un développement en spirale, c'est-à-dire une série de retours, mais chaque fois sous une forme théorique supérieure. Et cette élévation théorique, de par la propriété conséquente d'échange possible des moyens (1, 4, 5, 20), *fait voir en même temps la naïveté de l'image de départ issue de la mesure des grandeurs en général.* Car l'échange montre que si 4 est l'unité de mesure et 5 la mesure (de 20), 5 peut être aussi l'unité de mesure et 4 la mesure, *inversion pure et simple qui n'est vraie que dans le domaine des nombres.* Car dans le domaine de la grandeur, en passant de « 5 fois 4 coudées » à « 4 fois 5 coudées », il n'y a pas inversion pure et simple, mais changement de statut puisque le nombre 5 devient la grandeur 5 coudées, et que la grandeur 4 coudées devient le nombre 4.

Aussi le théorème de l'échange des moyens (prop. 13) est-il propre au domaine du nombre et distingue-t-il ce dernier du domaine de la grandeur en général.

Il est vrai que la proportionnalité est aussi définie pour les grandeurs (livre V des *Éléments*). Cependant cela ne définit pas une relation *interne* à la grandeur, parce que le rapport de deux grandeurs n'est pas une grandeur de la même espèce ; dans le cas où celles-ci sont commensurables, le rapport est nombre ou nombres. Il est vrai aussi que si quatre grandeurs du même genre sont en proportion, on peut intervertir les moyens (proposition 16 du livre V), et que lorsque la proportion (*s, t, u, v*) concerne des segments de droites (proposition 16 du livre VI), il s'en suit même une sorte de multiplication évidemment commutative ; on démontre en effet que le « rectangle contenu par les extrêmes » *s* et *v* est égal au « rectangle contenu par les moyens » *t* et *u*. Mais justement, il s'agit alors de rectangles et non de segments, donc d'une espèce différente de celle des segments qui sont en proportion ; et c'est bien ainsi qu'il faut le comprendre et non comme une affaire de nombres sous couvert de longueurs de segments et d'aire de rectangles, ne serait-ce que parce que les segments ne sont pas nécessairement commensurables entre eux. C'est donc bien avec l'espèce « nombre », et seulement avec elle, que multiplication, commutativité de la multiplication et échange des moyens dans une proportion sont des relations *internes à cette espèce*, *découlant* de sa nature contradictoire monade-multitude.

Ces relations reviennent à faire l'échange de l'unité de mesure et du résultat de la mesure, qui est en même temps l'échange possible des pôles « un » et « multiple ». D'abord, la monade 1 se déploie en une multiplicité déterminée, par exemple « 1, 1, 1, 1 » ; cette chose, dite « quatre », est « une », donc monade, et par conséquent il existe des multitudes déterminées de cette monade, par exemple « 4, 4, 4, 4, 4 », et 5 est le nombre de celle-ci. Nous avons dans cet exemple une multitude de quatres, et 5 est ce par quoi on désigne cette multitude-là, c'est-à-dire ce par quoi elle est « une ». Ou encore : « 4, 4, 4, 4, 4 » est une cinquaine de quatres. Nous soulignons par là que dans la multiplicité-une « 4, 4, 4, 4, 4 », 4 occupe le pôle « multiple » et 5 occupe le pôle « un ». L'un-multiple, en se déterminant, s'est donc dissocié, séparé en deux pôles. Le théorème central de l'arithmétique euclidienne, l'échange des moyens ou la commutativité de la multiplication, expose précisément la réunification des contraires par l'inversion nécessaire des pôles, leur passage l'un dans l'autre. En effet, d'après ce théorème, « 4, 4, 4, 4, 4 » étant une cinquaine de quatres, dans laquelle 4 occupe le pôle « multiple » et 5 le pôle « un », il est en même temps une quatraine de cinqs, « 5, 5, 5, 5 », où cette fois-ci 4 occupe le pôle « un » et 5 le pôle « multiple ».

Par cette inversion, l'unité de l'un et du multiple est articulée, et non plus simplement immédiate comme elle l'était dans les définitions 1 et 2, puisqu'elle se présente comme une transformation concrète de l'un dans l'autre, dans la figure de deux nombres quelconques (4 et 5 dans notre exemple). Par conséquent deux nombres quelconques sont l'un par rapport à l'autre dans le rapport réciproque unité-multiplicité dans le sens où, par exemple, si 5 est l'unité de la multiplicité « 4, 4, 4, 4, 4 », 4 est l'unité de la multiplicité « 5, 5, 5, 5 ».

Le nombre en rapport avec lui-même selon sa contradiction interne un-multiple, tel est le fond de l'arithmétique euclidienne. Les Égyptiens avec leur calcul fractionnaire, et les Babyloniens avec leur système de position, avaient pragmatiquement fabriqué ce rapport. Les Grecs l'ont pensé et développé en une théorie complète.

ASPECTS DE LA NUMÉROLOGIE

La monade, ou l'Un, est l'être ramassé, ayant dépassé toute particularité qualitative ; il jouit de l'ubiquité puisque toute chose existante peut être dite « une » séparément et en même temps que les autres, et de ce fait on peut prendre l'Un pour l'être par excellence. L'Un étant multiple, la multiplicité est alors également l'être pur, et ses déterminations deviennent alors l'être existant par excellence. Telle est le fondement des diverses formes de numérologie. Cette pensée a des racines profondes, puisque, comme nous avons essayé de le montrer, l'une des sources du nombre est la perception de l'un-multiple comme démiurge en dernière analyse, le nombre se forgeant en tant qu'expression du déploiement systématique de la force créatrice. Sur cette base, il devient possible qu'une fois le nombre constitué, même de façon rudimentaire, on parvienne à l'idée que « toutes choses sont nombres ».

Nous nous intéresserons ici, en tâchant chaque fois d'en mettre en évidence la raison, à certains phénomènes extrêmement répandus comme le tabou sur le dénombrement, les divinations associées au regroupement par paquets avec étude du reste, la croyance au caractère faste du pair par rapport à l'impair (ou l'inverse), puis à la numérologie foisonnante de l'Inde védique, et enfin au pythagorisme.

DÉNOMBREMENT

Le tabou sur le dénombrement est très répandu, en particulier en Afrique. Voici quelques-uns des exemples donnés par J.G. Frazer (1924, chap. 5). Chez les Bakongo, si on compte ses enfants, on peut être entendu par le mauvais esprit ravisseur d'enfants. Les Galla de l'Ouest africain évitent de compter le bétail parce que cela empêche l'accroissement du troupeau. Chez les Hottentots, compter les membres d'une tribu risque de faire mourir l'un de ses membres. Pour les Amérindiens Cherokees, les melons et les courges encore sur pied cesseront de profiter si on les compte. On peut citer encore le proverbe « brebis comptées, le loup les mange », et le fait qu'au Danemark, on évite de compter les œufs d'une poule en train de couver, faute de quoi elle les piétine et tue les poussins. Dans sa colère contre les Israélites (II *Samuel* 24), Yahvé pousse David à les dénombrer[1], et celui-ci obtempère, commettant alors « un grand péché, une grande folie ». Yahvé lui offre le choix entre trois punitions, parmi lesquelles David choisit trois jours de peste. Bilan : 70 000 morts. Le dénombrement est donc partout associé à la mort ; la raison la plus plausible en est que le comptage fait des hommes, animaux ou objets comptés, des « uns » et rien d'autre, c'est-à-dire des néants individualisés, ayant par conséquent perdu tout ce qui constitue l'existence réelle.

L'intérêt des textes bibliques sur le dénombrement est qu'ils nous donnent aussi des moyens d'échapper à la malédiction. On peut racheter sa vie :

> Quand tu enregistreras l'ensemble des fils d'Israël soumis au recensement, chacun donnera au Seigneur la rançon de sa vie lors de son recensement ; ainsi, nul fléau ne les atteindra[2].

On peut aussi remplacer les gens par des substituts, à savoir leurs noms. Dans *Nombres* I, Dieu s'adresse ainsi à Moïse :

> Dressez l'état de toute la communauté des fils d'Israël par clans et par familles, en relevant le nom[3] de tous les hommes, un par un.

Chacune des douze tribus fait le décompte

> En relevant un par un le nom de tous les hommes de vingt ans et plus qui servaient dans l'armée, leur listes généalogiques par clans et par familles [...]

En revenant aux exemples africains, nous constatons le même genre de subterfuge. Claudia Zaslavsky raconte que dans le Dahomey (actuel

---

1   Dans I *Chroniques* 21, le récit est identique à cette différence près que c'est Satan, et non Yahvé, qui incite David à recenser son peuple.
2   *Exode* 30, 12, dans la *Traduction œcuménique de la bible*. Chaque homme, riche ou pauvre, devra donner un demi-sicle.
3   La traduction d'André Chouraqui est encore plus explicite : il s'agit du nombre des noms.

Bénin) précolonial, le recensement des troupeaux s'opérait en touchant chaque bête avec un cauri que l'on déposait ensuite dans la pile correspondant au type d'animal ; on dénombrait donc des cauris et non des animaux. Chez les Igbo (Nigeria), lors de la grande fête de l'igname nouveau, chaque chef apportait autant d'ignames que de membres de sa famille ; le dénombrement des ignames faisait fonction de recensement, dont le résultat était annoncé à l'assemblée des villageois (Zaslavsky, 1973, p. 52-53).

Notons que le tabou porte sur le dénombrement, en tant qu'annihilation individuelle par réduction de chacun à l'« un » vide, et non sur son résultat, le nombre. Frazer rapporte que les Massaï ne comptent ni les hommes ni les bêtes vivants (alors qu'on peut compter sans crainte les morts), mais donnent si nécessaire une estimation chiffrée.

L'aspect néfaste du dénombrement provient donc de l'annihilation des choses comptées, du fait qu'elles sont comptées. Pour éviter cela, on peut renoncer au comptage et se contenter d'une estimation, ou, mieux encore, connaître chaque chose individuellement par ses particularités ; l'entraînement à savoir ainsi « par cœur » gens et bêtes à cause du tabou sur le dénombrement était une composante courante de l'éducation en Afrique de l'Est (*ibid.*, 1973, p. 255-256). Mais dans la mesure où les choses comptées peuvent tout de même sauver leur peau grâce à des substituts, l'aspect bénéfique du dénombrement peut prendre le dessus. En tant qu'accumulation numérique, production de nombre, le dénombrement reproduit en effet, selon la perception archaïque de l'un-multiple créateur, le processus de la création ; comme tel, il est bénéfique et étalage de puissance. Nous l'avons constaté avec les potlatch, ces compétitions de générosité où l'on accumule les dons successifs, en recomptant publiquement tout depuis le premier don à chaque « round », au lieu de se contenter d'additionner le don en cours au total précédent. C'est ce qui se produit également dans un village Igbo lorsque, les gens ayant été comptés par l'intermédiaire des ignames, ils accueillent avec force manifestations de joie un total supérieur à celui de l'année précédente.

DIVINATIONS ASSOCIÉES
À DES REGROUPEMENTS PAR PAQUETS

Il existe chez les peuples andins de langue quechua une méthode très répandue de divination concernant la qualité de la future récolte. On prend par exemple une poignée de graines, puis on les retire deux par deux ; s'il en reste deux, c'est de bon augure, tandis qu'un reste de un est de mauvais augure (Urton, 1997, p. 54 et suiv.). Quel sens peut-on donner à ce genre de pratiques ? Comme on ne compte pas les graines pour savoir si elles sont en nombre pair ou impair, mais qu'on les fait défiler par paquets de deux, on pense à la reproduction d'un cycle ; comme ensuite on ne s'intéresse qu'au reste, 2 ou 1, on pense à la dualité qui exprime à la fois le qualitatif de la création (comme lumière-ténèbres) et la possibilité d'engendrement (mâle-femelle). On peut donc conjecturer que le défilement est la reproduction de cycles antérieurs de créations et d'engendrements, et que le reste reflète le moment présent des semailles. S'il reste 2, c'est signe de reproduction ; le reste 1 est signe de création inachevée ou d'engendrement impossible.

Une pratique peut-être analogue au départ, mais beaucoup plus développée techniquement, est celle du *sikidy* de Madagascar (Ascher, 2002, chap. 1 ; Chemiller, 2007, chap. 6 et 7 ; Rabedimy et Razafindehibe, 2011). Le devin prend deux poignées de graines qu'il pose en deux tas devant lui, puis il retire deux par deux les graines de chaque tas et ne garde de chacun que le reste, une ou deux graines. Il réitère l'opération huit fois et dispose les seize résultats dans un tableau de quatre lignes et quatre colonnes, ce qui donne par exemple :

x	x	xx	xx
xx	x	x	x
x	xx	x	x
xx	xx	x	xx

Une « figure » est une ligne ou une colonne ; il y a donc $2^4 = 16$ figures possibles. Celles du premier tableau sont dites « mères », qui vont elles-mêmes engendrer plusieurs générations de « filles ». La première fille s'obtient en additionnant terme à terme les deux dernières lignes du tableau ci-dessus, mais en ne gardant que le reste comme précédemment. La première fille est donc :

Les autres naissent selon le même principe, par des additions de deux lignes ou de deux colonnes suivant un plan bien défini. Les générations successives de filles aboutissent en fin de compte à un tableau de seize figures (pas nécessairement deux à deux distinctes). Les figures dont le total est pair sont les « princes », la force, les autres sont les « esclaves », la faiblesse, et par ailleurs chaque figure parmi les seize possibles est associée à une direction cardinale. Pour distinguer les « princes » des « esclaves », on ne compte pas les éléments de la figure mais on regroupe leurs graines deux par deux et on regarde le reste. Enfin, chacune des seize figures-résultats est associée selon un ordre défini à une liste de seize items : le consultant, les biens matériels, un être maléfique, la terre, l'enfant, etc. L'art du devin est de brasser tout cela pour répondre au consultant.

Dans leur cours sur le *sikidy*, Rabedimy et Razafindehibe donnent des détails extrêmement instructifs. L'obtention des graines issues de l'arbre *fano*, et qui seront manipulées comme on vient de l'indiquer par le futur devin, est une cérémonie solennelle, accompagnée du sacrifice d'un coq. On adresse une prière à l'arbre en tant que représentant de la vie donnée par le créateur, et ses graines en sont comme la quintessence, qui apportent en même temps la connaissance de la vie comme l'affirme la prière. Les graines doivent être séchées sur la partie orientale du toit, « pour qu'elles s'imprègnent de la force ascendante du soleil et du cosmos dans son ensemble. » Le futur devin fait enfin une incision sur sa langue et dépose un peu de sang sur les graines séchées : ainsi est scellé le lien de vérité entre les questions du devin et les réponses que les graines donneront sous forme de tableaux. Avant toute consultation, le devin doit d'abord « réveiller » le *sikidy* en priant l'arbre de « dire la vérité, toi qui est *fano*, toi qui est arbre », puis réciter la signification des seize figures possibles ; comme toujours dans les rites archaïques, cette récitation est la reproduction du geste de l'ancêtre mythique qui a établi le *sikidy* et ses règles. Cette divination est donc recherche de vérité par la reproduction et l'adaptation au cas particulier du consultant d'une parole vraie, ancestrale, toute imprégnée de force totalitaire (« cosmique »), et cette parole, telle que transmise par les graines, est, sinon nombres, au moins quanta. Plus précisément, elle est combinaison des quanta 1 et 2 (monade et dyade) où 1 est le caractère *maty* (mort, agonie, manque d'énergie vitale) tandis que 2 est le caractère *veloño* (vivant, fécond), c'est-à-dire une fois encore la dualité créatrice. Le monde réel est l'unité vie-mort, ce que l'on retrouve sous forme chiffrée dans les huit figures-mères, puis dans la génération des figures-filles. Sur cette base « rationnelle » ont peut spéculer à l'infini suivant la disposition des 1 par rapport aux 2 dans une même figure, suivant le total pair (vie, « prince ») ou impair (mort, « esclave ») de celle-ci, suivant leur place dans le tableau final, et suivant le lien entre chaque figure et les points cardinaux.

Il existe en Afrique, chez les Yoruba, une divination ressemblante au *sikidy*, en plus simple. Dans la version qui était en vogue chez les Fon du Dahomey (Maupoil, 1988), le hasard fournit des restes de une ou deux noix dont la combinaison va révéler la parole du créateur, parole qui s'incarne dans le personnage de Fa. Fa, nous dit-on, « aime tout ce qui va par deux » et l'auteur ajoute : « les rapports intimes entre Fa et Mawu, qui a créé toutes choses par couples, et qui est lui-même homme et femme, expliquent cette particularité » (*ibid.*, p. 366) Les manipulations aboutissent à une figure faite de deux colonnes de quatre restes chacune, par exemple :

I	I
II	I
II	I
I	II

Il y a donc au total $2^8 = 256$ figures, et à chacune d'elles est associée plusieurs légendes que le devin doit connaître et adapter aux demandes du consultant.

Dans le *Yijing* chinois c'est cette fois-ci le *Dao*, la Voie, qui s'exprime en nombres et tableaux à déchiffrer. La manipulation se fait à partir de 50 tiges d'achillée, dont l'une est mise de côté ; les 49 restantes sont partagées au hasard en deux tas, « pour reproduire les puissances premières » (le ciel et la terre), et on met de nouveau une tige de côté, ce qui, avec les deux tas précédents, reproduit « les trois puissances » (le ciel, la terre et l'homme). De chaque tas on retire ensuite les tiges quatre par quatre « pour reproduire les quatre saisons » jusqu'à ce qu'il ne reste que une, deux, trois ou quatre tiges. Nous avons suggéré que les retraits deux par deux des exemples précédents sont une reproduction de cycles créatifs ; dans le *Yijing*, il s'agit explicitement de la reproduction des années. Les manipulations préliminaires ont donc consisté en reproductions successives de l'espace, de l'espace habité, et du temps.

On additionne maintenant les deux restes et la tige mise de côté, ce qui donne 5 ou 9 comme un calcul le montre. On recommence ensuite la manipulation avec 49-5 = 44 ou 49-9 = 40 tiges suivant le cas : une tige est mise de côté, ce qui reste (43 ou 39 tiges) est partagé au hasard en deux tas, on retire les tiges 4 par 4, on additionne les deux restes et la tige mise de côté, ce qui donne cette fois-ci 4 ou 8. On le refait une troisième fois en retirant 4 ou 8 tiges, et les nombres obtenus sont encore 4 ou 8. Le résultat final est donc un triplet (*a, b, c*) où *a* est 5 ou 9 et *b* et *c* sont 4 ou 8 ; sans que l'on en sache la raison, on met 2 à la place de 9 et de 8, et 3 à la place de 5 et de 4. On obtient donc un triplet (*d, e, f*) où chaque lettre est 2 ou 3, et on additionne enfin *d* + *e* + *f* : si le total est impair, on note un trait plein –, signe du *yang* (fort, mâle, etc.), et si le total est pair, on note le trait discontinu --, signe du *yin* (faible, femelle, etc.). Le calcul montre que la probabilité d'obtenir chacun des signes *yin* et *yang* par la procédure compliquée que nous venons de décrire est de 1/2. Dans ces conditions, pourquoi ne pas se contenter du seul jet d'un objet à deux faces, comme le font les adeptes modernes de cette divination ? La réponse est qu'*on raterait alors toute la gestuelle précédente de recréation de l'espace et du temps*, c'est-à-dire des « puissances ». Avec une pièce de monnaie, nous n'aurions aucune réponse, mais seulement le hasard aveugle ; grâce à la gestuelle décrite, nous aurons au contraire une révélation provenant des « puissances » qui manifestent leur action par les lois du nombre et s'expriment en nombres :

> En tant qu'elle [la Voie] sert à explorer les lois du nombre et à connaître ainsi l'avenir, elle se nomme révélation.
> « *Grand Commentaire* V-8 ». (Wilhelm, 1973, p. 339)

Le but est d'obtenir un hexagramme, colonne de six signes *yin* ou *yang*; il faut donc faire six fois toute la manipulation que nous venons de décrire, et il n'y aura plus qu'à interpréter l'hexagramme en se référant au texte traditionnel, reproduit dans l'ouvrage de Richard Wilhelm (1973).

Dans les îles Carolines, on fait aléatoirement des nœuds dans quatre bandes de feuilles de cocotier, et l'on considère les quatre restes (1, 2, 3 ou 4) après dénombrement des nœuds quatre par quatre (Ascher[1], 2002, p. 7-9). L'association des deux premiers restes (4×4 = 16 possibilités) caractérise un esprit-destinée, et les deux derniers un autre. L'art du devin consiste à associer les deux en fonction des demandes du consultant. On ne connaît pas la raison du regroupement par quatre. En revanche, dans une divination propre aux Mayas Quiché, chaque ensemble de quatre graines de maïs, dans un tas fourni par le hasard, représente un jour du calendrier sacré de 260 jours sur lequel repose l'interprétation ; le nombre de graines restantes renseigne sur la qualité de la divination (Tedlock, 1992, chap. 7).

Le fond commun des divinations à partir de regroupements par paquets me paraît donc être le suivant : le retrait l'un après l'autre de groupes de deux ou de quatre est la reproduction de cycles, et le reste représente le moment actuel au sein d'un cycle. Comme dans la pensée archaïque il n'y a pas d'histoire linéaire, mais seulement des répétitions de cycles identiques, le reste est la clé de l'interprétation parce qu'il indique la référence à consulter. Sur cette base simple, on peut édifier des cycles de cycles, inventer des notations graphiques de ceux-ci de plus en plus complexes, ce qui oblige à multiplier les références pour l'interprétation (mythes de création, geste des ancêtres, points cardinaux, etc.), de telle sorte que le sens simple d'origine est tellement enfoui qu'il se perd.

PAIR-IMPAIR

Dans le *sikidy*, par exemple, l'intérêt des devins se porte sur le reste après regroupement deux par deux, mais ce reste ne qualifie pas le

---

1   La source de Maria Ascher est l'article de William E. Lessa (1959). Lessa dit que cette divination est mentionnée dès le XVIIIe siècle par les missionnaires jésuites.

nombre initial en pair ou impair, ne serait-ce que parce que ce nombre n'est même pas connu, puisque le reste est obtenu par une suite de manipulations et non par un comptage suivi d'une division par deux. Nous nous intéressons maintenant à la numérologie associé au rangement des nombres eux-mêmes en deux catégories, le pair et l'impair.

La numérologie du pair-impair est assez répandue. En Afrique de l'Est, la tendance est à considérer l'impair comme défavorable. Les Chagga de Tanzanie, d'après un rapport de 1938, considèrent que le nombre impair est le nombre « sans compagnon », et on conseille aux enfants de ne pas se promener en groupes de 3, 5, 7 ou 9 ; les nombres pairs en revanche sont considérés comme fastes (Zaslavsky, 1973, p. 256). L'impair est défavorable chez les Maori quand il s'agit de quantités de nourriture (Best, 1907). Chez les Kédang d'Indonésie et, semble-t-il, chez les peuples de langues austronésiennes en général, l'impair est au contraire favorable et le pair défavorable. Grâce à l'enquête de terrain de R.H. Barnes chez les Kédang, on peut se faire une idée de la raison qui produit la numérologie du pair-impair (Barnes, 1974, 1982). Chez les Kédang, les nombres impairs sont les nombres de la vie, tandis que les nombres pairs sont ceux de la mort. Une maison ne peut être construite avec un nombre pair de longerons sur quelque côté du toit que ce soit, toutes les parties d'un objet ou d'une suite d'évènements sont en nombre impair, que ce soient les orages de la mousson, les mois de la saison sèche, les mois de gestation (7 ou 9), ou les 13 niveaux de l'univers. À la mort d'un individu, on déchire un vêtement, spécialement fait à cette intention, en autant de morceaux qu'il a d'enfants de même sexe, mais on s'arrange toujours pour qu'il y ait un nombre impair de morceaux, faute de quoi on attirait le mauvais sort sur les enfants. La remarque importante de Barnes est que

> Les nombres pairs [...] indiquent des transitions de diverses sortes, ou interviennent au moment où une transition a lieu, comme la naissance, la mort, le nettoyage du village au début de la saison humide, etc. (Barnes, 1982, p. 14).

ou encore :

> Un nombre pair impliquerait la complétude de la série, et donc l'arrivée de la prochaine transition, ce qui, dans le cas de la vie, ne peut être que la mort (Barnes, 1974, p. 168).

On peut comprendre ceci : le nombre pair, en tant que double, symbolise une réalité complète dans la mesure où « tout va par deux », suivant le modèle du couple mâle/femelle. Et si l'on prend « complet » dans le sens de « terminé », le nombre pair pourra être signe de mort et par opposition l'impair signe de vie.

Il est clair que les mêmes prémisses peuvent conduire, et conduisent en effet, à l'interprétation opposée. L'un des modèles fondamentaux des mythes de création est le dédoublement de l'un en couples d'opposés, par analogie avec le couple mâle-femelle, qui peut donc exprimer la complétude non pas en tant que fin mais au contraire en tant que puissance infinie de reproduction. Le pair est alors signe de vie. On connaît un exemple intéressant de cette croyance chez les Bantous du Zaïre, telle qu'elle est rapportée dans *Une bible noire* (Fourché et Morlighem[1], 1973), et dont nous allons tenter de retrouver la logique.

LE PAIR-IMPAIR DANS *UNE BIBLE NOIRE*

Le créateur s'appelle Maweja Nangila, dont la puissance réside, classiquement, dans le fait d'être un-multiple. « Il a gardé jusqu'à nos jours ce pouvoir de se métamorphoser en personnes multiples, sans rien perdre de sa personne », et les grands initiés d'autrefois avaient également cette capacité « en apparaissant sous l'aspect de plusieurs personnages, dans le même temps, et dans un même ou dans différents lieux » (Fourché et Morlighem, p. 11, 12). Classiquement aussi, le modèle de la propre personne de Maweja Nangila « magiquement divisée, sans qu'il en perde rien », voisine avec le modèle du partage et de l'expansion de son corps : sa tête est lui-même, ses deux bras sont deux esprits du panthéon, la multitude des bons esprits sont les parties de son corps, l'eau, le feu, la lumière et les ténèbres en sont des expansions (*ibid.*, p. 222-223).

Pour passer à la création réelle, il faut maintenant que l'un-multiple se détermine. Tout d'abord, l'un est intrinsèquement double. Comme Maweja Nangila, avant toute création, « se manifeste seul et de par

---

1   Les auteurs étaient médecins. Ils rapportent dans cet ouvrage les croyances qu'ils ont relevées sur place de 1923 à 1947.

soi-même », il est la dualité la plus « une » que l'on puisse imaginer, puisqu'il s'agit au fond de l'individu prenant conscience de lui-même ; nous avons déjà rencontré cela avec des représentations plus concrètes de démiurges qui se parlent à eux-mêmes ou qui cherchent à créer un interlocuteur. Ensuite, la création se fait principalement par « paires jumelles », mais qui ne sont pas nécessairement des êtres séparés : « Créant ainsi toutes choses deux par deux, Maweja Nangila leur conféra du même coup leurs qualités principales » (*ibid.*, p. 21). La duplication est donc *ipso facto*, comme nous l'avons souvent remarqué, création des opposés qualitatifs, et il s'agit ici principalement des couples aîné-cadet et mâle-femelle. Ces couples sont des qualités de chaque chose, la gémellité dont il est question étant une représentation de la dualité de l'un. Maweja Nangila a créé chaque aîné des espèces « soit hermaphrodite, soit mâle et femelle du même coup », et la qualité de chacun dépend du contexte. Ainsi la lune est femelle dans le couple soleil/lune, mais elle est mâle dans le couple lune/étoiles, et il y a des étoiles mâles par rapport à d'autres étoiles femelles. En fin de compte,

> Lorsqu'on dénomme l'hermaphrodisme des grandes choses aînées, on le signifie en disant, suivant la prédominance de sexe de la chose envisagée, « mâle-femelle » ou « femelle-mâle ». ainsi, on dit que le soleil est hermaphrodite « mâle-femelle » et que la lune est hermaphrodite « femelle-mâle » ; que l'eau est hermaphrodite « femelle-mâle » et le feu, hermaphrodite « mâle-femelle » (*ibid.*, p. 23).

On a le même relativisme avec le couple aîné/cadet : par exemple, la « gazelle Kabuluku » est l'aînée des animaux à sabots mais elle est la cadette des animaux à dents aigües.

Telle est donc la dualité fondamentale de l'un. Mais la création par paires jumelles est aussi la création d'êtres séparés comme l'eau et le feu, la lumière et les ténèbres, ou destinés à être séparés comme le ciel et la terre après la « chute » provoquée par la désobéissance de certains esprits et de l'homme. C'est aussi la création des espèces par subdivisions successives « jusqu'à ce qu'il [Maweja Nangila] ait créé, deux par deux, la multitude de toutes les plus petites sortes de créatures. » Le nombre 2, pris comme symbole, apparaît donc d'une part comme la caractéristique de toute chose en tant que support de qualités opposées, et d'autre part comme signe de l'acte créateur par excellence, celui de la division effective par dichotomies successives.

Jusqu'ici, 1 et 2 suffiraient en tant que symboles et l'on ne pourrait guère parler de numérologie. Mais voilà que 3 s'en mêle. Car 3 semble être principalement le symbole de l'achèvement, au sens d'accomplissement. Il y a, nous dit-on, une triple métamorphose de l'homme : en vie sur terre, cadavre dans le tombeau, esprit (éventuellement réincarné) après sa mort. Il y a trois époques dans sa vie : celle de la naissance et de la circoncision, celle du mariage et de la procréation, et celle du vieillissement et de la mort. Au cours des temps, on a eu d'abord l'homme d'origine mi-homme mi-esprit, puis l'homme terrestre après la chute, avant la dernière métamorphose à venir, celle du retour à l'état originel. Le foyer domestique est trois par ses trois personnages clés que sont le père, le fils aîné et la première épouse.

Il faut donc mêler le 2 de la création active et le 3 de l'accomplissement, qui reflète entre autres la triade commencement, milieu et fin. À partir de là, les choses commencent à s'embrouiller, et comme c'est le cas pour toute numérologie qui se respecte, son côté « pensé » tend à se dissoudre dans des combinaisons arbitraires. Dans les grandes listes classificatoires qui détaillent la création, les « paires jumelles » donnent incontestablement le ton, puisque les espèces se subdivisent habituellement en 2 ou directement en puissances de 2 ; mais on peut avoir aussi des « triades jumelles », comme l'espèce des Pluies de Brouillard, divisée en Éclaircie du Ciel (aînée), Pluie Fine (puînée) et Crachin (cadet). Revenant aux premiers actes de la création, on apprend que Maweja Nangila se métamorphose d'abord en trois personnes, lui-même et deux autres Esprits Seigneurs, situation rapprochée du foyer avec le père, le fils premier né et la première épouse. Suit la création d'un quatrième Esprit, elle même suivie de deux autres séries de quatre Esprits ; c'est ainsi que le démiurge créa

> douze Esprits en grande perfection, par trois fois quatre, car Maweja Nangila créa dès le début par les nombres trois et quatre. Sachez que quatre est un nombre grand pair, absolument complet de grande perfection et de grande chance. Douze est un nombre de très grand pair [...] Par la suite il créa encore, et toujours par séries de quatre, une multitude de Petits Esprits ou Petits Emissaires, et l'on dit qu'il en crée encore, même de nos jours (*ibid.*, p. 14).

Les nombres deux et trois font donc place aux nombres trois et quatre. Si deux provient de la dichotomie des qualités et de l'acte créateur, quatre provient clairement de la représentation de l'univers structuré par les directions cardinales : « Maweja Nangila a créé toutes choses et toutes les parties de toutes choses par des carrefours de quatre voies » (*ibid.*, p. 183). Nous avons donc d'un côté, avec le nombre deux, le signe d'une véritable conceptualisation, celle de la dualité de l'un et celle de la dichotomie créatrice ; de l'autre côté, avec le nombre quatre, nous n'avons qu'une simple représentation, mais qui doit avoir une place éminente en tant que reflet de la structure de l'univers. D'où l'unification des deux aspects, deux et quatre, dans l'idée générale de parité, ce qui permet d'intégrer la représentation géométrique de l'univers (quatre) tout en laissant le rôle principal à la dualité, puisque le nombre pair est double. Cependant, avec la parité, il ne s'agit plus seulement de division en deux, mais de division en deux parties égales. D'où la possibilité d'associer la parité avec l'égal, l'équilibré, le stable, et par conséquent l'impair avec le déséquilibré, comme nous le verrons plus bas.

À partir de là, des développements considérables sont possibles, bien que stériles sur le plan conceptuel et mathématique. On peut déjà intégrer le nombre trois grâce à la création de trois fois quatre esprits. L'important est que douze soit pair ; s'il est qualifié de « très grand pair », alors que quatre n'est que « grand pair » et que l'on apprend ailleurs que huit, en tant que deux fois quatre, n'est aussi que « grand pair », ce n'est pas qu'il serait davantage pair que les autres, mais qu'il est « très bon » à cause de sa parité (signe de la dualité créatrice) et de sa triplicité (signe de l'accomplissement). Une fois sur cette lancée, il n'y a pas de raison de s'arrêter :

> Il [Maweja Nangila] créa les plus grands d'entre eux [Esprits] par trois fois quatre, soit douze en tout : douze est un nombre de très grand pair. De même, les facultés et les pouvoirs des Esprits du Ciel appartiennent à l'ordre du nombre douze : soit douze, vingt-quatre, quarante-huit, quatre-vingt seize (*ibibid.*,, p. 21).

On notera que « l'ordre du nombre douze » n'est pas constitué de multiples quelconques de 12, mais seulement de multiples de la forme $2^n \times 12$, tant la duplication reste le schéma central.

Le pair est donc le bon, le pouvoir, la « bonne chance ». Par conséquent, le mauvais étant l'opposé du bon, l'impair sera le mauvais, c'est aussi simple que cela, et tant pis pour la contradiction avec le fait que trois est plutôt bon, comme nous l'avons vu !

Et puisque le pair est associé à la création « en grande perfection », l'impair sera associé à la création ratée et à la chute[1]. Le premier ratage est du à un personnage dont tout le monde se moque en l'appelant Équivoque, parce sa tête est humaine, son corps est couvert de plumes comme un oiseau, il peut nager comme un poisson et il a quatre pattes comme un animal terrestre. Interrogé par Maweja Nangila, Équivoque se plaint d'être réprouvé et ajoute : « Tu ne m'as pas créé à ta ressemblance : tu m'as créé équivoque d'ordre numérique impair. Je suis impair » (*ibid.*, p. 108). D'autres Esprits et l'homme lui-même rejoignent Équivoque dans ses récriminations : c'est la « chute ». En punition, les Esprits sont dégradés par le créateur en leur enlevant un pouvoir, celui de faire le bien : en conséquence, ceux qui avaient 12 pouvoirs n'en ont plus que 11, ceux qui en avaient 24 passent à 23 et ceux qui en possédaient 48 en gardent 47. Il sont devenus, nous dit le texte, « d'ordre numérique grand impair, des plus mauvais et des plus funeste » (*ibid.*, p. 235). Il semble donc que « grand impair » signifie premier, ce qui expliquerait que l'on ne dise rien des Esprits qui ont 96 pouvoirs, puisque 95 n'est pas premier. Les autres créatures, après la chute, se sont généralement métamorphosées de façon à mêler le pair et l'impair, puisqu'elles ne sont ni absolument bonnes ni absolument mauvaises, à l'exception (selon une version) des oiseaux qui sont restés « grand pair » parce qu'ils ont huit orifices corporels ! Les animaux qui ont participé à des conflits de peu d'importance ont mêlé dans leur nature « un peu d'impair au pair », d'autres sont devenus vraiment mauvais et ont mêlé « plus d'impair à l'ordre numérique pair de leur création », et enfin les pires, comparables aux mauvais Esprits, « sont devenus d'ordre numérique impair ou grand impair, à cause des pouvoirs maléfiques qu'ils ont acquis » (*ibid.*, p. 168). Il semble donc que l'on passe de l'ordre pair à l'ordre impair, soit par la perte d'un pouvoir, soit par l'acquisition de pouvoirs maléfiques. Avec le mélange du pair et de l'impair qui caractérise la plupart des créatures

---

1   Il existe des similitudes frappantes entre la chute racontée dans *Une bible noire* et le récit de la Genèse dans l'Ancien Testament. Mais les récits de chutes suivies de destructions de l'humanité sont communs à de nombreuses mythologies un peu partout dans le monde, et par conséquent une coloration partielle du mythe autochtone par celui que répandaient les missionnaires chrétiens n'aurait rien d'étonnant. Il s'agit bien d'une coloration et de rien de plus : comme le soulignait le Père Placide Tempels, les Bantous étaient « trop superficiellement convertis ou civilisés », et nombre d'entre eux, quoique « civilisés, voire chrétiens, retournent à leur attitude ancienne chaque fois qu'ils sont sous l'emprise des ennuis, du danger et de la souffrance » (Tempels, 1948, p. 13).

après la chute, mélange dans lequel une sorte de degré d'imparité est un indice du mal, joint au fait que « grand impair » signifie probablement premier, on pourrait s'attendre à des développements arithmétiques intéressants fondés sur la décomposition d'un nombre en facteurs. Il n'en est rien, et on ne décolle guère des représentations les plus matérielles comme le nombre d'orifices corporels. L'homme, nous dit-on, avait avant sa chute douze orifices corporels qui correspondaient à douze pouvoirs. Il en a perdu trois, le creux épigastrique et les deux fontanelles, qui correspondent à des facultés de voyance ; restent neuf orifices. Mais 9 est impair et l'homme doit mêler l'impair au pair. Qu'à cela ne tienne, on va rajouter son esprit pour faire 10, et :

> On dit donc de l'homme de nos jours qu'il est de l'ordre numérique du chiffre dix, qui joint le pair à l'impair, et qui, d'autre part, est impair, car dix est deux fois cinq, qui est impair (*ibid.*, p. 169).

Le nombre dix « joint » donc le pair à l'impair, avec l'accent sur l'impair en tant que multiple de cinq, ce qui pourrait vouloir dire que l'homme est surtout mauvais. Si l'on résume cela en disant que le nombre dix est certes pair, mais impairement pair, nous voyons dans ces considérations la possibilité d'une spéculation conduisant aux « pairement pair », « pairement impair » et « impairement impair » que définit Euclide dans le livre VII des *Éléments*, et qu'il précise dans les propositions 32 à 34 du livre IX.

NUMÉROLOGIE VÉDIQUE
D'APRÈS LE *SATAPATHA BRAHMANA*[1]

La grande affaire est comme toujours la création, que le rite est censé reproduire. Prajapati est le nom du créateur des mondes terrestre et céleste

---

1 Recueil qui illustre et commente les textes sacrés de l'Inde védique, principalement les poèmes du *Rig-Veda*. La période védique de l'Inde s'étend, de l'avis général, de -1500 à -500 environ. Elle fait suite à la civilisation dite l'Indus, célèbre pour ses sceaux non encore déchiffrés et pour les restes imposants des villes de Harappa et de Mohendjo-Daro. La période védique proprement dite se termine à la naissance du bouddhisme et du jaïnisme, après quoi le védisme évoluera en hindouisme. Pour le *Satapatha Brahmana*,

et de tout ce qu'ils contiennent, dieux compris, au moyen du sacrifice de lui-même par lui-même. Le sacrificateur s'identifie à lui pendant le rite. Au fond, tout le *Satapatha Brahmana* vise une seule chose : montrer comment et pourquoi tel rituel, qui inclut la construction de l'autel du sacrifice, la récitation de litanies et le sacrifice proprement dit, est bel et bien la reproduction de l'acte créateur, à savoir le sacrifice primordial de Prajapati. Il y a trois techniques principales pour faire cette démonstration : l'analogie verbale (les jeux de mots qui permettent de passer d'une chose à une autre), les constructions géométriques, et la numérologie. Les constructions géométriques concernent les formes des autels, déterminations spatiales de la puissance créatrice de Prajapati et de son extension ; exposées en détail dans les *Sulbasutras*, ou « aphorismes de la corde », elles sont du plus haut intérêt pour l'histoire de la géométrie dans la mesure où des motivations explicitement et uniquement mythiques-rituelles ont donné naissance, avec ces aphorismes, à un corpus original de constructions rigoureuses (Keller, 2006, chap. 6). Seule la numérologie retiendra ici notre attention ; nous n'y trouverons aucun corpus arithmétique sous-jacent, mais une débauche de spéculations sur fond d'un-multiple agrémenté de tours de passe-passe numériques.

DE L'ÊTRE EN PUISSANCE
À L'ÊTRE EN ACTE

Au début, l'univers existait et n'existait pas (X-5-3)[1] ; il n'y avait que l'Esprit, lui aussi existant et non existant, mais qui finit par acquérir une substance et par créer à son tour. Le *Rig-Veda* (X-129)[2] dit : « Il n'y avait pas l'être, il n'y avait pas le non-être en ce temps », sentence qui, mise en rapport avec l'ensemble de la littérature védique, devrait signifier qu'il n'y avait au commencement que désir d'être, donc ni être strict, ni non-être strict. Il n'y avait, poursuit le *Rig-Veda*, que « l'Un, respirant de son propre élan, sans qu'il y ait de souffle », et plus loin : « cet univers n'était qu'onde indistincte » ; « alors, par la puissance de l'ardeur, l'Un prit naissance, vide et recouvert de vacuité. » Ou bien on

---

j'ai utilisé la traduction anglaise de Julius Eggeling, *Satapatha Brahmana According to the Text of the Madhyandina School*, 1882-1900, Sacred Books of the East, en ligne sur le site Sacred Texts.

1   (X-5-3) signifie : livre X, chap. 5, paragraphe 3 du *Satapatha Brahmana* dans l'édition de J. Eggeling.
2   Sources des citations du *Rig-Veda* : Louis Renou (1956) et Jean Varenne (1984).

dit qu'il n'y avait que de l'eau (XI-1-6) ; les eaux cherchent elles aussi à se reproduire, et après moultes dévotions, fabriquent un œuf d'or d'où sortira Prajapati. On dit encore qu'il n'y avait que Prajapati (XI-5-8) : « Que j'existe, que je sois engendré » dit-il, et son vœu est exaucé grâce à de ferventes dévotions ; les trois mondes (la terre, l'air et le ciel) naissent alors, issus de lui-même. Ou bien, au début il y avait le non-existant, et ce non-existant était les souffles vitaux (VI-1-1) ; ceux-ci brûlent aussi de créer l'univers, et ils y réussissent par de dures et austères dévotions.

C'est le mystère de la création qui est exprimé par ces images, en posant la contradiction sous des formes variées. S'il y avait l'être, nul besoin de création ; s'il y avait le non-être, comment aurait-il pu passer à l'être ? Le *Rig-Veda* (X-129) laisse la question sans réponse :

> Cette création, d'où elle émane,
> Si elle a été fabriquée ou si elle ne l'a pas été,
> Celui qui veille sur elle au plus haut du ciel
> Le sait sans doute : ou bien ne le sait-il pas ?

Ce qu'exprime tout cela, c'est que le commencement absolu ne peut être décrit que comme l'existence sans existence, c'est-à-dire comme l'être en puissance. Toutes les images comme l'Eau, l'Esprit, l'Un, l'Onde, les Souffles et même Prajapati qui, chacun à leur façon, passent de l'indétermination à la détermination par leur propre volonté, sous l'effet d'une ardeur ou échauffement interne assimilés à la ferveur religieuse, sont des représentations de l'origine comme être et non-être à la fois, donc mouvement à l'état pur qui décide par lui-même de devenir état au sens d'état de choses. Comme le dit le magnifique *Rig-Veda* X-129, « le désir en fut le développement originel, (désir) qui a été la semence première de la conscience. » Le processus est donc un pur acte de conscience, ce qui place la pensée au premier plan, elle apparaît comme la cause véritable ; et de ce fait, la pensée est décrite comme auto-création, auto-développement. C'est une vision remarquable, dont il découle que le brahmane qui dirige la construction de l'autel et le sacrifice, et qui, comme on le sait, doit se mettre littéralement dans la peau de Prajapati, doit par conséquent *penser* tout ce qu'il fait, ce qui exclut toute pratique distraite des rites ; l'officiant doit en dominer toute la complexité et pour cela connaître les très nombreuses significations, qui toutes se réfèrent à rien de moins que la création elle-même. Le *leitmotiv* du *Satapatha Brahmana* est : celui qui sait cela (le sens de telle ou telle pratique) obtient l'année (le temps), ou l'immortalité, ou le bien-être, ou une vie menée jusqu'à son terme, etc. Nous allons voir de quelle manière l'un-multiple et le nombre sont un instrument essentiel de ce savoir, c'est-à-dire de la rationalité et de la cohésion de l'ensemble du système mythique-rituel.

L'ÊTRE EN ACTE EST AUTO-DÉMULTIPLICATION

Et pour commencer, quelle que soit l'image sous laquelle la création nous est présentée, c'est l'Un qui est le vrai modèle sous-jacent de l'existant non-existant préalable, et à bon droit si l'on accepte l'analyse selon laquelle cet Un, la monade, est précisément le néant considéré comme existant (*cf.* annexe 3); comme selon cette contradiction, l'Un est immédiatement multiple, ce que la représentation transpose en un Un gros de multiple, un Un qui se reproduit dans le multiple sans le secours extérieur de la fécondation, ce qui fait de l'Un le créateur par excellence, et du modèle de l'un-multiple la solution rationnelle du mystère de la création. En VI-1-1, c'est en se reproduisant lui-même que Prajapati crée la « triple science », c'est-à-dire les trois corpus fondamentaux du Veda (les hymnes du *Rig-Veda*, la mise en musique du précédent dans le *Sama-Veda*, et les formules sacrificielles du *Yajur-Veda*). Par sa parole il crée l'eau, image de l'indéterminé qui contient le monde comme dissout en lui, donc le monde existant non-existant. Puis le texte dit : qu'elle (l'eau) devienne plus d'un, qu'elle se reproduise elle-même! Apparaissent alors neuf éléments, l'argile, la boue, le sable, les cailloux, les rochers, les minerais, l'or, les plantes et les arbres. Tout cela constitue la terre, qui est donc trois fois trois; nous reviendrons sur ce genre de spéculation. En X-5-3, l'indéterminé initial est l'Esprit, qui désire être manifeste, plus défini, plus substantiel. En somme, nous dit le texte, il se cherche lui-même. Après les inévitables dévotions ardentes, façon de dire que les évènements qui vont suivre ne proviennent que de lui-même, il s'aperçoit lui-même en 36 000 exemplaires sous la forme d'autels, mais qui ne sont que des autels spirituels sur lesquels les rites n'étaient pratiqués qu'en esprit. Le nombre 36 000 mesure l'extension de la création de l'Esprit. Puis l'Esprit crée la Parole, qui crée le Souffle, qui engendre l'Œil, qui produit l'Oreille, qui crée le Travail, lequel engendre enfin le Feu. On ne dit pas comment chacun produit le suivant, mais cela n'a pas d'importance, car un processus identique a lieu chaque fois : Parole, Souffle, Œil, etc. sont chacun à leur tour des indéterminés qui, comme l'Esprit, désirent être manifestes, plus définis, plus substantiels, pratiquent des austérités, aperçoivent alors 36 000 répliques d'eux-mêmes sous la forme d'autels qui ne sont suivant le cas que souffle, vision, etc. Pour chacun des items, le texte est rigoureusement identique ; le message est donc qu'au fondement de la diversité qualitative il y a l'un-multiple, mais qu'en outre l'un-multiple, créateur en puissance, ne l'est effectivement que s'il se « manifeste », se « définit », prend de la « substance », autrement dit s'il se détermine. Ici la détermination est le nombre 36 000, où il faut probablement voir le produit de 360, qui est par définition l'année, par 100, le nombre idéal d'années d'une vie humaine.

Une synthèse particulièrement saisissante nous est donnée dans le douzième livre (XII-3-4). Prajapati déclare :

> J'ai placé tous les mondes à l'intérieur de moi-même, et je me suis placé à l'intérieur de tous les mondes ; j'ai placé tous les dieux à l'intérieur de moi-même, et je me suis placé à l'intérieur de tous les dieux ; j'ai placé tous les Védas à l'intérieur de moi-même et je me suis placé à l'intérieur de tous les Védas ; j'ai placé tous les souffles vitaux à l'intérieur de moi-même et je me suis placé à l'intérieur de tous les souffles vitaux.

Prajapati est donc les trois mondes (le ciel, l'air et la terre) mais il est aussi à l'intérieur de chacun d'entre eux ; de même pour les trois Védas ou les souffles vitaux (en nombre variable suivant le contexte). Cette $n^{\text{ième}}$ version de l'un-multiple peut être envisagée comme la théorie du sacrifice. Car d'une part l'Un initial, Prajapati, doit devenir plusieurs (par exemple trois mondes), et la pratique correspondante sera le découpage de la victime[1] ; inversement ces plusieurs (comme les trois mondes) ne sont qu'Un (en la personne de Prajapati), et la pratique correspondante sera la construction de l'autel, construction censée reproduire le monde. L'ensemble du rituel sacrificiel (construction de l'autel, offrandes, litanies) est donc, si l'on nous passe cet anachronisme, analyse et synthèse de tout l'existant matériel et spirituel, ce dont la démonstration est au fond la seule et unique préoccupation du *Satapatha Brahmana*. À tel

---

1   La littérature védique abonde en descriptions variées des morceaux de la victime, transmués en éléments du monde selon toutes sortes d'analogies. D'après l'hymne X-90 du *Rig-Veda*, la bouche du sacrifié devint le brahmane, ses bras le guerrier, ses jambes le laboureur, ses pieds le serviteur, son esprit la lune, son œil le soleil, etc.

endroit du texte on apprend que l'autel est le corps de Prajapati qui est tout ; mais à tel autre l'autel est l'année, et l'année est aussi tout. Dans un même passage on apprendra que l'eau est tout, la parole est tout, le souffle est tout, etc. Mais comme ce tout est également divers nombres qui correspondent à ses diverses apparences qualitatives (le corps, l'année, les mètres poétiques des litanies, etc.), il faut justifier ces nombres et montrer autant que possible leur équivalence. C'est ce que fait le *Satapatha Brahmana* sous deux formes principales : le bricolage numérologique d'une part, et d'autre part un opportunisme apparent dans la qualification des objets par des nombres, puisque ces derniers varient au gré des circonstances. On nous explique même (XI-6-3) que l'on peut aussi bien dire que les dieux sont au nombre de 3 003 que de 303, de 33, de 3, de 2, de 1,5 (*sic*) ou de 1. La raison de cela est que suivant l'aspect que l'on retient de la déité, le nombre de celle-ci varie : les dieux sont 3 003 ou 303 par leurs pouvoirs (le texte ne dit pas lesquels), ils sont 33 par le nombre d'individus, ils sont 3 par les trois mondes qui les contiennent, ils sont 2 par la vie qui est nourriture et souffle, 1,5 par le vent et 1 par le souffle[1].

LES NOMBRES-QUALITÉS
ET LES BRICOLAGES QUI EN RÉSULTENT

La variété qualitative (le pouvoir des dieux, leur lieu, leur vie) ne peut donc être comprise que comme variété numérique, telle est la conséquence de la théorie de la création par l'un-multiple. On a de cela un autre exemple frappant en XII-3-2 :

> L'année est l'homme. « Homme » est une unité, « année » en est une autre, et ceux-ci sont maintenant une seule et même chose. Il y a dans l'année les deux, le jour et la nuit, dans l'homme il y a ces deux souffles, et ceux-ci sont maintenant une seule et même chose. Il y a trois saisons dans l'année, et ces trois souffles dans l'homme, et ceux-ci sont maintenant une seule et même chose. L'année (*samvatsara*) consiste en quatre syllabes, de même que sacrifiant (*yagamana*), et ceux-ci sont maintenant une seule et même chose, etc.

En ne retenant que ce qui est clairement identifiable dans la suite du texte, l'homme, comme l'année, peuvent donc être considérés comme 1,

---

1   Derrière ces assimilations, il y a en outre des glissements de sens grâce à des jeux de mots. C'est le cas entre autres pour les 1,5 dieux d'après le traducteur.

ou 2, etc. jusqu'à 7, puis 12, ou 13, ou 24 (24 demi-mois pour l'année, 20 doigts et 4 membres pour l'homme), ou 360 (jours pour l'année et os pour l'homme), ou 720 (jours et nuits pour l'année, os et parties de la moelle (?) pour l'homme). Cette énumération reflète bien le nombre-qualité d'une part, et d'autre part la technique d'identification par le nombre de deux entités, l'année et l'homme, et ceci de multiples façons.

En X-1-4, l'autel-Prajapati reflète la double nature mortelle et immortelle du personnage. Le côté immortel s'incarne dans six couches de briques qui sont six sortes de souffles humains, tandis que six couches de terre sont la partie mortelle (moelle, os, muscles, chair, graisse, sang et peau comptés pour un seul) ; on a donc au total douze éléments, et comme l'année consiste en douze mois, l'autel est aussi l'année. On voit une fois de plus que le principe à l'œuvre est tout ce qu'il y a de plus simple : *l'égalité numérique est le signe d'une similitude substantielle*, donc toutes choses sont nombres, ce qui n'a rien d'étonnant à partir du moment où l'on a saisi la création comme issue de l'un-multiple. On a bien sûr des exemples beaucoup plus compliqués, mais de niveau tout aussi bas. Le nombre deux, comme modèle de la division qualitative, ne fait que quelques apparitions sans développement ; ainsi le corps-monde de Prajapati est fait de paires de sexes opposés (par exemple les lèvres, masculines, s'opposent aux narines, féminines), en tant qu'année il est nuit et jour (qui s'incarnent aussi bien dans ses articulations que dans les briques de l'autel), il est lui-même mortel et immortel, il crée les hommes et les dieux, la vie et la mort. Mais il n'y a ni liste de couples d'opposés, comme chez les pythagoriciens, ni qualification du pair par rapport à l'impair[1]. De façon très discrète également, le nombre trois joue un rôle classique de totalité, avec les trois mondes, les trois Védas, et on lit dans le livre XI qu'il faut faire deux oblations, parce qu'une paire productive consiste en deux, à quoi il faut en rajouter une troisième, car si une paire productive consiste en deux, ce qui est produit est le troisième. Mais les nombres qui interviennent réellement et constamment en tant que totalité sont 360 (les jours), 720 (les jours et les nuits), 7 et 101. Sept semble avoir pour origine le schéma spatial qui unit les quatre directions horizontales (les quatre orients) et la

---

1   La seule allusion à une classification pair/impair que j'ai trouvée est qu'il faut bâtir les
      monuments funéraires les années impaires « car l'impair appartient aux pères » ; les pères
      sont le trio père, grand-père, arrière grand-père (XIII-8-1).

hiérarchie verticale (la terre, l'air intermédiaire et le ciel), tandis que 101 provient sans doute de 100 années, durée idéale de la vie humaine, et de l'unité supplémentaire qui semble être la récapitulation de cette vie et le passage à l'immortalité (voir le paragraphe « "Un de plus" est le Tout »). On le voit, les nombres-totalité ont une origine spatiale ou temporelle, et tout le travail numérologique consiste à s'y ramener et à montrer l'équivalence entre elles de ces totalités.

La seule correspondance intéressante entre 101 et 7 est indirecte, puisqu'elle se manifeste dans la construction rigoureuse « à la corde et aux piquets » d'un autel en forme d'oiseau de 7,5 *purusas* carrés[1], puis dans l'agrandissement homothétique de celui-ci, une unité de surface après l'autre, jusqu'à une aire de 101,5 *purusas* carrés, agrandissement qui reproduit l'accroissement du corps de Prajapati. Mais les correspondances numérologiques qui nous intéressent ici sont directes, arbitraires, ne pouvant se réclamer d'aucune réflexion arithmétique digne de ce nom. Si l'année est 101, c'est parce qu'il y a 60 jours et nuits dans un mois, 24 demi-mois, 13 mois, 3 saisons et l'année elle-même, et que $60 + 24 + 13 + 3 + 1 = 101$; mais l'année est le soleil, qui a lui aussi 100 rayons qui, avec le disque lui-même, font 101. Le corps de Prajapati qui, en tant que Tout, est également l'année, doit donc être 101 : 4 fois 5 doigts avec le poignet, le coude, le bras, l'omoplate et la clavicule font 25, et comme il y a quatre membres, cela fait 4×25, avec le tronc en plus on obtient 101, et le tour est joué. D'un autre côté, le même Prajapati-tout est 7 par son corps ; pour que l'année soit aussi 7, on prendra 7 saisons, à savoir les six saisons[2] et l'année elle-même. L'année est le soleil, qui est certes 101, mais qui est aussi « établi » dans les 7 mondes des dieux (les quatre orients et les trois niveaux), ainsi que dans les 7 formes d'hymnes, dans les 7 mètres poétiques, dans les 7 syllabes des titres des textes sacrés védiques (une pour *Rig*, deux pour *Yajur*, deux pour *Sama*, deux pour *brahman*) car, nous dit-on (X-2-4), ces 7 syllabes sont l'univers. J'épargnerai au lecteur les spéculations concernant 360 (jours de l'année) et 720 (jours et nuits de l'année), ainsi que leurs incarnations en briques, pierres de clôture et formules

---

1 Le *purusa* (homme en sanscrit) est la hauteur du sacrificateur les bras levés et sur la pointe des pieds. Pour les détails de la construction, voir (Keller, 2006, chap. 6).

2 Les quatre saisons habituelles, plus une saison des pluies entre l'été et l'automne et une saison humide entre l'hivers et le printemps.

incantatoires, en faisant remarquer toutefois que 360 et 720 pourraient avoir été choisis, malgré leur évidente fausseté, en raison de leur grand nombre de diviseurs. On en a un exemple dans le livre X (X-4-2), avec un scénario que je résume ainsi :

> En vérité Prajapati est l'année, Agni (le feu et l'autel du feu) et le Soma (boisson sacrée associée à la lune). En tant qu'année, il a 720 nuits et jours, et comme autel il a donc 360 pierres de clôture et 360 briques. Après avoir créé toutes choses, hommes et dieux, ce qui respire et ce qui ne respire pas, il se sentit épuisé, comme à l'agonie, et il eut peur de la mort. Comment récupérer tout cela dans mon corps, se dit-il, comment puis-je être à nouveau le corps de toutes ces choses ? Il se divisa en deux corps de 360 briques, mais ce fut un échec. Puis en trois corps de 240 briques, nouvel échec. Puis en quatre corps de 180 briques, encore un échec. Il continua ainsi jusqu'à vingt-quatre corps de 30 briques ; et puisqu'il a fait vingt-quatre corps de lui-même, l'année se compose de vingt-quatre demi-lunes.

La logique arithmétique de cette affaire est qu'en s'arrêtant à 24 corps de 30 briques, on a épuisé toutes les couplages possibles de diviseurs propres de 720 ; le texte ne nous en épargne aucun, depuis 2×360 jusqu'à 24×30. Le dernier couple apparaît donc comme un aboutissement, sorte de point d'orgue des partages possibles et, cela tombe bien, 24 est le nombre de demi-lunaisons. Il y a donc bien un lien profond entre les trois facettes de Prajapati prises en compte ici, à savoir l'année, la lune et l'autel (pierres de clôture et briques) : c'est « mathématique » ! L'histoire ne s'arrête pas là, car on divise le jour et la nuit en quinze intervalles chacun, dits *muhurtas*, ce qui ouvre la porte à d'autres calculs justifiant d'autres manières de composer le corps de Prajapati, c'est-à-dire d'autres façons pour ce dernier d'être le corps de toutes choses : les syllabes des textes sacrés, les jours, les demi-lunes, les mètres poétiques, etc. On peut se passer du détail et sauter à la conclusion : composé de tout cela, façonné par lui-même et à partir de lui-même, Prajapati s'éleva au ciel.

Nous pouvons nous arrêter là. Nous en savons assez pour avoir saisi l'esprit de la numérologie védique tel qu'il ressort du *Satapatha Brahmana* :

1. L'indéterminé existant non-existant, c'est-à-dire l'être en puissance seulement, est modélisé par l'un, multiple en puissance.
2. L'être créé, effectif, est l'un-multiple déterminé, c'est-à-dire le nombre.

3. L'être réel étant le nombre, le fondement de la diversité qualitative est la diversité numérique. Par conséquent, l'égalité
   numérique produit l'identité qualitative : par exemple 360
   briques ou 360 jours ne sont que le nombre 360, donc telles
   360 briques de l'autel sont *ipso facto* l'année.
4. Le Tout et chaque chose en particulier sont tout entiers
   dans chacun de leurs aspects qualitatifs. Par conséquent, les
   nombres divers qui sont le fondement de ces aspects divers
   sont en réalité égaux, et tout l'art de la numérologie est de
   démontrer cette égalité. C'est ainsi qu'une vision grandiose
   de l'unité de l'univers humain et matériel, énoncée dans les
   très beaux poèmes du *Rig-Veda*, finit par se perdre en pratique
   dans les sables de bricolages absurdes et mathématiquement
   débiles.

LE PYTHAGORISME

Dans ce que nous venons de passer en revue, la numérologie peut
tenir une place marginale, lorsqu'il s'agit du tabou du dénombrement
ou de techniques plus ou moins rudimentaires de divination davantage
liées aux quanta qu'aux nombres proprement dits. Elle peut aussi tenir
une place considérable comme dans la pensée védique. Mais dans tous
les cas, elle doit partager le pouvoir avec différents types d'archaïsmes
et si l'on peut y déceler une cohérence, comme nous avons tenté de le
faire, celle-ci n'est jamais qu'implicite.

Le pythagorisme, ou plus exactement le pythagorisme ancien que
nous envisageons ici, est au contraire un système explicite où le monde
est censé reposer sur seul principe, le nombre. Il s'agit là du *credo* du
pythagorisme ancien, qui débute dans la deuxième moitié du VIe siècle
avant J.-C., avec l'idée centrale que, comme le dit Aristote, « le nombre
est principe, à la fois comme matière des êtres et comme constituant
leurs modifications et leurs états » (*Métaphysique*, 986 a). Le nombre
est donc la matière des êtres, au sens de leur élément, et en cela le
pythagorisme ancien se rattache au courant des « philosophes de la

nature » qui se différenciaient entre eux par l'élément choisi : l'eau pour Thalès de Milet (fin VIIe, début VIe siècle), l'air pour Anaximène de Milet (VIe siècle), le feu pour Héraclite (2e moitié du VIe siècle). Par ce même côté matériel du nombre, le pythagorisme se différencie radicalement aussi bien de Platon, pour qui le nombre procède au contraire de l'Idée immatérielle, que du néoplatonisme et du néopythagorisme qui fleuriront dans l'empire gréco-romain du Ier siècle avant au Ve siècle après J.-C.

Certainement, avec ce nombre-matière, nous sommes encore dans la pensée primitive ou archaïque. Mais c'est déjà s'en dégager et ouvrir une voie nouvelle que de chercher du monde *un* élément, et de s'essayer à la démonstration du caractère principiel de celui-ci. De plus, avec un « élément » comme le nombre, les recherches pourront prendre un caractère spéculatif, purement intellectuel, plus facilement qu'avec des éléments comme l'eau, l'air ou le feu qui incitent à rester dans le cadre d'intuitions physiques et de mythes fondateurs. Cependant, il est essentiel de noter que si le nombre de Pythagore est nombre-matière, l'eau ou l'air des « philosophes de la nature » ne doivent pas être anachroniquement pris au sens de corps chimiques, mais au sens de *matières-concepts*, c'est-à-dire d'images chargées d'exprimer une indifférenciation d'où sortirait l'univers déterminé. D'ailleurs, chronologiquement situé entre Thalès (l'eau) et Anaximène (l'air), nous avons Anaximandre, milésien lui aussi, pour qui l'« indéterminé » est le principe ou l'élément[1]. Mais alors qu'on ne voit pas aisément comment l'indéterminé peut de lui-même produire la réalité déterminée, le pythagorisme ancien, quant à lui, donne une réponse complète : la source du nombre, à savoir l'un-multiple, est d'une part, en tant que pluralité indéfinie, une forme de l'indéterminé, et d'autre part, cette source étant contradictoire (un-multiple), elle appelle une solution, qui est la détermination en nombre. Avec le nombre, le dogme pythagoricien ancien contient donc aussi bien le passage de l'indéterminé au déterminé, que le moyen de fabriquer analogiquement le concret :

---

1   « Les multiples entités que les cosmogonies plaçaient à l'origine des choses, Anaximandre les a identifiées pour ce qu'elles étaient : des avatars de l'*apeiron* [l'indéterminé]. Okeanos, Nuit, Chaos, Tartare, Air, et enfin même l'eau du premier Milésien [Thalès], il a arraché tous ces masques, il a reconnu le fantôme sans visage qu'ils cachaient poétiquement, il a osé lui donner un nom profane et abstrait : l'Indéterminé, puissance originaire antérieure à toute détermination » (Caveing, 1997, p. 283).

[comme] dans les nombres, les pythagoriciens croyaient apercevoir une multitude d'analogies avec tout ce qui est et devient[1], plus qu'ils n'en apercevaient dans le feu, la terre et l'eau [...]; comme ils voyaient, en outre, que les nombres exprimaient les propriétés et les proportions musicales; comme enfin, toutes les autres choses leur paraissaient, dans leur nature entière, être formées à la ressemblance des nombres, et que les nombres semblaient être les réalités primordiales de l'univers : dans ces conditions, ils considérèrent que les principes des nombres sont les éléments de tous les êtres, et que le ciel tout entier est harmonie et nombre (Aristote, *Métaphysique*[2], 985 b, 986 a).

Il faut donc s'attendre à trouver dans le pythagorisme tout un bric-à-brac d'analogies numériques qui justifient le nombre-matière, et en cela il n'a rien d'original, il ne fait que ressusciter un classique de la pensée archaïque. Mais si d'autre part, les nombres et leurs principes sont les éléments de tous les êtres, si les harmonies musicales et célestes ont une expression dans les rapports numériques, un tel *credo* tend à faire du nombre un concept, en tant que principe de l'existence en général, et par là même ne peut qu'inciter à des recherches d'arithmétique pure ; en cela le pythagorisme rompt avec les archaïsmes du style *Bible noire* et *Satapatha Brahmana*. Nombre-matière et analogies numérologiques d'un côté, nombre-concept et arithmétique pure de l'autre, tels sont les deux aspects que nous envisageons maintenant.

NOMBRE « MATIÈRE » : BRICOLAGES

Nous n'avons que très peu de témoignages sûrs concernant la numérologie analogique du pythagorisme ancien. On connaît Eurytos de Crotone (Ve siècle avant J.-C.), qui attribuait un nombre à chaque chose et reproduisait la forme de chacune avec le nombre adéquat de jetons (Dumont et coll., p. 514-515). On cite Hippon de Métaponte, selon qui 7 est le nombre de l'efficience, car sept mois suffisent à l'achèvement de l'embryon, sept mois de plus et le bébé commence à se tenir assis, l'âge de la puberté commence à deux fois sept ans, etc. D'autre part si 7 est ainsi efficient, il lui faut 3 de plus pour passer à l'achèvement du développement : la dentition du bébé qui apparaît à 7 mois, est

---

1   « Tout ce qui est et devient » est la qualification classique, dans la philosophie grecque, pour notre monde « sublunaire », par opposition au monde des entités éternelles et immuables, comme celui des Idées de Platon.
2   Toutes les citations de la *Métaphysique* sont extraites de la traduction de J. Tricot (1981).

complète à 10 ; l'embryon est viable au 7ᵉ mois, mais n'est achevé qu'au 10ᵉ. Mais tout cela est rapporté par un grammairien latin du IIIᵉ siècle de notre ère, quelques huit siècles après Hippon (*ibid.*, p. 466). C'est d'un auteur grec du Iᵉʳ ou IIᵉ siècle de notre ère que nous apprenons dans un très court fragment que, selon Ion de Chio (Vᵉ siècle avant J.-C.), toutes choses sont trois, et rien n'est ni plus ni moins que trois (*ibid.*, p. 452). À propos du nombre trois, le témoignage d'Aristote est plus sûr et reflète sans doute la pensée qui fonde le fragment supposé d'Ion de Chio. Après avoir indiqué que le corps a trois dimensions et qu'il n'y a aucune grandeur à plus de trois dimensions, Aristote poursuit :

> En effet, comme le disent aussi les pythagoriciens, le monde, et tout ce qu'il contient, est déterminé par le nombre trois, puisque la fin, le milieu et le commencement forment le nombre de ce qui est un tout, et que le nombre donné est la triade. C'est pourquoi, ayant reçu ces déterminations de la nature elle-même, comme si elles étaient en quelque sorte ses lois, nous nous servons aussi du nombre trois dans le culte des dieux (*Traité du ciel*[1], 268 a).

Trois est donc le nombre-concept de la totalité, ce qui est d'une toute autre envergure que des jeux de jetons et des découpages approximatifs en période de 7 unités de temps.

Le paradoxe est que plus on s'éloigne du temps de Pythagore et des premiers pythagoriciens, plus on a de témoignages sur leurs bricolages numérologiques, et plus ces derniers sont développés tous azimuts. Il est vrai d'une façon générale que si l'on peut se fier au témoignage d'Aristote sur le pythagorisme[2], tout ce qui en est dit après Platon participe d'une entreprise de réappropriation platonicienne qui donnera naissance au néo-pythagorisme. Mais il est remarquable qu'en ce qui concerne la technique numérologique, tous les témoignages se réfèrent grosso modo aux mêmes nombres et aux mêmes propriétés, ce qui rend probable un fonds originel important remontant à l'époque où, puisque l'on prétendait que le nombre est principe matériel, il avait bien fallu allier analogies concrètes et propriétés du nombre pour prouver cette assertion.

---

1 Les citations du *Traité du ciel* sont extraites de la traduction de J. Tricot (1990).
2 S'agissant des sources et de ce que l'on peut attribuer aux pythagoriciens en mathématiques, je m'appuie sur les travaux de Maurice Caveing (1997, 1998), et sur son « Introduction générale » aux *Éléments* d'Euclide (1990).

Voici l'exemple de la décade (le nombre 10), l'un des plus importants. Aristote nous dit que pour les pythagoriciens, « la décade paraissait être un nombre parfait et embrasser toute la nature des nombres » (*Métaphysique*, 986 a). Pourquoi parfait et englobant ? D'après un fragment attribué à Speusippe[1], le successeur de Platon à l'Académie, les raisons sont en substance les suivantes :

- en tant que nombre pair, il est équilibré parce qu'il contient autant de nombres pairs que d'impairs ;
- il est le plus petit nombre contenant autant de nombres « premiers simples » que de nombres « seconds composés » ;
- 1 est point, 2 est le premier nombre « linéaire » (figuré par des points alignés), 3 est le premier nombre « triangulaire » (3 = 1 + 2, figuré par les trois sommets d'un triangle), 4 est le premier nombre « pyramidal » (figuré par les quatre sommets d'un tétraédre), et 1 + 2 + 3 + 4 = 10.

En vertu de la dernière propriété, le nombre 10 est qualifié de « tétractys », ce qui permet de voir en lui la synthèse du point (1), de la ligne (2), de l'élément de la surface (3) et de l'élément du corps (4), c'est-à-dire la synthèse géométrique de l'existant. On dira aussi, mais peut-être seulement plus tard, que 10 est la totalité en tant que base du système de numération, dans la mesure où au delà de 10 « il n'y a plus de nombre nouveau, puisque, quelle que soit l'augmentation, dès qu'une dizaine est complétée, nous revenons à l'unité[2]. »

On voit que pour fabriquer la gloire du nombre 10, on lui tricote un vêtement « mathématique » avec l'équilibre du pair et de l'impair, ainsi que du simple et du composé, et on mêle à cela des analogies venues de la représentation géométrique. Notre monde étant fait de pair et d'impair (respectivement femelle et mâle selon les pythagoriciens), ainsi que de simple et de composé, on se donne ainsi l'illusion d'avoir démontré la perfection totalitaire de 10. On y rajoute le fait que 10 est base du système, mais ce n'est bien entendu qu'une base parmi d'autres possibles, elle n'a rien d'« essentiel ». En plus du vêtement mathématique fondé

---

1   Fragment dans lequel Speusippe prétend citer le pythagoricien Philolaos de Crotone (vᵉ siècle avant J.-C.) (Dumont et coll., p. 493-494).
2   Anatolius (IIIᵉ siècle de notre ère), *Sur la décade et les nombres qu'elle comprend*, cité par Paul Tannery (1915).

sur des propriétés « internes » au nombre 10 lui-même, mais hétéro-
clites et faiblement spécifiques, on se donne l'illusion d'avoir démontré
la matérialité de 10 en additionnant des éléments de représentations
géométriques, à savoir les sommets de figures différentes. Forts de cette
« essence » décadique, il faut la retrouver coûte que coûte dans la réalité,
et voici comment cela se passe d'après Aristote :

> Toutes les concordances qu'il pouvaient relever dans les nombres et la musique,
> avec les phénomènes du ciel et ses parties et avec l'ordre de l'univers, ils les
> réunissaient et les faisaient entrer dans leur système, et si une lacune se révélait
> quelque part, ils procédaient en hâte aux additions nécessaires pour assurer
> la complète cohérence de leur théorie. Par exemple, la décade paraissant être
> un nombre parfait et embrasser toute la nature des nombres, ils disent que
> les corps célestes en mouvement sont au nombre de dix ; mais comme les
> corps visibles ne sont que neuf[1], pour ce motif ils en supposent un dixième,
> l'Anti-Terre (*Métaphysique*, 986 a).

Aristote dit ici l'essentiel de la méthode, et nous n'apprenons au
fond rien de plus quant à la numérologie pythagoricienne ancienne à
la lecture des témoignages plus ou moins tardifs concernant d'autres
nombres. Toujours, il y a cette alliance de bricolages numériques et
d'analogies concrètes, et il ne faut pas croire que plus on s'éloigne
du temps des premiers pythagoriciens, plus ce courant de pensée
se dégage de la gangue des analogies pratiques pour s'élever à la
conceptualisation pure. En lisant Théon de Smyrne[2] (IIe siècle de notre
ère), on a plutôt l'impression du contraire. S'agissant de la tétractys, c'est-à-dire de la décade sous la forme 1 + 2 + 3 + 4, il donne
onze exemples (Delattre Biencourt, p. 209-214), parmi lesquels : la
tétractys des corps simples (1 est le feu, 2 est l'air, 3 est l'eau, 4 est
la terre), celle de la communauté (1 est l'homme, 2 est la famille, 3
est le bourg, 4 est la cité), celle des quatre saisons, celle des âges de
la vie (enfance, adolescence, maturité et vieillesse). On se souvient des
raisons de l'importance de 7 selon Hippon de Métaponte, fondée sur
le découpage de la vie humaine en tranches de 7 mois ou de 7 années ;
sept siècles plus tard, 7 a acquis encore bien d'autres propriétés si l'on
en croit Théon (*ibid.*, p. 218-220) :

---

1   Les cinq planètes, le soleil, la lune, la terre et la sphère des fixes.
2   (Delattre Biencourt, 2010). Théon était néoplatonicien mais chaque fois qu'il traite de
     numérologie, il se réfère principalement aux pythagoriciens.

- 7, à l'intérieur de la décade, est le seul nombre qui n'est ni engendré (puisqu'il est premier) ni engendrant (puisque son double est extérieur à la décade), et c'est pourquoi on l'appelle « vierge sans mère », ou encore Athéna,
- les lunaisons se divisent en quatre périodes de 7 jours,
- les phases critiques des maladies durent 7 jours,
- du solstice au solstice, il y a 7 mois, les astres errants sont au nombre de 7 (lune, soleil, cinq planètes visibles à l'œil nu),
- il y a 7 orifices de la tête, 7 viscères (langue, cœur, poumon, foie, rate et les deux reins), l'intestin des hommes fait quatre fois 7 coudées,
- le sens de courant des détroits change le plus souvent 7 fois dans une journée.

Tout cela respire l'ennui. Le contenu mathématique est débile et même contradictoire : on dit ici que 7 n'est pas engendré, mais on pourra lire ailleurs que la monade engendre tout nombre, et la monade est bien « à l'intérieur » de la décade[1]. On voit aussi que « l'engendrement » est ici la multiplication, alors que s'agissant de la tétractys c'était plutôt l'addition. Dans les analogies, on notera le ridicule d'un inventaire à la Prévert, accumulation de raisons parfaitement fortuites, et le trucage des 7 mois d'un solstice à l'autre, d'un seul poumon et de deux reins.

On ne peut donc pas dire que ce genre de considérations manifeste un progrès par rapport au *Satapatha Brahmana* ou une supériorité sur la *Bible noire*, si ce n'est, comme nous l'avons déjà noté, dans l'unicité du principe, à savoir le nombre, et dans la volonté systématique d'en faire la preuve. Certes, on ne fabrique ainsi qu'une cohérence factice de l'existant, on ne révèle de la réalité apparente que des liaisons internes illusoires ; cependant, en ces temps de naissance de la philosophie, on comprend que le nombre en tant que principe, et en tant que principe aisément manipulable, ait exercé un si grand attrait. De plus, à partir du moment où, à la suite de Platon, le nombre passa au rang d'idée pure immatérielle, certains esprits purent lui attribuer un caractère

---

1 On peut rétorquer que la monade n'est pas un nombre, et qu'il n'y a donc pas de contradiction. Mais dans ce cas, que fait 1 dans la tétractys, pourquoi serait-il nombre de l'homme et du feu ?

divin (tendance néopythagoricienne), ou au moins celui d'instrument divin de premier ordre (tendance néoplatonicienne). C'est pourquoi la numérologie a pu avoir tant d'influence sur un savant juif hellénisé comme Philon d'Alexandrie (-20, +50) et chez certains Pères de l'Église, Augustin inclus. Il a même existé au IIIe siècle de notre ère au plus tard un courant chrétien s'appuyant sur un *Livre de la révélation d'Elkasaï* d'inspiration pythagoricienne et dénoncé comme hérétique : « ils sont à tel point gonflés d'orgueil qu'il prétendent même connaître le futur, en s'appuyant manifestement sur les mesures et les nombres de la science pythagoricienne » (Boyon et Geoltrain, 1997, p. 846). Les seuls détails d'une telle « science pythagoricienne » qui nous sont parvenus, avec les fragments subsistants de cette « révélation d'Elkasaï », sont les mesures du Christ : 24 schènes[1] de hauteur, 6 schènes d'une épaule à l'autre, 3,5 schènes pour l'empreinte des pieds ! Mais seule la « connaissance du futur » par les nombres[2], et non la numérologie proprement dite, pouvait répugner aux chrétiens. Irénée de Lyon (IIe siècle de notre ère) est bien connu pour avoir soutenu qu'il ne pouvait y avoir ni plus ni moins que quatre évangiles, parce que notre monde a quatre régions et quatre vents principaux. Saint Augustin dit que c'est à cause de la perfection[3] du nombre 6 que Dieu a créé le monde en 6 jours, et qu'en conséquence « il ne faut point mépriser la raison des nombres. » Il poursuit bien sûr avec 7, qui, dit-il, « est souvent pris pour la généralité des nombres » parce qu'il est la somme de 4, le premier pair, et de 3, le premier impair (Eslin, 1994-a, p. 51-52). Ailleurs, il en conclura que 12 est « l'expression de la multitude des juges [lors du jugement dernier],

---

1 Le schène est une mesure perse, équivalente à 4 milles romains, soit environ 6 km.

2 Une référence à une possible divination pythagoricienne par les nombres se trouve dans la *Vie de Pythagore* du néoplatonicien Jamblique de Chalcis (250-330 environ) : Pythagore aurait toléré toutes sortes de divinations, mais en révélant la divination par les nombres, il aurait indiqué un procédé « plus pur et plus divin. » C'est peut-être une affabulation, comme beaucoup de détails de cette *Vie de Pythagore* écrite huit siècles après la mort du Maître. Heath signale aussi un passage de la *Réfutation de toutes les hérésies* (Hippolyte, IIIe siècle de notre ère) qui attribue aux pythagoriciens la technique divinatoire, bien connue de nos jours, de l'« addition des lettres » d'un nom pour en trouver le « pythmène » (la base, la racine), procédé « naturel » dans le cadre de la notation littérale des chiffres ; les lettres d'Agamemnon, par exemple, donnent pour total 36, puis on ajoute 3 et 6, donc le pythmène d'Agamemnon est 9 (Heath, 1981, p. 115-117).

3 Au sens arithmétique de « parfait », c'est-à-dire égal à la somme de ses diviseurs propres : 6 = 1 + 2 + 3.

à raison des deux parties du nombre 7, qui représente l'universalité ; et ces parties sont 3 et 4, qui, multipliés l'un par l'autre, égalent douze » (Eslin, 1994-b, p. 156).

NOMBRE « CONCEPT » :
RECHERCHES D'ARITHMÉTIQUE PURE

Nous en avons fini avec la technique numérologique pythagoricienne ou d'inspiration pythagoricienne. Elle donne les bases de tout ce que l'on peut faire dans ce domaine, et la longue carrière ultérieure de la numérologie n'en sera guère qu'une répétition ennuyeuse et tout aussi futile. Laissant de côté le nombre-matière du pythagorisme ancien, considérons maintenant le nombre-concept, lui aussi objectivement partie intégrante du pythagorisme originel. Vu sous cet angle, l'affaire de l'Anti-Terre, astre inventé pour faire le dixième corps céleste en mouvement et qui relève certes du bricolage, est aussi la foi en la supériorité du concept, celui de la décade en l'occurrence ; de ce fait, la réalité visible est reléguée au rang de réalité apparente. Or cet acte de foi, consubstantiel à toute pensée véritable, est l'honneur sous-jacent au bric-à-brac numérologique dont nous avons précédemment donné une idée.

Quand Aristote dit que selon les pythagoriciens, « le nombre procède de l'un », c'est en réalité dire que le principe suprême est l'un-multiple :

> D'abord, le Limité, ou l'Un, et l'Illimité ne sont pas, pensaient-ils, certaines autres réalités telles que le Feu, la Terre ou un autre élément de cette sorte, mais c'est l'Illimité même et l'Un même qui sont la substance des choses dont ils sont affirmés, et c'est pourquoi ils disaient que le nombre est la substance de toutes choses (*Métaphysique*, 987 a).

La transmigration des âmes, doctrine que l'on peut avec quelque certitude attribuer à Pythagore, pourrait être une représentation de l'un-multiple, comme aussi les légendes tardives quant à l'ubiquité de Pythagore lui-même[1]. On peut créditer également le pythagorisme ancien de la forme temporelle de l'un-multiple, à savoir l'éternel retour

---

1   « Tous ses biographes rapportent que le même jour il pouvait être à la fois à Métaponte en Italie et à Tauromenium en Sicile, s'entretenant avec ses disciples dans les deux villes, bien qu'elles fussent éloignées l'une de l'autre d'un grand nombre de stades, ce qui demande plusieurs jours de voyage terrestre et maritime », dit Jamblique dans sa *Vie de Pythagore* (Guthrie 1987).

du même, qui trouve une expression abstraite dans l'infini retour à l'unité, trait caractéristique de tout système de numération.

Le principe suprême, l'un-multiple, est contradictoire et se résout en nombres, avec d'un côté l'aspect matériel que nous connaissons et de l'autre l'aspect principiel, donc source générale de mouvement et d'harmonie. En tant que tel, comme principe actif, le nombre doit lui aussi être l'unité d'opposés, ce que les pythagoriciens schématiseront dans l'opposition pair-impair : on voit par là l'un des modes du nombre-concept, au sens d'expression générale de l'unité des contraires. Nous connaissons déjà un autre mode, avec le nombre 3 qui est la pensée du Tout comme commencement, milieu et fin. On peut attribuer vraisem-blablement au pythagorisme ancien la décade comme nombre-concept de l'éternel retour du même – l'un-multiple sur un mode temporel –, en acceptant l'ancienneté de l'idée d'Anatolius qu'il n'y a plus de nombre nouveau après 10, et en considérant comme fidèles les termes du fameux serment sur la « tétractys, la source et la racine de la nature inépuisable », car en tant que source, la tétractys 1 + 2 + 3 + 4 doit se reproduire en permanence, ce qui fait de 10 l'essence de l'éternel retour du même.

L'harmonie, maintenant, est rapport numérique, c'est-à-dire le nombre face à lui-même et exclusivement à lui-même. La découverte des rapports numériques et les premières recherches afférentes manifestent la grande supériorité du pythagorisme sur toute autre forme de numérologie dans lesquelles on ne dépasse pas le niveau des analogies immédiates et des bricolages opportunistes. Tout en pataugeant volontiers eux aussi dans cette numérologie primaire, les premiers pythagoriciens ont été bien au delà. Ayant découvert que les accords musicaux s'expriment en rapports de longueurs de cordes, ou de rapports de poids, ou encore, dit-on, de rapports de volumes d'eau dans des vases[1], on attribue à l'école d'avoir peu ou prou identifié rapports et musique. À l'échelle cosmique, du fait que selon les pythagoriciens « les vitesses [des astres], dépendant des dis-tances, possèdent les proportions des accords musicaux, ils assurent que le son émis par le mouvement circulaire des astres est une harmonie[2] » (*Traité du ciel*, 290-b). À l'échelle des individus, les mauvaises passions

---

1   Technique attribuée à Hippase de Métaponte (ve siècle avant J.-C.) (Dumont et coll., p. 80).

2   Aristote se moque ensuite de l'embarras des pythagoriciens pour expliquer que l'on n'entende rien de cette musique céleste.

sont des mauvais rapports, éventuellement causés par une musique qu'il faudra par conséquent proscrire ; inversement, une musique appropriée sera la meilleure des médecines. Si l'on en croit Théon de Smyrne, les pythagoriciens croient que dans la musique réside également la concorde des affaires, la bonne législation dans la cité et la tempérance dans les maisons (Delattre Biencourt, p. 117).

D'où l'importance de l'étude des (bons) rapports musicaux, puisqu'on fait de ceux-ci le véritable concept de l'harmonie en général. L'échelle la plus ancienne, remontant aux premiers temps du pythagorisme, consiste en un octave (rapport de 2 à 1) divisé en quarte (rapport de 4 à 3) et en quinte (rapport de 3 à 2). En passant, voilà une bonne raison d'admirer la tétractys puisque dans ces rapports interviennent les nombres 1, 2, 3 et 4 : « Qu'est-ce que l'oracle de Delphes ? La tétractys, c'est-à-dire précisément les accords où résident les sirènes », disait-on dans l'école pythagoricienne d'après Jamblique.

À partir de là, un scénario vraisemblable d'extension du domaine de la recherche est le suivant. Ramené à des entiers, l'octave et ses deux divisions se retrouvent dans la séquence 6-8-9-12, avec une quarte de 6 à 8 ou de 9 à 12, une quinte de 6 à 9 ou de 8 à 12, et l'octave de 6 à 12. Comme on peut composer l'octave avec une quarte et une quinte ($\frac{4}{3} \times \frac{3}{2} = 2$), la composition se traduit aussi bien dans la séquence 6-8-12 (quarte puis quinte) que dans la séquence 6-9-12 (quinte puis quarte). Dès lors, 8 et 9 sont les deux pivots de la décomposition de l'octave en deux intervalles. En bonne logique pythagoricienne, il fallait que ces pivots fussent caractérisés comme types de relations avec les extrêmes 6 et 12, ce que les Grecs appelaient des « médiétés ». Dans la relation 6-9-12, l'excès du dernier terme par rapport au terme médian (12 – 9) est égal à l'excès du terme médian par rapport au premier (9 – 6) ; la relation sera qualifiée de médiété arithmétique. Dans la relation 6-8-12, le rapport des différences 12 – 8 et 8 – 6 est égal à celui des termes extrêmes 12 et 6 ; la relation sera qualifiée de médiété harmonique[1].

---

1   Les formules contemporaines sont plus accessibles, mais cachent le sens originel. Définir par $(a+b)/2$ la moyenne arithmétique de deux nombres a et b, et par $2ab/(a+b)$ leur moyenne harmonique, ne sont que des formules d'obtention calculatoire du terme du milieu à partir des données des extrêmes a et b. Dans les médiétés a-m-b au contraire, les données sont les rapports qui expriment les similitudes internes du triplet a-m-b.

6	8	9	12	
	octave			
quarte		quinte		médiété harmonique
quinte		quarte		médiété arithmétique
	ton			

Revenant à l'échelle 6-8-9-12, on peut la réitérer en un double octave 6-8-9-12-16-18-24 ; mais si l'on peut doubler l'octave – 6 est à 12 comme 12 est à 24 –, peut-on inversement le diviser en deux selon le même mode, c'est-à-dire trouver r tel que 6 soit à r comme r est à 12 ? S'il est clair qu'il n'y a pas de nombre entier n tel que 6 soit à n comme n est à 12, peut-être existe-t-il un rapport p/q de deux entiers p et q tel que 6 soit à p/q comme p/q est à 12 ? En termes actuels, on aurait alors :

$$\frac{6}{\frac{p}{q}} = \frac{\frac{p}{q}}{12}, \text{ qui équivaut à } \frac{6q}{p} = \frac{p}{12q}$$

Donc $6q$ serait à p comme p est à $12q$. Partant de l'échelle musicale $6q$-$8q$-$9q$-$12q$, on pourrait y intercaler p, d'où l'échelle $6q$-$8q$-p-$9q$-$12q$, avec l'octave de $6q$ à $12q$ et, en plus, le demi-octave de $6q$ à p. Il est certain que les pythagoriciens se sont posé la question de la possibilité du demi-octave, car la médiété dite « géométrique » correspondante a-m-b, où a est à m comme m est à b, est constructible à la règle et au compas lorsque a, m, et b sont des segments de droite. Un document attribue un essai dans ce sens au pythagoricien éminent Philolaos de Crotone (485-385 environ avant J.-C.), et un autre document fait état de la condamnation de cette tentative par son élève, le non moins éminent mathématicien Archytas de Tarente (435-347)[1]. Le problème est en effet que la médiété géométrique $6q$-p-$12q$, définie en termes actuels par $\frac{6q}{p} = \frac{p}{12q}$, ce qui donne $p/q = 6\sqrt{2}$, semblait justement échapper à toute évaluation exacte sous la forme espérée du rapport de deux entiers p et q.

Archytas aurait au moins soupçonné l'impossibilité de cette évaluation exacte, grâce au raisonnement suivant, que nous allons esquisser en termes actuels pour aller plus vite. Le rapport m de demi-octave, moyenne géométrique de 6 et 12, est défini par :

---

1   Pour une analyse détaillée, on peut consulter (Caveing, 1998, chap. 2).

$$\frac{6}{m} = \frac{m}{12}$$

On ne change pas cette égalité en multipliant les deux termes par 4/3, ce qui revient à :

$$\frac{6 \times \frac{4}{3}}{m} = \frac{m}{12 \times \frac{3}{4}}, \text{ équivalent à } \frac{8}{m} = \frac{m}{9}$$

La moyenne géométrique de 6 et 12 est donc égale à la moyenne géométrique de 8 et 9, c'est-à-dire des moyennes harmonique et arithmétique de 6 et 12. Le résultat est général[1], donc m sera aussi égal à la moyenne géométrique des moyennes harmoniques et arithmétiques de 8 et 9, égales respectivement à 144/17 et 17/2. En poursuivant avec ces deux derniers rapports, m sera la moyenne géométrique de 4896/577 et 577/68, et ainsi de suite. La moyenne géométrique initialement cherchée apparaît donc comme le point fixe d'une série infinie d'encadrements par les moyennes harmoniques et arithmétiques :

6		m		12
8		m		9
144/17		m	17/2	
4896/577		m	577/68	

D'où le soupçon possible, dès la première moitié du Ve siècle, presque deux siècles avant les *Éléments* d'Euclide, de l'existence de rapports inexprimables en nombres entiers. Dès lors, comment le nombre pourrait-il être au fondement s'il ne peut exprimer une proportion géométrique, pourtant aisément constructible à la règle et au compas ?

Nous voyons sur cet exemple comment le vent de la fondation rigoureuse de la métaphore musicale a pu entraîner notre école pythagoricienne bien loin des préoccupations initiales du genre concorde des affaires, bonne législation dans la cité et tempérance dans les maisons. Conduite

---

1   On le voit bien lorsque la séquence premier nombre, moyenne harmonique, moyenne géométrique, moyenne arithmétique, deuxième nombre, est transcrite en a, $\frac{2ab}{a+b}$, $\sqrt{ab}$, $\frac{a+b}{2}$, b, puisque $\sqrt{ab}$, moyenne géométrique de a et de b, est également moyenne géométrique de $\frac{2ab}{a+b}$ et de $\frac{a+b}{2}$.

vers de nouvelles terres d'arithmétique pure, l'école fut poussée du même coup en direction des récifs mortels de l'incommensurabilité. Mais ce n'est là qu'un aspect des recherches mathématiques de l'école, dont malheureusement nous connaissons mal le détail et l'histoire, faute de documents authentiques en quantité suffisante. L'*Introduction arithmétique* de Nicomaque de Gérase (néopythagoricien du IIe siècle de notre ère) et *Lire Platon* de Théon de Smyrne (néoplatonicien du IIe siècle de notre ère), les seuls traités grecs d'arithmétique connus après Euclide, sont trop tardifs pour être utilisés systématiquement comme sources historiques.

On sait seulement que la ligne générale des recherches mathématiques pythagoriciennes anciennes consiste dans une tentative d'élaborer un système dans lequel le nombre fonde l'harmonie en général. À l'harmonie musicale, l'un de leurs sujets de prédilection, il faut ajouter l'harmonie spatiale, c'est-à-dire la liaison des formes. C'est ainsi qu'on leur doit, d'après Maurice Caveing, les propositions élémentaires sur les figures semblables (la similitude de la forme fondée sur l'égalité de rapports numériques), et peut-être une preuve « naïve » du théorème de l'hypoténuse[1] (la forme du triangle rectangle fondée sur une relation numérique). Peut-être plus importantes à leurs yeux, au moins dans les premiers temps de l'école, étaient leurs recherches sur les nombres figurés, sans doute parce qu'ils espéraient déterminer grâce à eux une spatialité purement numérique ; suivant cette idée la forme carrée, par exemple, aurait pour définition première la forme numérique $n \times n$ et non la forme géométrique bien connue. Un nombre était qualifié de « linéaire », « triangulaire », « carré », « oblong », « pyramidal » s'il était représenté par des points respectivement alignés, en triangle, en carré, en rectangle, en tétraèdre. En disposant un nombre triangulaire $1 + 2 + 3 + \ldots + n$ une deuxième fois par symétrie (tableau ci-dessous, 2e col.), on obtient un rectangle de côtés n et $n + 1$, ce qui permet de voir que :

$$1 + 2 + \ldots + n = \frac{n(n+1)}{2}$$

En examinant la figure des nombres carrés, les pythagoriciens ont observé que le « gnomon », c'est-à-dire l'équerre formée des points de la colonne la plus à gauche et de ceux de la ligne inférieure, est

---

1 On sait que le théorème dit « de Pythagore » était connu depuis plus d'un millénaire en Mésopotamie, et aussi en Inde védique, à l'époque de Pythagore au plus tard.

nécessairement un nombre impair (tableau ci-dessous, 3ᵉ col.), et que par conséquent un nombre impair est la différence de deux carrés consécutifs ; il s'en suit enfin qu'une somme de nombres impairs consécutifs à partir de 1 est un nombre carré. Si de cette façon un nombre impair « borde » un carré, un nombre pair ne pourra border qu'un « oblong » (rectangle), d'où l'interprétation du couple fondamental pair-impair, essence même de l'unité vitale des opposés, en égal (égalité des deux côtés du carré)- inégal (inégalité des deux côtés de l'oblong), opposition dans laquelle on peut retrouver le couple originel un-multiple : en effet, les carrés sont géométriquement semblables entre eux, et nous avons donc là une forme unique, ce qui n'est pas le cas des oblongs bordés par un nombre pair, et nous avons donc là une infinité de formes caractérisées par les rapports des côtés $(n + 1)/n$[1].

x	o o o o	o x x x	o x x x x
x x	x o o o	o x x x	o x x x x
x x x	x x o o	o x x x	o x x x x
x x x x	x x x o	o o o o	o o o o o
	x x x x		
Le nombre triangulaire 10 = 1 + 2 + 3 + 4	En disposant deux fois le nombre triangulaire 10 comme ci-dessus, on voit que $1 + 2 + 3 + 4 = \dfrac{4 \times 5}{2}$. D'une façon générale : $1+2+...+n=\dfrac{n(n+1)}{2}$	Le nombre 7 disposé en gnomon (les o) se voit comme différence entre le nombre carré 4×4 et le nombre carré 3×3. On voit aussi, en prenant de bas en haut et de gauche à droite les gnomons successifs 7, 5, 3 et 1, que 1 + 3 + 5 + 7 = 16 = 4². D'une façon générale : $1+3+5+...+(2n-1)=n^2$	Le nombre 8 dis- posé en gnomon ne peut border qu'un « oblong » de côtés 4 et 5 si l'on veut minimiser la dif- férence des côtés. D'une façon géné- rale le nombre pair $2n$ bordera l'oblong de côtés n et $n + 1$.

Par cette manipulation « gnomonique », le pair-impair joue un rôle central puisqu'il refonde à sa façon l'un-multiple, il est donc l'âme des contraires qui sont pour les pythagoriciens les principes des êtres (*Métaphysique*, 986 b). Selon Aristote (*ibid.*, 986 a), ils considéraient dix couples d'opposés :

---

1   Nous avons là-dessus le témoignage d'Aristote (*Physique*, 203 a).

limité et illimité
impair et pair
un et multiple
droit et gauche
mâle et femelle
en repos et mû
rectiligne et courbe
lumière et obscurité
bon et mauvais
carré et oblong.

De même que, comme nous l'avons vu, carré-oblong et un-multiple pouvaient être déduits du couple impair-pair, il est probable qu'il en était de même pour les autres couples, et en particulier pour les oppositions qualitatives mâle-femelle et bon-mauvais. En ce qui concerne le passage d'impair-pair à mâle-femelle, on peut noter l'analogie de Plutarque citée par Maurice Caveing :

> Si on les décompose en leurs unités, le pair, tout à fait comme le sexe féminin, offre en son milieu un espace vide, tandis que, de l'impair, c'est toujours une partie pleine qui est laissée (Caveing, 1997, p. 290).

Pourquoi pas ? Ce serait bien dans l'esprit du nombre-matière cher au pythagorisme ancien. Tout cela a dû inciter à des recherches sur le pair-impair en lui-même, dont nous avons peut-être un écho dans les livres arithmétiques des *Éléments* d'Euclide, avec des propriétés sans grand intérêt, qui reviennent en fin de compte à classer les nombres en « seulement pairement pairs » (de la forme 2^n), « seulement pairement impairs » (de la forme $2 \times (2n + 1)$), ceux qui sont les deux à la fois (comme $24 = 8 \times 3$, pairement impair, et 4×6, pairement pair) et enfin ceux qui sont impairement impairs (de la forme $(2n + 1) \times (2p + 1)$). Comme le pair-impair a des incarnations qualitatives du type femelle-mâle et mauvais-bon, les considérations précédentes pourraient provenir de spéculations du type *Bible noire* que l'on aurait débarrassées de leur gangue mythologique pour ne conserver que les schémas arithmétiques ; ce n'est évidemment qu'une conjecture.

Nous voici donc avec une probable école de mathématiciens, persuadés que le nombre est le principe, qui a remporté des succès dans la théorie des rapports de nombres en liaison avec la musique et la similitude des figures géométriques, et qui a ouvert la voie à l'arithmétique pure

avec quelques formules comme la sommation des *n* premiers impairs
et la sommation des *n* premiers nombres. Or, que ce soit à l'occasion de
recherches sur la gamme musicale ou sur le rapport entre la diagonale
du carré et son côté, on découvre, dans le courant du Ve siècle avant J.-C.,
qu'il y a des grandeurs incommensurables, c'est-à-dire dont le rapport
est inexprimable en nombres entiers. Pire encore, l'une des preuves de
l'incommensurabilité de la diagonale du carré et de son côté repose sur
la dichotomie pair-impair (*cf.* note 1, p. 221) : celle-ci, qui était le pilier
sacré de l'école pythagoricienne, a donc fini par être son Judas. Face au
désastre, deux voies sont envisageables.

La première, avérée, est une tentative de sauver la primauté du nombre
sur la grandeur, tentative dont nous avons un exemple dans un fragment
attribué à Philolaos, mais probablement inventé par Speusippe, neveu et
successeur de Platon à l'Académie dans la deuxième moitié du IVe siècle
avant J.-C. J'ai déjà mentionné le début de ce texte pour en extraire des
propriétés de la décade, typiques à mon avis du pythagorisme ancien.
Mais dans la suite, le texte prétend montrer la supériorité du nombre,
avec des arguments du genre : « Dans les surfaces et les volumes, les
éléments premiers sont le point, la ligne, le triangle et la pyramide : tous
contiennent en eux le nombre 10 et lui doivent leur perfection » (Dumont
et coll., p. 494). Comment cela ? Dans la pyramide (tétraèdre), 4 angles
ou 4 faces plus 6 arêtes font 10 ; dans le triangle, 4, qui « domine dans
les intervalles et dans les limites du point et de la ligne », plus 6, qui
« domine » dans les 3 côtés et les 3 angles, font 10. La « domination » de
4 pourrait vouloir dire qu'un triangle étant déterminé par un angle et
les deux côtés qui lui sont adjacents, donc par une figure qui ressemble
à un compas ouvert, celui-ci est « limité » par deux côtés et deux points,
soit quatre objets. Le texte continue ainsi, avec des arguments tout aussi
ridicules dont nous pouvons nous dispenser.

La deuxième réaction qui a existé à coup sûr parmi les mathématiciens
penseurs – mais dans quelle mesure étaient-ils pythagoriciens ? – a dû
être fondationnelle. D'une part en effet, comme les rapports de grandeurs, fondamentaux en géométrie, ne peuvent être définis en termes
de rapports de nombres, il a bien fallu les fonder autrement. Le résultat
est consigné dans l'admirable livre V des *Éléments* d'Euclide, dont on
attribue d'ordinaire la substance à Eudoxe de Cnide (première moitié
du IVe siècle avant J.-C.) qui fut l'élève d'Archytas. D'autre part, pour

sauver le labeur arithmétique antérieur à la découverte, il était impératif de le hausser au niveau de rigueur que la géométrie avait atteint dès la deuxième moitié du Vᵉ siècle avant J.-C. avec les *Éléments* d'Hippocrate de Chio ; il devenait donc impératif de laisser un peu de côté les jeux avec les nombres figurés et le pair-impair, pour élaborer une véritable théorie du nombre ; il est donc raisonnable de supposer une influence pythagoricienne dans la mise au point de cette théorie, telle qu'elle se trouve exposée dans les livres VII à IX des *Éléments*.

BILAN

Si l'on cherche à faire le bilan du pythagorisme, on est d'abord embarrassé.

D'un côté, nous devons constater un prestige considérable, corroboré par Aristote lorsqu'il affirme que les pythagoriciens se consacrèrent les premiers aux mathématiques et les firent progresser, jusqu'à Proclus (néoplatonicien du Vᵉ siècle de notre ère) attribuant à Pythagore lui-même la découverte des irrationnelles, l'examen des principes de la géométrie et l'exploration « de ses théorèmes de façon immatérielle et intellectuelle », en passant par Diogène Laërce (IIIᵉ siècle de notre ère) selon qui Pythagore a amené la géométrie à sa perfection. Au sujet de l'essence, dit encore Aristote, « ce sont eux qui les premiers ont commencé à raisonner et à définir », ce qui n'est pas un mince hommage de la part de l'auteur de la *Métaphysique* et des *Analytiques*, même s'il juge qu'ils « ont procédé d'une façon par trop simpliste ». Aristote fait donc des pythagoriciens les premiers philosophes, et il donne ainsi de la vraisemblance à tous les témoignages ultérieurs selon lesquels le Maître aurait inventé le mot même de philosophie, amour de la sagesse.

D'un autre côté, nous sommes confrontés au peu de sources authentiques, et en particulier au fait que nous ne possédons pas la moindre bribe de texte de Pythagore lui-même, à supposer qu'il ait écrit quelque chose ; il est certain par ailleurs que, contrairement à l'affirmation d'Aristote, les pythagoriciens ne furent pas les premiers à se consacrer aux mathématiques, sauf à faire de Thalès un pythagoricien d'avant Pythagore.

La réalité qui se dessine néanmoins au vu de la critique des sources[1] et de nos précédentes analyses est la suivante. Un courant originel

---

1 Tout particulièrement la critique de Maurice Caveing, comme je l'ai déjà souligné. Mais l'exposé du pythagorisme présenté dans ce chapitre n'engage que moi.

fondé sur l'idée que le nombre est la substance de toutes choses a pris naissance au VIᵉ siècle. Avec un pied dans l'archaïsme, il a développé une numérologie « matérielle », et en a en même temps épuisé toutes les possibilités, de telle sorte qu'il n'y aura au fond rien de nouveau dans ce qui s'est fait depuis, jusqu'à nos jours inclusivement. Avec l'autre pied dans le nouvel air du temps, celui du passage de la pensée archaïque à la philosophie, il a cherché à faire de ce principe unique un concept qui se concrétise et se développe par lui-même sous l'effet de ses contrariétés internes, ce qui l'a conduit à des recherches fructueuses d'ordre arithmétique et géométrique. La découverte des incommensurables devait ruiner ce fameux « toutes choses sont nombres », et probablement faire disparaître le pythagorisme en tant que courant mathématique. Les mathématiciens issus de cette l'école, ne pouvant plus revendiquer de spécificité, ont été contraints de poursuivre leur travail indépendamment de l'« idéologie » initiale, et, échaudés par l'incommensurabilité, on peut les imaginer travaillant avec ardeur à délimiter le territoire propre du nombre, territoire qu'il a fallu débarrasser de toute assimilation naïve avec celui de la grandeur géométrique ; bref, il fallait une théorie du nombre fondée sur l'un-multiple et seulement sur lui. Dans le domaine philosophique, ce fut un renversement complet : de réalité substantielle (matérielle), le nombre passa, avec Platon et ses successeurs, au rang de réalité idéelle. De là découlent le néoplatonisme et le néopythagorisme, deux tendances dans un même courant plutôt que deux écoles distinctes.

Mais alors, comment comprendre qu'une école dont le principe a été ruiné, dont la contribution mathématique propre a sans doute été surestimée, et qui ne doit sa survie philosophique qu'à la mise cul par dessus tête de ses propres idées d'origine, comment comprendre, donc, qu'une telle école ait connu un tel prestige, donnant lieu à tant de légendes persistantes, allant jusqu'à attribuer la divinité à son fondateur ? La raison est que l'on focalisa sur Pythagore et sur ses disciples le bouleversement intellectuel et social qu'a connu la Grèce à partir du VIIᵉ siècle avant notre ère :

1. Le prestige du savoir mathématique de Pythagore et de ses premiers disciples provient probablement, non pas tant de leur activité mathématique elle-même, que du choix du nombre, comme principe permettant d'organiser le savoir antérieur

et de démontrer l'harmonie du monde ; en lieu et place des analogies désordonnées du monde primitif, le pythagorisme apporte un analogisme maîtrisé, et fondé sur un principe unique purement intellectuel.

2. De ses voyages supposés, en Phénicie, Égypte et Mésopotamie, chez les Celtes et les Ibères, au cours desquels il se serait initié à des mystères, aurait acquis la sagesse des prêtres et des « mages », appris la géométrie et l'astronomie, il faut retenir qu'ils furent une façon imagée de créditer Pythagore de la synthèse de l'ensemble du savoir antérieur archaïque. Synthétiser et porter à un niveau supérieur, comme on le voit dans l'anecdote suivante, sans doute légendaire, rapportée par Jamblique : comme le barbare Abaris, admirateur de Pythagore, faisait conformément à sa coutume des sacrifices d'oiseaux pour lire des présages dans leurs entrailles, le Maître, « ne voulant pas faire obstacle à son ardente poursuite de la vérité, mais le guider dans une voie plus sûre, [...] lui révéla la connaissance de toute vérité par le moyen de la science des nombres » (Guthrie p. 94).

3. Des récits tardifs concernant les communautés pythagoriciennes, vivant à l'écart de la société du temps et mal vues pour cela, avec leur style de vie fait d'amitié indestructible et de méditation sur la sagesse, il faut retenir l'annonce de la rupture avec le monde primitif fondé sur les liens du sang et sur l'adhésion spontanée à la sagesse ambiante et aux mythes dominants. Certes, il fallait honorer sa parenté, mais seulement comme un maillon de la grande chaîne de l'amitié universelle ; certes, il fallait respecter les mythes et les rites particuliers, mais en les remettant à leur place dans le grand arbre de la connaissance grâce à la « science des nombres ».

Le nombre, inventé dans le monde primitif comme image de la puissance créatrice et détermination de la variété de l'être, est devenu entre les mains de Pythagore la bannière d'un monde nouveau en train de naître.

C'est un honneur de clore notre enquête sur l'invention du nombre en compagnie d'un Maître aussi remarquable !

ÉPILOGUE

Faire de l'histoire, c'est chercher une raison dans ce qui se présente comme une chronologie. S'agissant de l'histoire des mathématiques, l'une de ces raisons est double : chaque étape crée des possibilités d'évolutions ultérieures, mais il faut une impulsion extérieure pour que certaines de ces possibilités deviennent réalité.

Au cours de notre recherche, nous avons noté que dans les quanta, expressions quantitatives de la diversité qualitative, il y a la possibilité de passage au nombre ; pour un passage effectif, il faut que les rituels de reproduction de la puissance créatrice et d'échanges de cette puissance entre humains soient suffisamment fondés et développés. Il n'y a pas de nombre sans système de nombres, c'est-à-dire sans structuration par un calcul, aussi rudimentaire soit-il ; mais la pleine généralisation du calcul, et par conséquent la considération complète des rapports numériques, ne s'imposent que sous la férule des besoins administratifs des premiers États. Sur cette base, les possibilités du zéro et des nombres négatifs se montrent déjà, et du calcul figuré très développé en Mésopotamie émerge objectivement la question de savoir si le nombre entier est suffisant pour le traitement de la grandeur en général ; mais pour que cette question se pose clairement comme telle et qu'elle puisse recevoir une réponse, il fallait que le nombre puisse être pensé indépendamment de ses représentations et de tout usage pratique. Il fallait une théorie, une manipulation directement idéelle, ce que l'on ne peut envisager sans le bouleversement général du mode de pensée que fut la naissance de la philosophie en Grèce antique ; ainsi naquit la première théorie du nombre dans les *Éléments* d'Euclide, et ainsi prit fin la longue préhistoire de l'arithmétique.

Cependant, le problème de *l'invention* du nombre exige une toute autre solution qu'une dialectique possibilité/actualisation. Comme il n'y a en effet rien de numérique ni dans les pratiques animales, ni dans la physiologie du cerveau, il n'y a aucune possibilité préexistante à caractère numérique attendant une impulsion extérieure pour s'actualiser. La source lointaine de l'invention du nombre est la conception de la puissance créatrice « divine » et humaine comme démultiplication de l'un ; c'est ce que racontent les mythes en des récits enchanteurs, c'est ce qui est pratiqué dans des rites émouvants de recréation du monde et d'échanges cérémoniels dans les sociétés archaïques de chasseurs-cueilleurs et d'agriculteurs-éleveurs. Les nombreux faits que nous avons relevés montrent à quel point la pensée archaïque s'accommode de toutes sortes de contradictions, dont l'un-multiple est un exemple emblématique. Lucien Lévy-Bruhl (1910) avait donc vu juste lorsque, parlant de la pensée primitive, il remarquait « qu'elle ne s'astreint pas avant tout, comme notre pensée, à s'abstenir de la contradiction » ; mais il se trompait quand il en déduisait qu'elle relevait d'une « mentalité prélogique », et j'ajouterai en passant qu'il participait de l'aveuglement contemporain dans sa croyance à l'éradication de la contradiction dans « notre pensée ». L'archaïsme est une véritable pensée, avec toute l'ardeur et la naïveté de la prime jeunesse, certainement pas encore philosophique, c'est-à-dire distanciée d'elle-même, mais c'est bien à elle et à sa dialectique juvénile que nous devons l'invention du nombre.

Dans la première théorie du nombre connue, présentée dans les *Éléments* d'Euclide, l'axiomatique prend le relais de l'archaïsme dans la mesure où la contradiction un-multiple est posée, de fait, dans les deux premières définitions du livre VII : la monade étant ce selon quoi chaque chose existante est dite une, il n'y a qu'une monade, et pourtant la multiplicité de monades existe. Développée ensuite dans cette arithmétique admirable, la contradiction n'y est néanmoins présente que comme le fantôme du commandeur, une mauvaise conscience provenant de l'interdit philosophique dit « principe de non-contradiction » ; à cause de lui la monade (l'un) doit être distinguée en droit du nombre (le multiple), alors qu'en fait les deux sont une seule et même espèce dans le cours du développement euclidien.

Dans la conception actuelle, non seulement l'un-multiple n'a officiellement aucun droit de cité, mais la définition que l'on donne couramment du nombre est un produit de la chasse générale aux contradictions à laquelle se sont livrés les meilleurs talents depuis la découverte, à l'extrême fin du XIXe siècle et au début du XXe, des paradoxes de la théorie des ensembles. L'une des formes du résultat est la suivante :

$0 = \varnothing$, $1 = \{0\} = \{\varnothing\}$, $2 = \{0, 1\} = \{\varnothing, \{\varnothing\}\}$, etc. En fin de compte, par conséquent, le fondement ultime non seulement du nombre, mais de l'édifice mathématique tout entier, est l'ensemble vide $\varnothing$, lui-même défini par la propriété « $x \neq x$ », c'est-à-dire par « différent de soi-même », la contradiction à l'état pur. Il ne faut pas croire que la contradiction disparaît quand on passe de la propriété « $x \neq x$ » à l'ensemble $\varnothing$ qu'elle définit, car le rapport d'un ensemble avec ses éléments ne doit pas être conçu comme le rapport d'un récipient avec ce qu'il contient. L'ensemble vide n'est pas un récipient vide. Le rapport est le suivant :

a- rien ne vérifie $x \neq x$
b- j'appelle $\varnothing$ « le » rien.

En posant « le » rien, je fais de celui-ci un objet, je donne donc l'existence au rien, je donne l'être au néant.

Il est tout à fait remarquable que les mathématiques, dans le cours du vaste procès de réflexion sur elles-mêmes commencé au début du XXᵉ siècle, aient été contraintes de poser ainsi l'unité des contraires au fondement. Sauf à se payer de mots, sauf à laisser la pensée s'anesthésier à coup de constructions formelles, on doit donc reconnaître que les mathématiques sont à repenser entièrement ; plutôt que de s'accrocher au « principe de non-contradiction », il faudra reconnaître que l'unité des contraires est un principe. L'histoire, ouvertement, et l'axiomatique, à son corps défendant, s'accordent sur ce point.

ANNEXE 1

Existe-t-il un sens du nombre ?

Aurions nous une prédisposition innée à la numération, une sorte de « sens du nombre » ? C'est ce que pense toute une école, qui traque cette prédisposition dans le cerveau lui-même, et qui s'appuie par ailleurs sur le résultat de certaines expériences avec les très jeunes enfants. De plus, le sens du nombre ne serait pas propre à l'espèce humaine, mais nous le partagerions avec nos cousins chimpanzés et quelques autres animaux, sur la foi d'expériences de laboratoire. La littérature sur ces sujets est vaste, les expériences menées depuis les années 1960 sont nombreuses, et il n'est pas dans mon intention de tenter ici une présentation globale[1]. Le but est seulement de montrer brièvement, un petit nombre d'exemples typiques à l'appui, que la recherche dans ce domaine se méprend quand elle croit avoir affaire au nombre[2].

TRÈS JEUNES ENFANTS

Les expériences censées établir le sens du nombre chez les enfants âgés de six mois et même moins s'appuient sur la surprise que manifesteraient les enfants, en suçant plus activement leur pouce ou par un changement du temps d'attention à un objet. Voici par exemple 16 enfants âgés de 6 mois environ, pour qui on a préparé 6 diapositives contenant chacune

---

1   Ni de rendre compte des conceptions antérieures comme celles de Jean Piaget, aujourd'hui rejetées au moins partiellement. Une synthèse récente est celle de Stanislas Dehaene (1997) réédité et complété en 2010. On y trouvera une bibliographie très importante, classée par chapitres, donc commode d'utilisation, souvent accessible en ligne.

2   Pour des critiques partielles des expériences et des conclusions courantes : Jacques Vauclair (2000), Carla Krachun (2002).

32 points, et 6 autres diapositives contenant chacune 16 points (Xu et coll., 2005). D'une diapositive à l'autre, les points varient en diamètre et en disposition ; aucune disposition n'offre une quelconque régularité géométrique. La moitié des enfants est habituée à regarder les diapositives à 32 points uniquement ; on juge qu'ils sont habitués aux 32 points lorsque le temps d'attention à la diapositive a baissé de moitié au moins. Une fois « habitués », on leur présente six fois un couple de diapositives, l'une à 32 et l'autre à 16 points, les tailles de points étant identiques et les dimensions des cadres ajustées de telle sorte que la densité des points soit la même dans les deux cas. L'autre moitié des enfants est habituée aux diapositives à 16 points, puis testée de la même façon. Lors des tests, on mesure les temps d'attention. Comme les enfants habitués aux 32 points regardent un petit peu plus les cadres à 16 points et vice-versa, on en déduit un effet de surprise qui proviendrait uniquement de la perception de la différence numérique entre les deux types de diapositives. Admettons cet effet de surprise, malgré les très faibles différences relatives en moyenne entre les temps d'attention qui montrent l'habituation, et ceux mesurés lors des phases de test[1]. Mais que prouve-t-il au juste ? Selon les auteurs de l'article, il montre qu'il existe une capacité, que posséderaient également d'autres animaux, à discriminer deux collections d'objets en fonction de leur nombre, pourvu que le rapport entre les deux soit suffisamment grand. Il se trouve en effet qu'avec le même protocole expérimental, ces enfants ne peuvent discriminer des collections de 16 et 24 points (rapport de 2 à 3, contre 1 à 2 dans l'exemple précédent), ni même des collections de un et deux points (pourtant dans un rapport de 1 à 2, comme dans l'exemple précédent).

Comment rendre compte de la discrimination, lorsqu'elle a lieu ? Les hypothèses rapportées par les auteurs sont les suivantes :

- il existe un mécanisme itératif, de même nature que le dénombrement, qui fait une marque pour chaque point du tableau et fait ensuite la somme (*iterative, counting-like mechanism that tags each item in an array successively and sums activation from all the elements*)
- il existe un mécanisme similaire au précédent, mais non itératif

---

1   Pour le groupe que l'on habitue aux 16 points : temps d'attention aux 16 points une fois habitués : 8,5 sec. environ, temps d'attention aux 32 points lors de la phase de test : 8 sec. environ, temps d'attention aux 16 points lors de la phase de test : 6,5 sec. environ.

— il existe un mécanisme qui calcule le nombre de points en multipliant deux évaluations, celle de la densité de points et celle de la surface (*A third hypothesized mechanism computes number by assessing the area and density of an array of elements and multiplying these values*).

Il est remarquable que chacune des hypothèses présuppose des intermédiaires (marques ou calcul préalable) entre les deux collections de points ; *on ne semble pas avoir envisagé le plus simple* (en admettant, je le répète, que l'expérience prouve quelque chose), à savoir un mécanisme perceptif de comparaison directe de collections (appariement). Cela aurait au moins le mérite d'expliquer naturellement pourquoi on ne peut discriminer entre deux collections de points que lorsque le rapport de leurs nombres est suffisamment grand. En se fiant à l'expérience en question, rien, absolument rien, ne justifie la croyance à un intermédiaire, que ce soit une marque, un calcul ou un sens du nombre ; quand les auteurs prennent parti et assurent que leurs résultats sont la preuve que chez les enfants de six mois, il existe un système de représentation du nombre[1], c'est pur préjugé au sens propre du terme, préjugé probablement nuisible à la recherche dans la mesure où il détourne l'attention du vrai problème, celui de l'élucidation du mécanisme perceptif à l'œuvre. Dans le même ordre d'idées, lorsque Stanislas Dehaene dit :

> Par exemple, sans aucun entraînement, des lions sauvages qui en rencontrent un autre groupe évaluent immédiatement combien ils sont, et ils décident d'attaquer ou de se replier en comparant ces deux nombres (Dehaene, 2010-b).

on ne peut croire qu'il pense sérieusement ce qu'il écrit. Il est clair que les animaux comparent des collections, des étendues et des volumes, il y va certainement de leur survie. Mais encore une fois l'hypothèse la plus simple, la première qui devrait donc orienter les recherches, est la comparaison directe, et non la comparaison indirecte par le nombre et la mesure : le sujet doté d'un cerveau voit deux collections d'objets concrets, deux étendues ou deux volumes concrets, et superpose les images qu'il en a gardé.

---

1 « *The present findings add empirical support to the thesis that a common system of number representation, shared by humans and other animals, is present and functional in 6-month-old infants.* » Article cité, p. 98.

Revenons à l'article de Fei Xu et ses collègues. Les enfants auraient donc un sens du nombre qui leur permettrait de discriminer 16 points de 32 points. Mais selon autre expérience conduite de la même manière par les mêmes expérimentateurs, les enfants du même âge (autour de 6 mois) échoueraient, comme nous l'avons vu, à discriminer un point de deux points. Un tel résultat suscite évidemment l'embarras, ce qui fait dire aux auteurs que « leur sens du nombre n'est pas mis en action avec un très petit nombre d'éléments, au moins dans les conditions de la présente expérience[1]. » L'ennui, c'est que d'autres expériences conduites selon un protocole similaire (habituation, puis test de « surprise ») aboutissent à la conclusion contraire ; voilà qui provoque au moins un sérieux doute sur la fiabilité du protocole. Si en effet on place des bébés de 4 à 6 mois devant deux diapositives, l'une avec des images de deux objets, l'autre avec des images de trois objets, et que l'on donne tantôt deux, tantôt trois coups de tambour, on note alors que les cobayes regardent plus longtemps la diapositive où le nombre d'objets est égal au nombre de coups de tambour (Gelman, 1983).

L'expérience la plus célèbre de ce type a été conduite par Karen Wynn, avec des enfants de 4 à 5 mois (Wynn, 1992). La scène ressemble à un théâtre de guignol. Les enfants assistent à ceci : un Mickey apparaît, puis un écran le dissimule ; l'écran restant en place, une main tenant un deuxième Mickey le place derrière l'écran, puis la main se retire. Il y a donc deux Mickeys derrière l'écran, mais les enfants ne les voient pas. Le test est le suivant : on retire l'écran, une fois en laissant les deux Mickeys qui se trouvent derrière, et une fois en n'en laissant qu'un. Les enfants regardent un plus longtemps la situation anormale (un Mickey au lieu de deux) que la situation normale (deux Mickeys apparaissent quand on relève l'écran). On renouvelle ensuite le même type de spectacle avec cette fois-ci deux Mickeys moins un Mickey, avec une issue normale (reste un Mickey) et une issue anormale (restent deux Mickeys). Une dernière expérience enfin propose l'alternative entre un Mickey plus un Mickey égalent deux Mickeys ou un Mickey plus un Mickey égalent trois Mickeys. Chaque fois, les enfants accordent

---

1   (Xu et coll., p. 98). Stanislas Dehaene voit dans ce genre de phénomène la preuve d'une compréhension du « nombre approximatif », qui précèderait la compréhension du nombre exact et serait selon lui « au fondement de la construction ultérieure des concepts arithmétiques de plus haut niveau » (2010-b). Il théorise cela avec sa « métaphore de l'accumulateur » (2010-a, p. 33 et suiv.).

plus d'attention à la situation anormale qu'à la situation normale. Et l'auteur de conclure hardiment que « l'explication la plus plausible des résultats présentés ici est que les bébés peuvent calculer le résultat de simples opérations arithmétiques » et que « les bébés possèdent de véritables concepts numériques » ; tout cela suggère, affirme-t-elle en conclusion, que « les humains possèdent de façon innée la capacité de faire des calculs arithmétiques simples ». En réalité, il n'y a aucune raison d'invoquer ici le nombre et le calcul ; *l'explication la plus plausible, une fois de plus, est simplement affaire de perception et de mémoire.* Dans le cas de la première expérience, la « surprise » (un Mickey + un Mickey = un Mickey) provient tout simplement de la non coïncidence entre l'image gardée en mémoire (le couple de Mickeys) et ce qui est aperçu (un seul Mickey), et le même type d'explication vaut pour les autres opérations. D'ailleurs, que le lecteur s'imagine à la place du bébé : il conviendra sans doute qu'il est plus probable qu'il aurait lui-même détecté la fraude par perception et mémoire, plutôt que par décompte et calcul.

Plus fort encore, on a testé des nouveaux-nés de deux jours, même pas encore sortis de leur premier domicile de l'hôpital Bichat à Paris (Izard et coll., 2009). L'étape d'habituation consiste à faire écouter aux petits par exemple 12 fois de suite, une syllabe comme *tu* ou *ra*. Le test consiste alors à lui faire voir des images contenant 4 ou 12 objets, et il se trouve que les bébés regardent plus longtemps les images contenant 12 objets. Les auteurs croient dur comme fer avoir ainsi mis en évidence « des représentations numériques abstraites dès le début de la vie humaine », et ceci parce que l'une des séries (les syllabes) est séquentielle tandis que l'autre (les objets sur une image) est simultanée, que les objets présentés varient de forme et de disposition d'une diapositive à l'autre, et que la phase d'habituation ne concerne que les sons et non les images. Mais pourquoi parler ici de nombres alors que nous sommes peut-être en présence d'un résultat déjà remarquable par lui-même, à savoir l'appariement possible dès les premiers jours de la vie d'une suite de sons mémorisés et d'une collection d'images ? Un appariement, faut-il encore le répéter, n'a nul besoin du nombre pour être tenté et exploité : il y a-t-il une quelconque difficulté, pour un adulte au cerveau en bon état, à apparier directement le *ta-ta-ta-ta* de la première mesure de la cinquième symphonie de Beethoven qu'il a depuis belle lurette en mémoire, et une collection de quatre objets ? En ce qui concerne le nouveau-né, supposer une « représentation numérique abstraite » est une hypothèse parasite, qui éloigne du terrain solide de la recherche sur les mécanismes de perceptions/mémoire, et qui ne fait que refléter en réalité une solution préconçue, un préjugé.

Enfin, on ne peut s'empêcher en outre d'avoir de sérieux doutes sur la validité du protocole basé sur le temps d'attention : face au théâtre de Mickey, l'enfant regarde plus longtemps la situation « anormale », par exemple 1 + 1 = 1 ; de même, soumis à l'expérience des nuages de points, l'enfant manifeste sa surprise en regardant plus longtemps les points en quantité à laquelle il n'est pas habitué. En revanche, soumis au test d'appariements entre images et coups de tambour ou suite de syllabes et images, le cobaye humain prête davantage attention à la situation « normale » (images en nombre égal aux coups de tambour ou aux syllabes). Le temps d'attention supérieur aurait donc tantôt le « bon », tantôt le « mauvais » résultat pour cause. On connaît même des cas où le cobaye ne manifeste aucune préférence pour l'une ou l'autre des situations. En outre, comme nous l'avons déjà noté, on a des résultats contradictoires concernant la comparaison des petites collections d'objets par les très jeunes enfants. Avec le protocole de temps d'attention, cette comparaison est parfois constatée, parfois non.

Finalement, que reste-t-il de ces expériences ? Au mieux, elles pourraient prouver qu'il existe chez les bébés une capacité d'apparier deux collections d'objets, y compris dans des modalités différentes (images/sons). Si c'était le cas, ce serait en soi un résultat extrêmement remarquable, puisque nous aurions là un élément central pour une future acquisition du concept de nombre, et qui mériterait d'être analysé finement en tant que mécanisme associant perception et mémoire. Mais supposer qu'il s'agit déjà du nombre, c'est sauter les étapes du procès d'acquisition du concept, donc supposer le problème résolu, ... ou bien faire preuve d'une regrettable confusion entre bijection et nombre : il n'y a pas besoin de savoir compter pour vérifier qu'il y a un verre devant chaque assiette !

CHIMPANZÉS

Beaucoup d'animaux ont été testés, dans le but de déceler en eux des compétences numériques : des fourmis, des poissons, des rats, des oiseaux, des gorilles, des macaques et surtout des chimpanzés ont servi de cobayes. Nous nous contenterons de l'exemple typique d'une femelle chimpanzé nommée Ai. Née en Afrique de l'Ouest, sans doute en 1976, Ai fut transportée au Japon en 1977, puis récupérée en 1978 par l'Institut de Recherche sur les Primates de l'Université de Kyoto dirigé par Testuro Matsuzawa (Biro et Matsuzawa, 2001)[1]. En 2012, elle est encore en activité. Les chimpanzés et d'autres animaux sont peut-être capables, comme les bébés, de faire des appariements, et si c'est vrai, alors comme dans le cas des bébés, les expérimentateurs surinterprètent le phénomène. Dans une expérience citée par Dehaene, on présente à un chimpanzé un plateau de 7 chocolats regroupés en deux tas de 3 et 4, et un autre plateau de 6 chocolats regroupés en 5 et 1 ; la plupart du temps, sans entraînement préalable, nous dit l'auteur, le chimpanzé se saisit systématiquement du plateau de 7 chocolats. Il faut donc, poursuit-il,

> que le gourmand primate ait spontanément calculé le total du premier pla-
> teau (4 + 3 = 7), puis le total du second (5 + 1 = 6) et enfin constaté que 7
> est supérieur à 6 et qu'il est donc avantageux de choisir le premier plateau
> (Dehaene, 2010-a, p. 31)

Les nombres, leur addition, leur comparaison, que de science chez nos cousins ! *Une fois de plus, le nombre est parachuté sans nécessité.* Le « gourmand primate » a pu simplement se faire une image unique des deux tas du premier plateau, ce qui est un rassemblement et non une addition de nombres, et de même une image unique du second plateau, puis comparer ces deux images par appariement, ce qui n'est pas une comparaison de nombres. Nous ne reviendrons donc pas sur les appariements, et nous nous intéresserons seulement à un autre type d'expériences, basées sur l'étiquetage, avec notre amie Ai comme cobaye.

---

1   On trouvera sur le site de l'Institut de Recherche sur les Primates de l'université de Kyoto
     des photographies de Ai, ses peintures, et des vidéos de certaines expériences.

Un premier dressage de plus d'une année a consisté à lui apprendre des correspondances entre d'un côté des objets ou des couleurs apparaissant sur un écran d'ordinateur, et de l'autre des symboles figurant sur les touches d'un clavier et qu'elle devait activer (Asano et coll., 1982); les symboles en question n'ont aucune ressemblance avec les objets auxquels ils correspondent. Dans l'expérience finale de ce premier dressage, on sélectionne cinq des objets auxquels elle est habituée (gant, boule, cube, ficelle et papier), chacun pouvant être peint en rouge, vert, bleu, jaune ou noir. Le but est qu'Ai parvienne, lorsqu'elle voit par exemple sur l'écran un cube rouge, à activer la touche « cube » puis la touche « rouge » du clavier. À la suite d'un très long entraînement, qui a commencé avec un seul objet et deux couleurs, après quoi on a ajouté, un par un, un objet ou une couleur, Ai répond correctement à 93 % dans les 227 derniers tests. Il faut noter que ces correspondances ne méritent guère le label d'*object naming*, puisque d'autres expériences ont montré que les animaux ne font pas, ou font très mal, le lien entre une image en deux dimensions d'un objet et l'objet réel (Jitsumori et Delius, 2008); ce premier dressage est donc en réalité un entraînement de la mémoire et rien de plus.

Les premières expériences « numériques » ont eu lieu en 1985 (Matsuzawa, 1985). Le matériel est constitué d'une part de cinq objets : crayon, papier, cube, cuiller, brosse à dents, chacun d'entre eux pouvant être colorié en rouge, vert, jaune, bleu ou noir, et d'autre part des six chiffres arabes de 1 à 6. Les objets sont présentés à l'écran, en un à six exemplaires, et Ai doit apprendre à activer la touche portant le chiffre correspondant. On commence avec un ou deux crayons rouges. Au bout d'un peu plus de quatre heures (non consécutives !), Ai finit par activer la bonne touche (1 ou 2) dans plus de 90 % des cas. On continue avec 3, puis 4, puis 5 crayons rouges, le passage d'une étape à l'autre se produisant lorsqu'au moins 90 % de réponses correctes sont données en deux sessions consécutives. Après 68 heures et 31 minutes de travail réparties sur plusieurs mois, Ai parvient à des réponses correctes à 98,5 % lorsqu'on lui présente de 1 à 5 objets identiques et de la même couleur. Il ne semble pas y avoir eu, en 1985, de test avec un mélange des couleurs, ou un mélange des objets ou les deux. Il est fort probable qu'Ai aurait été incapable, sans nouvel entraînement, d'activer la touche « 3 » lors de la présentation d'un cube vert, un crayon rouge et un crayon noir, sans parler d'une collection de trois objets nouveaux ou de couleurs nouvelles. Cela découle des résultats d'un test réalisé entre deux étapes de l'apprentissage : une fois acquise par exemple la relation « une ou deux brosses à dents rouges → touche 1 ou 2 », on présente à Ai soit un changement d'objet (comme un ou deux cubes rouges), soit un changement de couleur (comme une ou deux brosses à dents vertes) : avec un changement de couleur, la performance tombe à 83 %, et avec un changement d'objet, elle tombe à 50 %, comme une réponse donnée au hasard. Dans les autres cas (1-2-3 acquis, ou 1-2-3-4 acquis), on a de même une chute très importante des performances, moins prononcée cependant lorsqu'on modifie la couleur que lorsqu'on modifie l'objet.

Dans ces conditions, il est évident que toute interprétation numérique est sujette à caution. Dirait-on qu'un enfant sait compter jusqu'à 5 s'il n'arrivait à le faire que pour certains objets identiques, et s'il se trompait dès l'introduction d'autres objets ? D'autre part notre amie Ai sait à coup presque sûr étiqueter les situations que nous avons décrites, par exemple activer l'étiquette « 3 » devant une image de trois crayons rouges ou une image de trois cubes verts. Mais est-ce autre chose que du par cœur, a-t-elle compris le sens de l'étiquetage ? Si oui, elle devrait être capable non seulement d'aller de la collection vers l'étiquette, mais aussi, inversement, d'aller de l'étiquette vers la collection : si on lui montrait par exemple l'étiquette « 3 », elle devrait pouvoir saisir trois crayons rouges parmi un ensemble de crayons, ou au moins montrer sur l'écran la case contenant trois crayons parmi d'autres cases contenant de 1 à 5 crayons rouges. Nous y reviendrons.

Douze années plus tard, dans le but de tester les compétences acquises par Ai, on lui présente de 1 à 6 points verts sur l'écran, à charge pour elle d'activer la touche numérique correspondante (Biro et Matsuzawa, 2001). On constate alors qu'il faut recommencer l'apprentissage, d'abord avec deux points, puis trois et ainsi de suite, en attendant chaque fois qu'il y ait 90 % de réponses correctes à deux sessions consécutives d'une étape donnée avant de passer à la suivante. Ai parvient à étiqueter correctement (83,6 %) les collections de 1 à 6 points verts après un apprentissage de 158 sessions ; à supposer, ce que malheureusement le texte ne précise pas, que la durée moyenne d'une session soit, comme en 1985, d'environ trois quarts d'heure, cela donnerait un apprentissage plus long que lors de l'expérience de 1985. En supposant qu'Ai ait acquis une quelconque compétence numérique en 1985 (on ne sait pas si celle-ci a été entretenue et si oui, comment), il est clair qu'elle a tout oublié, et que les premières étapes d'apprentissage avec 2 ou 3 points sont même impuissantes à réveiller cette compétence supposée, puisque le nombre de sessions nécessaires augmente avec le nombre de points en jeu. Il est donc clair que là où les expérimentateurs croient avoir décelé des aptitudes numériques, il n'y a que les effets d'un dressage laborieux, à recommencer à chaque fois, sans signification aucune pour le cobaye.

Nous nous sommes demandé plus haut si inversement, Ai, à qui l'on présenterait par exemple l'étiquette « 3 », serait capable de saisir trois crayons rouges dans un ensemble, ou au moins de montrer une case contenant trois crayons parmi plusieurs cases contenant un nombre variable de crayons. Nous avons une réponse partielle dans l'expérience suivante (*ibid.*). Dans une première série de tests, un cadre contenant de 0 à 9 points blancs apparaît sur l'écran d'ordinateur, puis deux chiffres arabes dont l'un représente le nombre de points affichés : Ai doit toucher le bon. Dans une deuxième série de tests, un chiffre arabe de 0 à 9 apparaît sur l'écran, puis deux cadres, dont l'un contient le nombre correspondant de points. Au cours de la deuxième série de tests, les résultats sont d'abord catastrophiques, puisqu'il faut un minimum de cinq sessions avant de parvenir à 50 % au moins de réponses correctes ; de plus, Ai ne parvient, après plus de trente sessions, qu'à une performance nettement inférieure à celle de la première série de tests. Il est donc bien clair que Ai ne comprend pas la correspondance réciproque « collection de points ↔ étiquette avec chiffre arabe », et que par conséquent, comme le disent les auteurs, « les chiffres arabes ne sont pas utilisés comme symboles au sens strict du terme par le chimpanzé » (*ibid.*, p. 212). En réalité, ils ne sont pas du tout des symboles.

Tout est donc bien de l'appris par cœur, du dressage, sans qu'aucun sens ne s'y rattache, sinon celui d'apprendre le geste qui convient pour obtenir enfin un bout de pomme ou quelques raisins. Le lecteur aura remarqué dans l'expérience précédente l'introduction du zéro, mais cela ne veut rien dire d'autre qu'un lien de plus « case vide ↔ étiquette "zéro" » à apprendre. Il est certain que l'on pourrait de même faire croire à la compréhension des nombres négatifs avec une expérience du genre : sur l'écran apparaît une ligne graduée verticale, les chiffres 1 à 3 étant écrits sans signe au dessus et au dessous de zéro, et on entraîne l'animal à choisir l'étiquette « +1 », ou « -2 », etc., suivant le cas.

Les chimpanzés ont une capacité de perception immédiate bien supérieure à celle des humains, et une mémoire phénoménale, bien supérieure elle aussi à la nôtre ; on peut par exemple, après un long entraînement, présenter à Ai de façon aléatoire sur un écran pendant une fraction de seconde les chiffres de 1 à 9, et elle est capable, immédiatement après, de toucher les endroits où chaque chiffre est apparu, et dans l'ordre numérique[1] ! Il me semble que c'est le phénomène perception/mémoire en lui-même qui doit être étudié, au lieu de se bercer d'illusions avec des soi-disant compétences numériques (dans ce que nous venons d'évoquer on parle bien sûr de « compétence ordinale » !) qui ne sont en réalité, pour le coup, qu'une étiquette arbitraire surimposée à des expériences.

UN « SILLON DU NOMBRE » ?

Au temps de la phrénologie, on parlait de « bosse des maths ». À notre époque d'essor de la neurologie, on évoque une région du cerveau qui s'active systématiquement quand il est question de nombres, sans être exclusivement consacrée à cela, et en collaboration avec d'autres aires : il s'agit du sillon intrapariétal, « une étroite bande de cortex, enfouie dans les lobes pariétaux droite et gauche, [qui] apporte une contribution essentielle au traitement des nombres » (Dehaene, 2010-a, p. 282). Comme on le sait, une région du cerveau est « activée » par un afflux de sang oxygéné, afflux que l'on peut repérer grâce à la technique de l'imagerie fonctionnelle par résonance magnétique (IRM fonctionnelle). Elle a permis, depuis les années 90 du XXe siècle, de réaliser des centaines d'expériences pour tenter de comprendre quels réseaux neuronaux entrent en action, et comment ils le font, lorsqu'il est question de « traiter » le nombre, qu'il s'agisse d'évaluation ou de calcul[2]. Le problème qui nous occupe ici est de déterminer ce que prouvent ces travaux quant à un « sens du nombre », qui serait inné chez beaucoup d'animaux, dont les humains.

---

1   On peut regarder une vidéo de cette expérience impressionnante sur le site précité de l'université de Kyoto.
2   Pour une vue synthétique, voir S. Dehaene (2010-a) et surtout sa postface et la bibliographie attenante. Voir aussi son cours au Collège de France en 2008, accessible sur le site du Collège.

En premier lieu, on a découvert que le fameux sillon est aussi activé chez les singes quand ils sont soumis à des tâches arithmétiques. Or, nous avons montré sur quelques exemples que ces tâches n'ont en réalité rien d'arithmétique ; dans le meilleur des cas nous avons affaire à des comparaisons directes, et dans le pire, à du « par cœur » obtenu par un long dressage. Chez les singes en tout cas, l'activation du sillon ne reflète donc pas un travail numérique.

En second lieu, chez l'homme, l'activation du sillon intrapariétal est l'activation de *représentations* du nombre, et seulement de représentations. Par exemple, confrontés à la tâche de dire quel est le plus grand de deux nombres, même des adultes mettent d'autant plus de temps que les deux nombres sont plus proches ; comme le dit Dehaene, le sillon « code la distance numérique », c'est-à-dire qu'il fabrique une image qui pourrait être de type géométrique, et par conséquent il est naturel que la distinction et la détection de l'ordre des deux nombres soient d'autant plus délicates que les deux images sont plus proches. Si le cerveau codait le nombre lui-même, ce phénomène n'aurait aucune raison de se produire ; le cerveau devrait en effet, dans ce cas, marcher au moins aussi bien qu'un ordinateur qui, lui, ne met pas plus de temps pour comparer 7 et 8 que 7 et 70. Un aspect remarquable de la détection des zones cérébrales activées, est justement de montrer le type de représentation des nombres. Par exemple,

> Pour le montrer, nous avons commencé par identifier précisément les aires pariétales qui commandent les yeux, en demandant tout simplement à chaque participant de bouger les yeux vers la droite ou vers la gauche pendant l'imagerie. Deux petites régions sont apparues dans la partie arrière du cortex pariétal. [...] Nous avons examiné ce que devenaient ces régions au cours du calcul mental, lorsque la personne effectuait des additions et des soustractions. De façon étonnante, l'activité pariétale au cours des additions ressemblait à un déplacement du regard vers la droite. À l'inverse, pendant les soustractions, nos participants présentaient des activations qui correspondaient à un mouvement des yeux vers la gauche (Dehaene, 2010-a, p. 289).

Mais la formulation de Dehaene : « il existe aujourd'hui une extraordinaire diversité d'expériences qui démontrent des interactions omnidirectionnelles entre le nombre, l'espace et le temps dans notre cerveau » (*ibid.*, p. 288), devrait à mon avis être modifiée ainsi : « il existe aujourd'hui une extraordinaire diversité d'expériences qui montrent que notre cerveau fabrique des *représentations spatiales et temporelles* dès qu'il est question du nombre. » Il faut en effet *d'abord penser au nombre* pour que le sillon s'active. L'invocation du concept est un préalable. Bien entendu, si je vois l'étiquette « 2 », je pense immédiatement au nombre et il peut sembler inutilement pompeux de parler d'invocation du concept. Cela paraîtra plus naturel si l'on considère que cette invocation, renouvelée pendant des années d'éducation et de pratique dans la vie courante, a pu se transformer en réflexe conditionné. Avant l'activation d'une zone de cortex, il y a donc l'activation du concept (soit en réflexe conditionné, soit consciemment) qui va décider du type de traitement des données, en l'occurrence de traiter « 1 » et « 2 » comme des nombres et non, respectivement, comme un pingouin et un cygne.

Nous sommes dès lors face à un problème redoutable. Car avant toute activation de telle ou telle zone de cortex, nous prenons, consciemment ou par réflexe acquis, la décision de l'activer. Quelle est alors la zone qui s'active pour décider d'activer telle ou telle zone ? La réponse actuelle est de présenter le cortex frontal comme le coordonnateur de tâches exécutives réalisées dans les autres, une sorte de cerveau dans le cerveau, l'administrateur central des fonctions cognitives supérieures (*ibid.*, p. 221). Mais, à nouveau, le cortex frontal est lui-même divisé en une multitude de réseaux spécialisés : quel est alors le cerveau du cerveau dans le cerveau qui assure leur coordination ?

Ou bien on se résout à cette régression qui menace de se prolonger indéfiniment, ou bien il faut reconnaître que le rapport entre cerveau et pensée est largement *terra incognita*. Nous commençons certes à en connaître des mécanismes, mais de l'horloger, du concepteur de logiciels, nous ne savons rien : vieux problème ! Comme en outre la pensée humaine est son propre objet, dans la mesure ou elle *se* pense et *se* juge, dans un phénomène de conscience de soi collectif (philosophie) et individuel (« je »), il faudrait, pour en rendre compte neurologiquement, parvenir à exhiber quelque part dans notre cervelle un exact dédoublement.

Nous devons donc admettre que nous sommes encore incapables de nous représenter le cerveau autrement que comme l'organe d'un pouvoir – la pensée – qui lui est extérieur. Et c'est bien ce qu'il faut conclure aussi de la théorie du « recyclage neuronal » avancée par Dehaene, pour justifier la contradiction entre la stabilité structurelle du cerveau et l'invention de concepts nouveaux. Pour faire des mathématiques, dit-il, nous utilisons des réseaux neuronaux qui nous servent également à guider nos mains et nos yeux dans l'espace, des circuits présents depuis des milliers d'années dans le cerveau de tous les primates et qui n'ont certainement pas évolué pour les mathématiques, *mais que nous parvenons à réutiliser pour ce but* (*ibid.*, p. 290, passage souligné par moi).

De même, poursuit-il, les inventions récentes de l'humanité, comme l'arithmétique avancée, doivent trouver leur « niche neuronale » dans un cerveau qui n'a jamais évolué pour les accueillir ; ces inventions « s'insèrent au sein de nos circuits cérébraux en envahissant des territoires corticaux *initialement dédiés à d'autres fonctions* suffisamment proches » et, s'agissant plus précisément des concepts innovants de l'arithmétique, ceux-ci « ne parviennent à se loger dans nos circonvolutions qu'*en recyclant des circuits* supplémentaires dans le même voisinage cortical » (*ibid.*, passages soulignés par moi). Il découle de cette analyse que les circuits et territoires accueillent innovations et concepts, en font des images qui permettent de les traiter ; mais l'invention, la création de concepts nouveaux, viennent donc d'ailleurs que des territoires et circuits connus. Autrement dit, rien ne permettrait, sur la base de la neuropsychologie actuelle, de réfuter un nouveau Platon qui verrait, dans les représentations produites par notre paroi corticale, l'ombre projetée d'un céleste Nombre.

La réalité est que ni le nombre, ni son histoire, ne sont visibles dans un cerveau de primate évolué, même sous la forme rudimentaire d'un « sens du nombre », sauf à confondre, chez les animaux, nombre et appariement, ou bien étiquetage appris par cœur ; sauf à confondre, chez les humains, nombre et codage du nombre, nombre et images temporelles ou spatiales de celui-ci. Ainsi, en reprenant la théorie de Dehaene sur le recyclage neuronal, rien ne s'oppose à ce que le fameux « sillon du nombre » ait été lui aussi l'objet d'un « ôte-toi de là que je m'y mette », c'est-à-dire d'une reconversion de ses fonctions antérieures (d'appariement ?), dans le but de fabriquer des images d'un concept qui lui est extérieur, le concept de nombre ; enfin, ce que dit l'auteur sur l'apprentissage de la lecture peut très bien être repris pour l'apprentissage du nombre, à savoir que ce processus de reconversion se reproduit dans le cerveau de chaque enfant qui apprend à compter (Dehaene 2007, p. 232).

ANNEXE 2

De la légitimité des sources ethnographiques

Mis à part les documents qui précèdent de peu l'apparition de l'écriture en Chine, en Mésopotamie et en Égypte, la préhistoire proprement dite ne nous a laissé aucune trace qui puisse à coup sûr être qualifiée de signe numérique. C'est aux préhistoriques que nous devons la grande invention du signe, et en particulier, selon toute probabilité, celle du signe de pluralité abstraite, expression matérielle du concept de l'un-multiple. Mais de l'apparition de ce concept et du passage au nombre, l'art pariétal et mobilier ne peut rien nous dire.

Si la documentation préhistorique sur ce sujet est défaillante, la documentation ethnographique sur les peuples sans écriture est au contraire très riche. La question est alors : ce que nous apprend l'ethnographie des peuples chasseurs-cueilleurs et paysans sans écriture peut-il être transposé aux *homines sapientes* de la préhistoire ? Autrement dit, sommes-nous autorisés à parler d'une préhistoire de l'arithmétique en général, universellement, sur la foi des conclusions que nous tirons de l'ethnographie ? Le problème n'est qu'une facette du problème plus général de l'évolution humaine intellectuelle et sociale ; comme, pour ma part, je pense qu'il y a bien *une* évolution humaine, et comme cette position va à l'encontre du courant dominant à l'heure actuelle, qu'elle est mal comprise et parfois même chargée de beaucoup de péchés, je crois utile de donner ici quelques précisions[1].

Si l'on veut bien laisser de côté de temps en temps le microscope pour se munir d'un objectif grand angle, si l'on veut bien admettre la distinction entre courants dominants et courants secondaires, il apparaîtra qu'en des lieux, à des époques et à des vitesses différentes, l'évolution humaine parcourt des chemins étonnamment similaires. Il y a déjà, en

---

1 Voir aussi (Keller, 2004, chap. 1).

opposition à la thèse des vagues successives d'*homo* venus d'Afrique et ayant envahi à tour de rôle l'Europe et l'Asie, de fortes présomptions pour un modèle dit multirégional, c'est-à-dire des évolutions similaires et indépendantes du genre *homo*, en Afrique, en Europe et en Asie, à partir d'une espèce *erectus* ou même pré-*erectus*, depuis 2 millions d'années environ. On constate aussi une uniformité étonnante de l'évolution de l'outillage lithique pré-*sapiens* et *sapiens* dans la plupart des régions que l'on a pu explorer : débitage opportuniste d'éclats ou façonnage grossier de galets pour obtenir un tranchant par enlèvement de quelques éclats sur une face ou sur les deux, puis façonnage savant de bifaces ; retour au débitage ensuite, mais à un débitage systématique cette fois-ci, c'est-à-dire permettant d'obtenir des éclats de formes prédéterminées selon des chaînes opératoires standards (taille levallois) ; le sommet de l'industrie lithique est atteint dans le débitage de lames diversement retouchées et enfin de microlithes, eux aussi diversement retouchés. Par exemple, la séquence allant du débitage opportuniste au biface s'observe pour la première fois en Afrique de l'Est de 2,5 à 1,5 millions d'années, et on la retrouve sur le site espagnol d'Atapuerca, mais beaucoup plus tard, de un million d'années à -450 000 environ, ce qui incline fortement à conclure à des évolutions parallèles et indépendantes plutôt qu'à des vagues culturelles successives venues d'Afrique. Se prévaloir, pour nier cette évolution, de ce que par exemple du temps des bifaces, on a aussi fait du débitage, ou que du temps du débitage systématique, on a pu aussi faire des bifaces, c'est ce que nous appelons mettre sur le même plan le principal et le secondaire, le courant dominant et ses contre-courants. De même, bien qu'une particularité régionale s'observe en Chine, où le façonnage des galets donne rarement des vrais bifaces, mais plutôt des « unifaces », on y constate tout de même le mouvement général, du débitage opportuniste au microlithisme en passant par le débitage systématique levallois et laminaire.

Un autre fait marquant est la néolithisation, c'est-à-dire le passage d'une vie plus ou moins nomade à une vie sédentaire, et d'une économie de chasse, collecte et cueillette à une économie basée sur la domestication des plantes et des animaux, et ceci dans des lieux divers et à des époques diverses ; s'il est presque certain qu'en Europe, la néolithisation fut le fruit de la diffusion des pratiques de domestication à partir du Proche-Orient, ce passage est apparu indépendamment en Asie, en Amérique, et peut-être aussi en Afrique. On peut toujours mettre en exergue des faits secondaires, comme le fait que les Américains ont domestiqué de façon très poussée les plantes mais très peu les animaux[1], mais ce ne sont que des variations dans le fait révolutionnaire de la domestication[2]. Après la néolithisation vient la découverte de la métallurgie avec les âges successifs du cuivre, du bronze et du fer en Europe, Afrique et Asie, et seulement le cuivre et le bronze en Amérique précolombienne.

On constate ensuite, à des époques diverses et indépendamment les unes des autres, l'apparition de cités-états à tendances impérialistes et d'empires plus ou moins durables aux Proche et Moyen-Orient, en Afrique, en Europe, en Chine et en Amérique, avec presque partout leur cortège d'inventions considérables comme l'écriture et la comptabilité. Les différentes vitesses auxquelles se produit cette évolution commune se constatent non seulement d'un continent à l'autre, mais également sur un même continent, comme sur cette Amérique où parmi les peuples de chasseurs-cueilleurs originaires, arrivés sur place il y a 12 000 ans au moins, certains ont gardé ce mode de vie ou parfois même y sont revenus, d'autres sont devenus agriculteurs, et plus tard d'autres encore ont fondé des cités et des empires.

Il faut reconnaître que si ce chemin commun, dont nous venons de donner quelques marques bien connues, est constatable, les raisons qui poussent l'humanité à parcourir ce chemin-là et pas un autre, restent largement à découvrir. Mais ce constat suffit pour établir la validité du comparatisme ethnographique, c'est-à-dire que le mode de vie et de pensée des chasseurs-cueilleurs récents nous donnent de précieux renseignements sur le mode de vie et de pensée de nos ancêtres du Paléolithique supérieur, et de même en ce qui concerne les peuples paysans sans écriture. Le comparatisme ethnographique est donc un instrument essentiel pour la compréhension des modes archaïques de notre pensée, et par conséquent pour la recherche des origines de concepts, celui du nombre en l'occurrence. Qu'il faille prendre des précautions, qu'il ne faille par « copier », c'est évident ; les missionnaires chrétiens ou

---

1   Cet argument est donné par Claude Lévi-Strauss (2001, p. 58).
2   On met aussi parfois en avant le fait que des chasseurs-cueilleurs, comme les aborigènes australiens, ont pratiqué le polissage de la pierre à partir de -20 000 ; loin de mettre en cause une marche générale, cela prouve simplement que la « pierre polie » était un mauvais critère de néolithisation. Il en est de même avec la céramique, produite par des chasseurs-cueilleurs japonais (culture Jomon) et chinois avant toute domestication.

les commerçants musulmans en Afrique ont pu donner une coloration exogène à des mythes et des rites locaux, il peut y avoir interpénétration plus ou moins poussée des rites et mythes de populations voisines, il y a des dégénérescences provenant de la situation misérable faite à ce qui reste de ces peuples, etc.

De nos jours, dans le milieu des sciences humaines et sociales, on s'oppose majoritairement à l'idée d'une évolution humaine unique. Si l'argumentation consiste principalement à mettre en exergue des particularités pour nier le mouvement général, il existe également une argumentation très populaire de type politico-éthique sur fond de procès d'intentions, au sujet de laquelle on peut faire les remarques suivantes :

1. L'évolutionnisme historique n'est ni une invention moderne, contemporaine de l'époque du colonialisme et de l'impérialisme, ni une invention occidentale. Démocrite disait déjà que tous les peuples descendent d'hommes primitifs, à la vie désordonnée et sauvage, nomades sans agriculture, et que le langage, les symboles et les arts apparaissent peu à peu sous l'empire de la nécessité. Et si les peuples sans écriture sont tous persuadés qu'ils sont stationnaires, dans la mesure où la seule justification qu'ils donnent à leur mode de vie, à leurs mythes et à leurs rites est qu'ils proviennent d'une révélation ou d'un ordre donné par un ancêtre fondateur, il est fréquent qu'ils associent cela à une évolution qui a précédé l'état immuable auquel ils sont parvenus. C'est le cas des Dogon pour qui les premiers hommes étaient sans parole, sans technique, nourris de viande crue, et habitaient des cavernes ; ce n'est selon eux qu'en recevant le don du verbe, la Parole, que l'homme primitif devint l'homme complet. Dans le même ordre d'idées, les mythes des aborigènes américains regorgent d'histoires présentant la tribu actuelle comme aboutissement d'une évolution en quatre ou cinq époques, depuis des êtres à demi animaux jusqu'à l'homme actuel, suite d'essais successifs qui vont d'ailleurs de pair avec une montée des êtres de la profondeur de la terre vers sa surface, vers la lumière.

2. Le fait qu'il y ait une progression sur un chemin donné n'implique par lui-même aucun jugement de valeur. Une progression n'est pas nécessairement un « progrès » au sens

courant du terme, c'est-à-dire une progression du moins bien vers le mieux. Il existe d'ailleurs des évolutionnismes régressifs. On connaît la dégringolade des races successives chez Hésiode et la dégradation de la vertu originelle chez les taoïstes ; selon certains[1], la pensée moderne est une dégénérescence des « sciences traditionnelles », et pour d'autres[2], l'homme moderne est plus proche de l'animalité que ne l'était l'homme préhistorique. De plus, le fait qu'il y ait un chemin commun n'implique aucun jugement sur sa forme, rectiligne ou non.

3. De même, l'énorme accroissement de connaissances sur la nature et sur nous-mêmes, accumulées depuis nos débuts chasseurs-cueilleurs *sapiens*, n'implique en soi aucun progrès au sens d'une meilleure maîtrise de l'humanité par elle-même. La monstruosité barbare de l'Occident contemporain en est la meilleure preuve. Mais le fait même du progrès de la connaissance, pour le meilleur et pour le pire, est incontestable. D'ailleurs, ceux des anti-évolutionnistes qui mettent un signe égal entre les divers modes de pensée tout en cherchant une rationalité aux mythes, rites et coutumes diverses des peuples traditionnels ne semblent pas s'apercevoir du paradoxe de leur démarche : en cherchant des raisons, ils nient en effet la justification donnée par ces peuples eux-mêmes, à savoir la conformité aux enseignements ancestraux donnés une fois pour toutes, et ils bâtissent une théorie (fonctionnalisme, diffusionnisme, structuralisme) censée permettre de comprendre ces peuples, ce qui veut dire du même coup que ceux-ci ne se comprennent pas eux-mêmes. Implicitement, les ethnologues anti-évolutionnistes admettent donc la supériorité de leur propre pensée, dans la mesure où elle permet de saisir les modes antérieurs, alors que la réciproque est inenvisageable : on ne voit pas comment la pensée mythique pourrait saisir le fonctionnalisme ou le structuralisme. Lévi-Strauss a beau refuser l'évolution et ses stades, il a beau essayer de mettre un signe égal entre « pensée sauvage » et « pensée civilisée » (tout en qualifiant la première de bricolage !), il définit tout de même

---

1 Les traditionalistes comme René Guénon.
2 Courant dit de l'« évolution régressive », au début du XXᵉ siècle.

la pensée sauvage comme un « acte de foi dans une science à venir » : observation certainement remarquable, que l'on peut approuver, mais qui affirme du même coup une supériorité de la « science à venir ». On a le même genre de paradoxe avec ceux des ethnomathématiciens qui mettent un signe égal entre la géométrie occidentale (pour reprendre leur expression) et les géométries « exotiques[1] », tout en justifiant ces dernières à grand coup de mathématiques contemporaines ; qu'ils essaient donc, à l'inverse, de rendre compte de la géométrie contemporaine au moyen de telle ou telle géométrie « exotique » !

4. Une supériorité de connaissances n'implique nullement une supériorité constitutive ; les chasseurs-cueilleurs *sapiens* sont aussi *sapiens* que nous. Il furent les premiers à penser, et ne serait-ce que pour cela, l'adjectif de « primitif » devrait être considéré comme un titre de gloire. Il y a autant de génie dans l'invention des mythes que dans la production romanesque de Balzac, dans l'invention du tir à l'arc que dans celle du moteur à explosion, et beaucoup plus de génie dans l'invention du signe graphique que dans celle des langages informatiques[2].

5. Mieux que cela, la pensée primitive, de type mythique-rituel, est notre mère primordiale, qui a mis au monde toute pensée. D'abord, au moyen de l'axiome unique qu'elle a, avec une audace inouïe, spontanément mis à son fondement : « je sais ! ». Puis, en posant à sa façon des cadres que les modes de pensée ultérieurs se sont efforcés de remplir. Par exemple, la parenté des espèces vivantes, chantée dans les mythes et rituellement pratiquée, parenté que Darwin établira plus tard en un système qu'il appellera lui-même « généalogique » ; ou encore, l'animisme qui pose spontanément qu'il n'existe pas

---

1   Pour reprendre l'adjectif pour le moins malheureux présent dans le titre *Mathématiques exotiques* du *Dossier* de la revue *Pour la Science*, avril-juin 2005.

2   « On doit donc distinguer avec soin la transmission d'une technique d'une génération à une autre, qui se fait toujours avec une aisance relative grâce à l'observation et à l'entraînement quotidien, et la création ou l'amélioration des techniques au sein de chaque génération. Celles-ci supposent toujours la même puissance imaginative et les mêmes efforts acharnés de la part de certains individus, quelle que soit la technique particulière que l'on ait en vue. Les sociétés que nous appelons primitives ne sont pas moins riches en Pasteur et en Palissy que les autres » (Lévi-Strauss, 2001, p. 92).

de matière inerte. Depuis la découverte, à partir du XVIᵉ siècle, des primitifs contemporains, de leur mode de vie et de pensée, certaines réactions font penser à un retour des enfants prodigues vers une vieille mère dont ils écoutent les leçons avec émotion et respect, avec la conviction qu'elle a encore beaucoup à leur apprendre. Avec ce que l'on savait ou que l'on croyait savoir du « sauvage », on dénonçait les tares sociales contemporaines et l'on y puisait parfois des idées de réforme. Leibniz, après avoir remarqué que les barbares nous surpassent en vigueur physique et en morale pratique « parce qu'ils n'ont point l'avarice d'amasser ni l'ambition de dominer », et que le christianisme les a rendus « pires en bien des choses », il conclut néanmoins que « rien n'empêcherait les hommes d'unir les avantages que la nature donne à ces peuples avec ceux que nous donne la raison » (Leibniz, 1990, p. 77). Dans le même ordre d'idées, s'interrogeant sur le « motif secret de la curiosité ethnographique », Lévi-Strauss poursuit :

La fascination qu'exercent sur nous des coutumes, en apparence très éloignées des nôtres, le sentiment contradictoire de présence et d'étrangeté dont elles nous affectent, ne tiennent-ils pas à ce que ces coutumes sont beaucoup plus proches qu'il ne semble de nos propres usages, dont elles nous présentent une image énigmatique et qui demande à être décryptée ? (2008-a, p. 782).

On connaît la révélation que fut, pour Marx et Engels, la publication de *La société archaïque* de Lewis Morgan et le parti qu'ils en tirèrent. Même intérêt prospectif pour les sociétés primitives chez Marcel Mauss (2009), qui est d'avis qu'« on peut et on doit revenir à de l'archaïque, à des éléments », prendre ainsi connaissance d'un type d'économie et de morale « vers lequel nous voudrions voir nos sociétés se diriger ». Voici, pour terminer, les dernières phrases étonnantes d'un ouvrage de l'anthropologue Philippe Descola, étonnantes parce qu'elles arrivent sans crier gare, comme un cri du cœur :

Certes, aucune expérience historique n'est transposable et l'ethnologie n'a pas vocation d'offrir un recueil de modes de vie alternatifs. Elle fournit pourtant un moyen de prendre ses distances vis à vis d'un présent trop souvent pensé comme éternel, en suggérant, par exemple, les multiples chemins que notre avenir porte en lui. Quelques milliers d'Indiens [Jivaros] éparpillés dans la jungle lointaine valent bien des tomes de prospective hasardeuse, et si leurs tribulations présentes n'emportent que l'indifférence d'une humanité trop impatiente pour s'aimer sous d'autres visages, sachons reconnaître que dans leur destin si longtemps divergent du nôtre se profile peut-être l'un de ceux qui nous sont promis (1993, p. 444-445).

En reconnaissant des éléments de notre avenir chez des peuples archaïques, nous voyons du même coup se dessiner un chemin évolutif qui fait retour au point de départ ; non pas un retour pur et simple, suivant un chemin circulaire, mais un retour qui, lesté de tous les acquis du parcours antérieur, est donc tout autant un éloignement du point de départ. La spirale pourrait modéliser ce chemin.

ANNEXE 3

L'un-multiple dans les définitions mathématiques courantes du nombre entier

Nous avons vu, dans le premier chapitre, les représentations ordinaires de l'unité arithmétique. Il sera question ici, le plus simplement et le plus succinctement possible, des représentations courantes élaborées depuis la fin du XIXᵉ siècle par les logiciens et mathématiciens. Nous constaterons d'abord que quel que soit leur type principal, cardinal ou ordinal, ces représentations ne peuvent se débarrasser de la contradiction fondamentale un-multiple. Nous reviendrons ensuite sur la logique de cette contradiction et sur ses conséquences quant à une « définition » du nombre.

LA REPRÉSENTATION « CARDINALE »

La représentation « cardinale » fut théorisée en 1884 par Gottlob Frege. Elle présente un très grand intérêt, en premier lieu parce que Frege pensait résoudre par son moyen la contradiction un-multiple inhérente à l'un, et l'on ne peut que conseiller vivement la lecture de l'introduction et des trois premiers chapitres de ses *Fondements de l'arithmétique*, où la contradiction est exposée très clairement (Frege, 1969). En second lieu, cette représentation, avec des aménagements, fait partie du fonds commun des mathématiques actuelles ; même sous une forme plus ancienne « naïve », comme on dit, elle a permis en 1874 la découverte par Georg Cantor des différents infinis numériques.

La représentation cardinale consiste à définir le nombre dans le cadre de la théorie des ensembles. Si l'on considère des objets a, b, c, ... deux à deux distincts, leur ensemble E se note $\{a, b, c, ...\}$; a, b, c, ... sont appelés les « éléments » de *E*. La définition du nombre se fait en deux temps. On définit d'abord l'égalité numérique. Deux ensembles *E* et *F* sont dits avoir le même nombre d'éléments s'ils sont « équipotents », c'est-à-dire s'il existe une correspondance un à un (bijection) entre leurs éléments, comme par exemple entre les ensembles {*x, y*} et {*t, z*} :

Par là on a défini l'égalité numérique de deux ensembles, mais pas le nombre lui-même.

Frege définit alors (au vocabulaire près) le nombre deux, par exemple, comme l'ensemble de tous les ensembles équipotents à l'ensemble {*x, y*} :

$$2 = \{\{x, y\}, \{t, z\}, \{a, b\}, \ldots\}$$

La difficulté que Frege n'avait pas prévue est que sa définition implique l'existence d'un ensemble de tous les ensembles, et que cet ensemble total ne peut exister parce qu'il est contradictoire[1]. Voyons succinctement pourquoi.

En premier lieu, le nombre deux, par exemple, contient par définition toutes les paires {*X, Y*}, où *X* et *Y* sont des ensembles. Il existe donc un ensemble fait de la « réunion[2] » de ces paires et qui est précisément l'ensemble de tous les ensembles.

Or, en second lieu, l'ensemble de tous les ensembles ne peut exister. Une preuve bien connue, due à Bertrand Russel, est que l'ensemble de tous les ensembles, s'il existait, contiendrait l'ensemble *R* de tous les ensembles qui ne sont pas éléments d'eux-mêmes (l'ensemble {*a, b*}, par exemple, n'est ni *a*, ni *b*, donc il n'est pas élément de lui-même) ; mais l'ensemble *R* serait à la fois élément et non élément de lui-même (c'est le paradoxe du barbier).

---

1   Je me place ici dans le cadre de l'ordinaire mathématicien, à savoir la théorie des ensembles dite ZF (axiomatique de Ernst Zermelo et Abraham A. Fraenkel). Pour un aperçu d'autres théories, et en particulier de l'axiomatique qui admet un « ensemble universel », on peut consulter (Delahaye, 2011).

2   Exemple : à partir de l'ensemble {{*a,b*}, {*a, c*}, {*d, e*}} on fabrique sa « réunion » qui est l'ensemble {*a, b, c, d, e*}.

Pour contourner la difficulté, on définit le nombre d'éléments d'un ensemble E, non pas comme l'ensemble de tous les ensembles qui lui sont équipotents, mais comme l'un quelconque d'entre eux (Bourbaki, 1970). Le nombre 1 est donc tout aussi bien $\{a\}$ que $\{x\}$, le nombre 2 est tout aussi bien $\{a, b\}$ que $\{c, d\}$, etc.

On remarquera que l'un-multiple n'est pas évacué. Examinons en effet ce qu'il en est de l'addition, et en particulier du $1 + 1$ qui nous a préoccupés dans le premier chapitre. Pour définir l'addition, on définit d'abord la réunion de deux ensembles E et F, notée $E \cup F$, comme l'ensemble des éléments qui appartiennent à E ou à F. Par exemple :

$$\{a, b\} \cup \{c, d\} = \{a, b, c, d\},$$

et

$$\{a, b, c, d\} \cup \{c, d, e, f\} = \{a, b, c, d, e, f\}.$$

On voit sur ces exemples que le nombre d'éléments de $E \cup F$ n'est la somme du nombre d'éléments de E et du nombre d'éléments de F que si E et F sont « disjoints », c'est-à-dire qu'ils n'ont aucun élément commun. On définira donc l'addition de deux nombres m et n comme la réunion de deux ensembles disjoints qui représentent respectivement m et n (*ibid.*). On voit bien en effet que si l'on prend $1 = \{a\}$ et $2 = \{a, b\}$, la réunion de 1 et de 2 n'aura pas trois éléments, puisque :

$$\{a\} \cup \{a, b\} = \{a, b\}$$

Pour que $1 + 2 = 3$, il faut faire ce qu'on appelle la « somme » des ensembles 1 et 2, c'est-à-dire prendre pour représentants de 1 et de 2 des ensembles disjoints, comme $1 = \{x\}$ et $2 = \{a, b\}$, de sorte que :

$$1 + 2 = \{x\} \cup \{a, b\} = \{x, a, b\} = 3$$

Revenant à notre $1 + 1$ de départ, il ne peut de la même façon être égal à 2 dans le cadre des définitions qui précèdent que si $1 = \{a\}$ et $1 = \{b\}$ avec $a \neq b$: pour additionner deux « uns », on est obligé de les considérer à la fois comme identiques (chacun d'eux est un « un ») et différents (l'un est $\{a\}$, l'autre est $\{b\}$) : la multiplicité de l'un est incontournable.

Éviterons-nous la contradiction si, au lieu de chercher à définir le nombre, on se contente comme plus haut de l'égalité numérique[1] ? Les ensembles E = {a, b, c} et F = {d, e, f}, par exemple, ont par définition le même nombre d'éléments si et seulement si il existe une bijection de E sur F, par exemple :

$$
\begin{array}{ccc}
a & b & c \\
\downarrow & \downarrow & \downarrow \\
d & e & f
\end{array}
$$

Rien de plus évident. Mais on peut toujours en discuter :

ARMANDE.
Je ne suis pas sûre d'avoir saisi correctement cette affaire de bijection. Si tu le veux bien, choisis un exemple et examinons-le.

BÉLISE.
Volontiers. Mais je ne vois pas où tu peux trouver des complications quand je dis que les ensembles E = {∂, O, ◊} et F = {I, ©, Δ} ont le même nombre d'éléments parce qu'on peut faire la bijection :

ARMANDE.
Le problème est que je vois d'autres correspondances que celle que tu m'imposes. Par exemple :

fondée sur la séparation curviligne/rectiligne des signes que tu as choisis, et selon laquelle E et F ont deux éléments chacun et pas trois. Maintenant si je considère © non pas comme un seul signe, mais comme deux signes O et C, tes ensembles E et F n'auront même pas le même nombre d'éléments. Il y a encore bien d'autres correspondances possibles qui détruisent ton évidence de départ.

---

1   Un courant assez récent affirme qu'il est en effet possible de s'en contenter, en vertu de ce qui est appelé le « théorème de Frege » : toutes les vérités de l'arithmétique peuvent être logiquement déduites de la définition de l'égalité numérique par correspondance un à un (Heck, [1998] 2013).

BÉLISE.

Sophismes ! Tu te moques de moi, sans doute. C'est une fraude indigne que de prendre ∂ O pour un seul élément, alors qu'ils sont deux, ou de séparer © en deux éléments O et C, alors qu'il n'y en a qu'un seul ; une écriture comme $E = \{∂, O, ◊\}$, avec ses virgules de séparation, est faite pour éviter ce genre de confusion. Chaque élément doit être considéré comme impartageable et incapable de fusionner avec un autre, quelles que soient les particularités de leurs signes.

ARMANDE.

Je comprends mon erreur. Je dois donc prendre les éléments de E, par exemple, comme des sortes d'atomes, au sens d'insécables ; et il faut les considérer comme des atomes différents, sinon ils fusionneraient et E n'aurait qu'un seul élément.

BÉLISE.

Oui, mais la différence à prendre en compte ici ne provient pas des particularités des signes ou d'une individualité propre à chaque atome. Il ne faut considérer que la différence à l'état pur, dénotée par la séparation spatiale au moyen des virgules à l'intérieur des deux accolades. Il s'agit en effet d'exhiber *une* bijection de E sur F, peu importe laquelle. J'ai mis tout à l'heure I, © et Δ respectivement en correspondance avec ∂, O et ◊, mais j'aurais pu le faire avec O, ∂ et ◊ ou avec ◊, ∂, O, etc. L'individualité des éléments n'a ici aucune importance, chacun peut remplacer n'importe quel autre.

ARMANDE.

Très bien ; les choses s'éclaircissent. Mais si, dans l'ensemble E, chaque élément peut remplacer n'importe quel autre, c'est que tu les considères comme identiques. En ce qui concerne la vérification de l'égalité numérique de E et de F, on aurait donc aussi bien pu mettre dès le début $\{a, a, a\}$ à la place de $\{∂, O, ◊\}$, c'est-à-dire une multiplicité d'atomes absolument identiques et absoluments distincts. De même, on aurait pu écrire dès le départ $F = \{b, b, b\}$. Cela provient, comme tu me l'as expliqué, de ce que l'égalité numérique des deux ensembles E et F n'est pas établie par la correspondance particulière :

$$\begin{array}{ccc} ∂ & O & ◊ \\ \downarrow & \downarrow & \downarrow \\ I & © & Δ \end{array}$$

mais par le fait que celle-ci *représente toutes les correspondances possibles*, en l'occurrence les six bijections de E sur F. Et si ce qui est réellement présent n'est pas cette correspondance-là, mais toutes les bijections à la fois, c'est qu'en la posant tu *présupposes* en réalité, et tu fais bien de le faire :

$$\begin{array}{ccc} a & a & a \\ \downarrow & \downarrow & \downarrow \\ b & b & b \end{array}$$

Reconnais donc que tu n'as posé en vérité que la même chose sur chaque ligne ! Tu vois bien que ta définition de l'égalité numérique repose en fin de compte sur ceci : de chacun des ensembles *E* et *F* on ne retient que « une chose, une chose et une chose », c'est-à-dire la même multiplicité déterminée, donc le même nombre ! On n'a aucun besoin du détour par les bijections pour cela, sinon pour se rassurer en croyant avoir contourné l'embarrassant « une chose, une chose, une chose », qui est le même en plusieurs exemplaires. On retombe encore une fois sur cet embarrassant un-multiple. Les bijections sont certes indispensables pour vérifier l'égalité numérique, mais elles ne peuvent la définir.

Ce qu'Armande explique, c'est que *non seulement la définition de l'égalité numérique n'évacue pas la contradiction fondamentale, mais qu'on trouve même cette dernière en son fondement.* La représentation cardinale est certes extrêmement féconde en mathématiques, mais elle laisse intact le monstre de l'un-multiple.

LA REPRÉSENTATION « ORDINALE »

Cette solution fut théorisée semble-t-il pour la première fois par Giuseppe Peano en 1889 (Peano, 1981). Elle consiste à fabriquer les nombres un à un à partir d'un premier élément, noté 0^1, et de la fonction « successeur ». On part de 0, puis on fabrique le successeur de 0 que nous noterons $s(0)$ et qu'on appelle 1, puis le successeur du précédent que nous noterons $ss(0)$ et qu'on appelle 2, puis de même $sss(0)$ et ainsi de suite. Si l'on fait abstraction des *noms* « un », « deux », « trois », etc., pour ne conserver que ce qui les constitue, on obtient donc la liste *s, ss, sss*, etc. : première réapparition de l'un-multiple sous la forme *sss...*, c'est-à-dire avec la représentation temporelle de la différence des iden-tiques : *s*, puis *s*, puis *s*, etc. L'image de l'identité des monades *s*, c'est la fonction commune « successeur » ; l'image de la non identité des monades *s*, c'est le moment de la succession, c'est-à-dire son rang dans la liste *ssss...* L'avantage de la représentation ordinale est de fournir

---

1   Peano lui-même commence par 1 et non par 0. On commence par 0 de nos jours, conformément à la représentation dont nous reparlerons : 0 est identifié à l'ensemble vide $\varnothing$, puis on pose 1 = $\{\varnothing\}$, 2 = $\{\{\varnothing\}\}$ = $\{1\}$, ..., *n* = $\{n\text{-}1\}$.

tout de suite, et la liste des entiers naturels sous la forme *s*, *ss*, *sss*, etc., et l'addition en posant « nombre + 1 = successeur du nombre ». L'égalité 1 + 1 = 2 n'est alors qu'une autre façon de dire *ss*(0) = 2 ; par là aussi, l'image temporelle « *s puis s* » de la non identité des monades identiques, passe dans l'image spatiale « 1 *et* 1 ».

Le nombre est ici défini *a priori*, indépendamment de tout usage, alors que la solution cardinale le définissait après avoir défini l'égalité numérique. Il faut tout de même qu'il serve à compter : on dira pour cela que le nombre d'éléments d'un ensemble *E* est égal à *n* s'il existe une bijection de *E* sur l'ensemble {1, 2, 3, …, *n*}, la différence avec la définition cardinale étant qu'il faut respecter l'ordre 1, 2, 3, …, *n*. L'ensemble {*a, b, c*}, par exemple, a trois éléments à cause de la bijection :

$$a \quad b \quad c$$
$$\downarrow \quad \downarrow \quad \downarrow$$
$$1 \quad 2 \quad 3$$

qui définit le comptage habituel. Nous pouvons donc soulever le même problème que précédemment : en effet, si l'ordre des éléments 1, 2, et 3 est intangible par définition, le comptage de la collection {*a, b, c*} doit être en revanche indépendant de l'ordre de ses éléments, et par conséquent on peut mettre *b* ou *c* à la place de *a*, *a* ou *c* à la place de *b*, etc. Comme Armande l'a remarqué, la bijection ci-dessus ne vaut que comme représentante des six bijections possibles, et que sa réalité n'est par conséquent que ceci :

$$x \quad x \quad x$$
$$\downarrow \quad \downarrow \quad \downarrow$$
$$1 \quad 2 \quad 3$$

C'est la deuxième réapparition de l'un-multiple sous la forme *x x x*.

LOGIQUE DE L'UN-MULTIPLE

La contradiction un-multiple n'est donc pas du tout évacuée par les représentations habituelles cardinales et ordinales. Pour l'analyser de plus près et montrer en quoi elle est constitutive du nombre, le mieux est encore de partir de la définition d'Euclide que nous connaissons bien :

> Déf. 1. Est monade ce selon quoi chacune des choses existantes est dite une.
> Déf. 2. Et un nombre est la multitude composée de monades.

Le problème est que « ce selon quoi chaque chose existante est dite une », à savoir la monade, est unique. Si je considère par exemple un arbre, une forêt et l'idée d'animal, « *ce* selon quoi » chacune de ces trois choses est « une » est le même, unique et non triple. Ces trois choses ne sont pas « unes » de trois façons différentes, mais d'une seule, *par un acte de pensée identique*. Comment pourrions nous donc avoir une multitude de monades, en l'occurrence trois ? Nous avons déjà remarqué (premier chapitre) qu'on ne peut s'en sortir en répondant que « trois » vient du fait que cet acte de pensée a été réalisé à trois moments différents ou en trois lieux différents ; on ne ferait en effet qu'éluder la difficulté, dans la mesure où l'on remplacerait l'unique « *ce* selon quoi chaque chose est dite une », qui n'a rien à voir avec le temps et l'espace, par des moments ou des lieux. On ne ferait que représenter alors qu'il faut rester dans l'idée sous-jacente.

La difficulté est de comprendre comment l'« un » (la monade), établi par le jugement unique « ceci est un », est aussi plusieurs, et cela non pas parce qu'on peut *appliquer* ce jugement en différents lieux ou à différents moments, mais *par lui-même*.

Que le caractère contradictoire de ce jugement soit une réalité empirique, nous l'avons noté de diverses façons dans cet ouvrage. Ce n'est rien d'autre que la réalité empirique, dans l'acte de compter, de l'indépendance de l'ordre des objets comptés. Cela veut dire qu'étant donnée une collection d'objets, ceux-ci, tant qu'objets dénombrés, peuvent être remplacés les uns par les autres ; quand nous les comptons, nous les considérons donc à la fois comme identiques et différents. Il semble bien qu'Armande ait réussi à persuader Bélise qu'il en est de même dans l'acte de mise en correspondance un à un en général.

Oublions maintenant toute empirie et concentrons-nous sur le concept de monade, la monade en tant que « ce », donc en tant que désignation et rien d'autre que désignation. Cela veut dire deux choses.

Premièrement : dans « ce », plus rien n'existe, toute qualité qui fait l'être réellement existant est annihilée puisque « ce » n'est ni cet arbre, ni cette forêt, ni cette idée d'animal, ni quoique ce soit d'autre ; « ce » est la négation totale.

Deuxièmement : bien qu'il soit un acte de négation totale, « ce » n'est pas rien. En le qualifiant de « un » je lui reconnais en effet l'être.

Il résulte de ces deux points que l'être de l'« un » (la monade) est l'être privé de tout contenu, l'être sans être. Nous avons donc affaire à un objet, le « un », dont la façon d'être est la négation de tout objet. Mais s'il nie tout objet, il se nie lui-même. Par suite, le « un » est autre que lui-même, ce qui veut dire que s'il est « quelque chose », il est nécessairement « quelque chose d'autre » : la vérité du « un » réside donc dans son exclusion de lui-même. Mais comme en s'excluant de lui-même il ne produit que « quelque chose d'autre », c'est-à-dire un « autre quelque chose », c'est lui-même qu'il retrouve au bout du compte dans cet autre. Finalement, l'« un » est indissociablement « des uns », il est en lui-même éclaté, multiple[1].

Telle est la contradiction fondamentale. Avec elle cependant, nous n'avons encore qu'une opposition générale, pas plus développée que celle du singulier et du pluriel en grammaire. On peut esquisser le développement[2] ainsi : l'un est intrinsèquement multiple, donc le multiple est un... et par conséquent multiple à son tour, et il y aura donc des multiples. Si l'on se contente de dire qu'à l'instar du un, le multiple est

---

1 Dans son langage fleuri, Hegel dit : « L'Un qui est pour soi, comme tel, n'est pas quelque chose qui est sans relation [...] ; seulement, il ne se rapporte pas comme Quelque-Chose à un Autre, mais, en tant qu'unité du Quelque-chose et de l'Autre, il est relation à soi-même et, à vrai dire, cette relation est une relation négative. En cela, l'Un se montre comme ce qui est absolument incompatible avec soi-même, comme ce qui se repousse de soi-même, et ce comme quoi il se pose est le *Plusieurs*. [...] On ne peut pas, du reste, appréhender le processus de la répulsion comme si l'Un était *ce qui repousse* et les Plusieurs *ce qui est repoussé* ; bien plutôt l'Un, comme on l'a remarqué précédemment, n'a précisément pour raison d'être, que de s'exclure de lui-même et de se poser comme le Plusieurs ; mais chacun des Plusieurs est lui-même Un, et, en tant qu'il se comporte comme tel, cette répulsion qui a lieu de tous côtés se renverse par là en son opposé, l'*attraction* » ([1830] 1979 p. 530).

2 La façon dont Euclide développe la contradiction est montrée dans le chapitre « Théorie du nombre : l'un-multiple pensé ».

purement et simplement autre que lui-même, les choses restent en l'état, car on ne les envisage que du point de vue de l'un. La contradiction se révèle au contraire féconde si l'on envisage l'altérité du multiple du point de vue du multiple, c'est-à-dire la différenciation des multiples les uns par les autres ; c'est cette différenciation qui change le multiple abstrait en multiples déterminés, en nombres, et dont une image est la suite *s*, *ss*, *sss*, etc. Enfin chaque nombre est lui aussi un, d'où l'existence de multiples déterminés de chaque nombre, et par conséquent la possibilité de la multiplication.

Si l'on accepte ce qui précède, on comprendra que la définition du nombre est inaccessible au mathématicien, puisque la contradiction est en son fondement. Et lorsque certains finissent par avouer que l'on ne peut définir le nombre, il faut entendre par là : on ne peut définir mathématiquement le nombre. Il est clair que les représentations modernes cardinales et ordinales auxquelles nous avons fait allusion recouvrent des outils mathématiques extrêmement puissants, impensables à l'époque d'Euclide. En cela, elles sont à coup sûr des *working definitions* indispensables, mais elles ne sont que cela ; elles n'éclairent en rien la nature du nombre. Ceci explique que la question de savoir ce qu'est le nombre soit souvent reléguée au rang de question oiseuse, « métaphysique », et que seules importent pour les mathématiciens les procédures calculatoires et les structures issues de la définition de l'égalité numérique.

Et pourtant, par suite des efforts considérables qui ont été faits depuis la fin du XIXe siècle pour éliminer les paradoxes de ce que l'on espérait être le socle pur et sûr de l'édifice mathématique, à savoir la logique formelle et la théorie abstraite des ensembles, on ne s'est peut-être jamais autant rapproché de cette « métaphysique » abhorrée, c'est-à-dire d'une véritable pensée dialectique. En ce qui concerne le nombre, c'est à Gottlob Frege, semble-t-il, que l'on doit les premiers pas dans cette direction, avant même l'apparition des paradoxes dévastateurs.

Après avoir défini comme nous l'avons vu plus haut le nombre d'éléments d'un ensemble, Frege entreprend de définir les nombres particuliers de proche en proche (Frege, [1884] 1969, § 74 et suiv.). En termes actuels, cela donne ceci : 0 est le nombre d'éléments de l'ensemble vide $\varnothing$, 1 est le nombre d'éléments de l'ensemble {0}, 2 est le nombre d'éléments de {0, 1}, et ainsi de suite. En identifiant par commodité d'écriture un nombre avec l'ensemble correspondant, nous aurons :

$$0 = \varnothing$$
$$1 = \{0\}$$
$$2 = \{0, 1\}$$
$$\ldots$$
$$n = \{0, 1, \ldots, n\text{-}1\}$$

Soulignons encore une fois que le signe d'égalité est abusif, car par exemple {0, 1} n'est pas le nombre deux, mais seulement une de ses représentations ; car si l'on veut additionner 2 + 2, il faudra faire la « réunion » de deux ensembles disjoints, donc la réunion de {0, 1} et de {a, b}, avec $a \neq 0$ et $b \neq 1$. Pour cette raison, le nombre deux ne peut être ni {0, 1} ni aucun ensemble de deux éléments.

Il y a toutefois plusieurs aspects remarquables dans cette représentation, dont le principal est le choix du point de départ : l'ensemble vide $\varnothing$. Il vaut la peine de reprendre la définition de Frege dans ses propres termes :

> Puisque rien ne tombe sous le concept : « non identique à soi-même », je pose par définition : 0 est le cardinal qui appartient au concept « non identique à soi-même » (*ibid.*, 1969, p. 200).

C'est un trait de génie que d'avoir posé un concept auquel « rien » ne peut être attribué, à savoir le « non identique à soi-même », non seulement comme quelque chose, mais encore comme la pierre fondatrice de la suite des entiers naturels. Autrement dit, la contradiction, le « non identique à soi-même », le $x \neq x$, est au fondement. Chassée du sommet, quand elle apparaissait en paradoxe du Tout (ensemble de tous les ensembles), la revoilà à la base, comme paradoxe du rien. En termes actuels, on appelle $\varnothing$ le « rien » de Frege[1], et on le définit en effet par la propriété $x \neq x$.

En posant ensuite, en termes actuels[2], 1 = {$\varnothing$}, on pose « le » rien. Ce qui transparaît donc en filigrane dans ces formules n'est rien de plus que

---

1   Le premier mathématicien à avoir, en 1908, proposé une axiomatique de la théorie des ensembles, Ernst Zermelo, énonce ainsi : « Il existe un ensemble (fictif [*uneigentlich*]), l'ensemble nul [*Nullmenge*] 0, qui ne contient aucun élément. ». Le texte de Frege parut pour la première fois en 1884.

2   Frege dit : « 1 est le nombre cardinal qui appartient au concept "identique à 0" » (*ibid.*, p. 203).

ce que nous avons constaté au départ : le « un », la monade, est l'acte de saisir à l'état pur, l'acte de ne saisir rien de particulier, donc l'acte de ne rien saisir, symbolisé par {∅}. Dans la formule 1 = {∅}, nous avons l'union forcée du néant et de l'être, signalés respectivement par ∅ et par les accolades {}. On n'a jamais été aussi proche du véritable concept de l'un, c'est-à-dire de l'unité immédiate de l'être et du néant, et c'est en quoi la définition de Frege peut être qualifiée de génialement audacieuse.

On rate cependant le concept dans la symbolisation {∅}. Car par le simple fait de poser ∅, on pose déjà « le » rien, l'existence du rien ; dire que la propriété $x \neq x$, c'est-à-dire « x n'existe pas », définit ∅, c'est affirmer l'existence de l'être sans contenu, qui est déjà « le » rien. Puisque ∅ n'est pas « rien » mais « le rien », et que nous avons reconnu que la monade, le « un », est justement cela, la vérité de 1 n'est pas {∅} mais ∅ lui-même. Le nombre n'est donc en fin de compte que la simple suite :

$$\varnothing, \; \varnothing \; \varnothing, \; \varnothing \; \varnothing \; \varnothing, \text{ etc.}$$

dont le premier élément est 1 et non pas 0. Et nous voilà revenus à notre point de départ, à savoir :

« une chose », « une chose, une chose »,
« une chose, une chose, une chose[1] », etc.,

mais avec le signe ∅ qui exprime le contenu de « une chose », à savoir « le rien ». Et si l'on tient absolument à faire de ∅ un ensemble, il faut le noter de telle sorte qu'il représente la saisie à l'état pur[2], donc la saisie de rien, et le bon symbole est alors {} ; la suite numérique sera donc :

$$\{\}, \; \{\}\{\}, \; \{\}\{\}\{\}, \text{ etc.}$$

---

1   Le philosophe Edmund Husserl a justement remarqué qu'il est vain de chercher dans les bijections l'origine et le sens du concept de nombre. Faisant appel au concept universel du « quelque chose », il affirme que le contenu véritable de la numération est : quelque chose, quelque chose et quelque chose, etc. En ce sens, on peut dire que Husserl a mieux compris la situation que Frege. Car Husserl voit la contradiction alors que Frege ne la voit plus parce qu'il croit l'avoir éliminée ; mais comme Husserl ne reconnaît aucune vérité à cette contradiction qu'il a pourtant sans arrêt sous les yeux, il est obligé de se livrer à des contorsions dont Frege prend un grand plaisir à se moquer (Husserl, 1972 ; Frege, 1971).

2   « La mathématique est la science des actes sans choses, et par là des choses que l'on peut définir par des actes. » Paul Valery, cité par Maurice Caveing (2004, p. 43).

RÉFÉRENCES BIBLIOGRAPHIQUES

Absolon Karl, 1937, « The World's Earliest Portrait -30.000 Years Old », *The London Illustrated News* 2, p. 550-553.

Adam Jean-Pierre, 1988, *Le passé recomposé. Chroniques d'archéologie fantasque*, Paris Seuil.

Ancien Testament, 1975, Paris Éditions du Cerf.

Aristote, [IVᵉ s. av. J.-C.] 1981, *La métaphysique*, trad. J. Tricot, 2 vol., Paris Vrin.

Aristote, [IVᵉ s. av. J.-C.] 1983, *Physique*, trad. H. Carteron, 2 vol., Paris Les Belles Lettres.

Aristote, [IVᵉ s. av. J.-C.] 1990, *Traité du Ciel suivi du traité pseudo-aristotélicien Du Monde*, trad. J. Tricot, Paris Vrin.

Asano Toshio, Kojima Tetsuya, Matsuzawa Tetsuro, Kubota Kisou, Murofushi Kiyoko, 1982, « Object and Color Naming in Chimpanzees (Pan troglodytes) », *Proceedings of the Japan Academy* 58 (B) (5), p. 118-122.

Ascher Marcia, 2002, *Mathematics Elsewhere*, Princeton Princeton University Press.

Aufenanger Heinrich, 1960, « The Ayom Pygmies' Myth of Origin and Their Method of Counting », *Anthropos* 55 (1-5), p. 247-249.

Augustin (Saint), [Vᵉ s.] 1994-a, *La cité de Dieu*, Eslin Jean-Claude (éd.), 3 vol., Paris Seuil, vol. 2.

Augustin (Saint), [Vᵉ s.] 1994-b, *La cité de Dieu*, Eslin Jean-Claude (éd.), 3 vol., Paris Seuil, vol. 3.

Aveni Anthony, 1990, *Empires of Time. Calendars, Clocks and Cultures*, Londres I.B. Tauris & Cᵒ.

Barnes Robert H., 1974, *Kédang. A Study of the Collective Thought of an Eastern Indonesian People*, Oxford Clarendon Press.

Barnes Robert H., 1982, « Number and Number Use in Kédang (Indonesia) », *Man* 17 (1), p. 1-22.

Berndt Ronald M., 1965, « Law and Order in Aboriginal Australia », *Aboriginal Man in Australia. Essays in Honour of Emeritus Professor A.P. Elkin*, Ronald M. Berndt, Catherine H. Berndt (éd.), Melbourne Angus and Robertson.

Bhartrhari, [Vᵉ siècle après J.-C.] 1964, *Vakyapadiya Brahmakanda avec le commentaire de Harivsrabha*, trad. M. Biardeau, Paris De Boccard.

Biro Dora, Matsuzawa Tetsuro, 2001, « Chimpanzee Numerical Competence », *Primate Origins of Human Cognition and Behavior*, T. Matsuzawa (éd.), Tokyo Springer, p. 199-225.

Boas Franz, 1895, "The Social Organization and the Secret Societies of the Kwakiutl Indians", *Report of US National Museum*.

Boas Franz, 1921, « Ethnology of the Kwakiutl based on the Data Collected by George Hunt », *Report of the Bureau of American Ethnology* 35, Washington Government Printing Office.

Boas Franz, [1927] 1955, *Primitive Art*, New York Dover.

Bogoshi Jonas, Naidoo Kevin, Webb John, 1987, « The Oldest Mathematical Artefact », *The Mathematical Gazette* 71 (458), p. 294.

Bottéro Jean, Kramer Samuel Noah, 1989, *Lorsque les dieux faisaient l'homme. Mythologie mésopotamienne, Bibliothèque des histoires*, Paris Gallimard.

Bourbaki Nicolas, 1970, *Éléments de mathématique. Théorie des Ensembles*, Paris Hermann.

Bovon François, Geoltrain Pierre (éd.), 1997, *Écrits apocryphes chrétiens I*, Paris Gallimard.

Bowers Nancy, Lepi Pundia, 1975, « Kaugel Valley Systems of Reckoning », *The Journal of the Polynesian Society* 84, p. 309-324.

Bruins Evert M., Rutten Marguerite, 1961, *Textes mathématiques de Suse*, Paris Librairie Orientaliste Paul Geuthner.

Bühler George (trad.), 1886, « The Laws of Manu », *Sacred Books of the East*, M. Müller (éd.), 50 vol., Oxford, Clarendon Press, vol. 25.

Calame-Graule Geneviève, 1985, *Ethnologie et langage. La parole chez les Dogon*, Paris Gallimard.

Carrier Achsah, 1981, « Counting and Calculation on Ponam Island », *The Journal of the Polynesian Society* 90 (4), p. 465-480.

Caruana Wally, 1994, *L'art des aborigènes d'Australie*, trad. L. Bessière, Paris Thames & Hudson.

Cauty André, *Travaux*, site www.math.ens.fr/culturemath, consulté le 6/05/2016.

Caveing Maurice, 1997, *La figure et le nombre. Recherches sur les premières mathématiques des Grecs*, Lille Presses Universitaires du Septentrion.

Caveing Maurice, 1998, *L'irrationalité dans les mathématiques grecques jusqu'à Euclide*, Lille Presses universitaires du Septentrion.

Caveing Maurice, 2004, *Le problème des objets dans la pensée mathématique*, Paris Vrin.

Chemiller Marc, 2007, *Les mathématiques naturelles*, Paris Odile Jacob.

Chollot-Varagnac Marthe, 1980, *Les origines du graphisme symbolique. Essai d'analyse des écritures primitives en préhistoire*, Paris Fondation Singer-Polignac.

Chouraqui André, 2007, *La Bible Chouraqui*, Paris Desclée de Brouwer.

Clagett Marshall, 1992, « Ancient Egyptian Science. Vol 1 : Knowledge and Order », *Ancient Egyptian Science. A Source Book*, 3 vol., Philadelphia American Philosophical Society.

Clagett Marshall, 1999, « Ancient Egyptian Mathematics », *Ancient Egyptian Science. A Source Book*, 3 vol., Philadelphia American Philosophical Society, vol. 3.

Clark Walter E., 1930, *The Aryabhatiya of Aryabhata. An Ancient Indian Work on Mathematics and Astronomy*, The University of Chicago Press.

Closs Michael P., 1990-a, « Native American Number Systems », *Native American Mathematics*, M. P. Closs (éd.), Austin University of Texas Press, p. 3-43.

Closs Michael P., 1990-b, « The Mathematical Notation of the Ancient Maya », *Native American Mathematics*, M. P. Closs (éd.), Austin University of Texas Press, p. 291-369.

Clottes Jean, 1995, *Les cavernes de Niaux. Art préhistorique en Ariège*, Paris Seuil.

Conant Levi L., 1896, *The Number Concept. Its Origin and Development*, London Macmillan.

Cornelissen Els, Jadin Ivan, Semal Patrick, 2007, « Ishango, a history of discoveries in the Democratic Republic of Congo and in Belgium », *Ishango, 22 000 and 50 years later : the cradle of mathematics ?*, D. Huylebrouck (éd.), Bruxelles Koninklijke Vlaamse Academie Van Belgie Voor Wetenschapen En Kunsten, p. 23-39.

Confucius, 2009, « Entretiens », *Philosophes confucianistes*, R. M. Charles Le Blanc (éd.), Paris Gallimard.

Couchoud Sylvia, 1993, *Mathématiques égyptiennes. Recherches sur les connaissances mathématiques de l'Égypte pharaonique*, Paris Le Léopard d'Or.

Cullen Christopher, 1996, *Astronomy and mathematics in ancient China : the Zhou bi suan jing*, Cambridge Cambridge University Press.

Dantzig Tobias, 1931, *Le nombre langage de la science*, trad. G. Cros, Paris Payot.

De Coppet Daniel, 1968, « Pour une étude des échanges cérémoniels en Mélanésie », *L'Homme* 8 (4), p. 45-57.

De Coppet Daniel, 1970, « 1,4,80 ; 9, 7. La monnaie : présence des morts et mesure du temps », *L'Homme* 10 (1), p. 17-39.

De Ganay Solange, 1949, « Notes sur la théodicée bambara », *Revue de l'histoire des religions* 135, p. 187-213.

Dehaene Stanislas, 2007, *Les neurones de la lecture*, Paris Odile Jacob.

Dehaene Stanislas, 2010-a, *La bosse des maths : quinze ans près*, Paris Odile Jacob.

Dehaene Stanislas, 2010-b, « Le cerveau calculateur », *Bulletin de l'APMEP* 488, p. 312-326.

Delahaye Jean-Paul, 2011, *Tout. Les rêves mathématiques d'une théorie ultime*, Paris Hermann.

Delattre Biencourt Joëlle (éd.), 2010, *Théon de Smyrne. Lire Platon. Le recours au savoir scientifique : arithmétique, musique, astronomie*, Toulouse Anacharsis.

Descola Philippe, 1986, *La nature domestique. Symbolisme et praxis dans l'écologie des Achuar*, Paris éditions de la Maison des Sciences de l'Homme.

Descola Philippe, 2005, *Par delà nature et culture*, Paris Gallimard.

Descola Philippe, 2006 (1993), *Les lances du crépuscule*, Paris Plon.

Dieterlen Germaine, 1952, « La classification des végétaux chez les Dogon », *Journal des africanistes* 22 (1), p. 115-118.

Dieterlen Germaine, 1956, « Parenté et mariage chez les Dogon », *Africa* 26-2, p. 107-147.

Dieterlen Germaine, 1988, *Essai sur la religion bambara*, Bruxelles Éditions de l'université de Bruxelles.

Dieterlen Germaine, Cissé Youssouf, 1972, *Les fondements de la société initiatique du Komo*, Paris Mouton.

Dixon Roland B., Kroeber Alfred L., 1907, « Numeral Systems of the Languages of California », *American Anthropologist* 9 (4), p. 663-690.

Dreyer Günter, 1998, *Umm El-Qaab I. Das prädynastische Königsgrab U-j und seine frühen Schriftzeugnisse*, Darmstadt Verlag Philipp von Zabern.

Drucker Philip, 1951, « The Northern and Central Nootkan Tribes », *Bulletin of the Bureau of American Ethnology* 144, Washigton Government Printing Office.

Dumont Jean Paul, Delattre Daniel, Poirier Jean-Louis (éd.), 1988, *Les présocratiques*, Paris, Gallimard.

Durkheim Émile, Mauss Marcel, 1969, « De quelques formes primitives de classification », *Œuvres de Marcel Mauss*, 3 vol., Paris éditions de Minuit, vol. 2, p. 13-89.

Eggeling Julius (trad.), 1882, *The Satapatha Brahmana according to the text of the Mâdhyandina school*, Sacred Books of the East, Max Müller (éd.), 50 vol., OxfordClarendon Press, vol. 12.

Euclide, [IVe-IIIe s. av. J.-C.] 1990, *Les Éléments. Volume 1. Introduction générale, livres I à IV*, trad. B. Vitrac, Paris PUF.

Euclide, [IVe-IIIe s. av. J.-C.] 1994, *Les Éléments. Volume 2. Livres V à IX*, trad. B. Vitrac, Paris PUF.

Faulkner Raymond O., 1969, *The Ancient Egyptian Pyramid Texts*, Oxford Clarendon Press.

Fletcher Alice C., La Flesche Francis, 1911, « The Omaha Tribe », *27th Annual Report of the Bureau of American Ethnology to the Secretary of the Smithsonian Institution (1905-1906)*, Washington Government Printing Office.

Fourché Tiarko Auguste, Morlighem Henri Dominique, 1973, *Une bible noire. Cosmogonie Bantu*, Bruxelles Max Arnold.

Fowler David, Robson Eleanor, 1998, « Square Root Approximation in Old Babylonian Mathematics. YBC 7289 in Context », *Historia Mathematica* 25, p. 336-378.

Fraenkel Abraham A., 1976, *Abstract Set Theory*, Amsterdam North-Holland.

Fraenkel Abraham A., Bar-Hillel Yehoshua, Levy Azriel, 1973, *Foundations of Set Theory*, Amsterdam North-Holland.

Franklin Karl, Franklin Joyce, 1962, « The Kewa Counting System », *Journal of the Polynesian Society* 71 (2), p. 188-191.

Frazer James G., 1924, *Le folklore dans l'ancien testament*, trad. Émile Audra, Paris Geuthner.

Frege Gottlob, [1884]1969, *Les fondements de l'arithmétique*, trad. Claude Imbert, Paris Seuil.

Frege Gottlob, [1894]1971, « Compte rendu de *Philosophie der Arithmetik I* de E. G. Husserl », *Gottlob Frege. Écrits philosophiques et logiques*, Claude Imbert (éd.), Paris Seuil, p. 142-159.

Friberg Jöran, 2007, *A Remarkable Collection of Babylonian Mathematical Texts. Manuscripts in the Schøyen Collection Cuneiform Texts I*, New York Springer.

Frolov Boris A, 1968, « Aspects mathématiques dans l'art préhistorique », *Symposium international d'art préhistorique*, 1970, Valcamonica.

Frolov Boris A, 1979, « Comment on Alexander Marshack's paper », *Current Anthropology* 20 (3), p. 605-607.

Gelman Rochel, 1983, « Les bébés et le calcul », *La Recherche* 14, p. 1382-1389.

Gelman Rochel, Gallistel Charles R., 1978, *The child's Understanding of Number*, Cambridge, Massachusetts Harvard University Press.

Geoltrain Pierre, Kaestli Jean-Daniel (éd.), 2005, *Récits apocryphes chrétiens II*, Paris Gallimard.

Gillings Richard J., 1982, *Mathematics in the Time of the Pharaos*, New York Dover.

Glowczewski Barbara, 1991, *Du rêve à la loi chez les aborigènes.*, Paris PUF.

Godelier Maurice, 1959, « La "monnaie de sel" des Baruya de Nouvelle-Guinée », *L'Homme* 9 (2), p. 5-37.

Godelier Maurice, 1996-a, *La production des grands hommes. Pouvoir et domination masculine chez les Baruya de Nouvelle-Guinée.*, Paris Flammarion.

Godelier Maurice, 1996-b, *L'énigme du don*, Paris Fayard.

Graves Robert, 1967, *Les mythes grecs*, trad. Mounir Hafez, Paris Fayard.

Griaule Marcel, 1966, *Dieu d'eau. Entretiens avec Ogotemmeli*, Paris Fayard.

Griaule Marcel, Dieterlen Germaine, 1991, *Le renard pâle*, Paris Institut d'ethnologie.

Guthrie Kenneth S., 1987, *The Pythagorean Sourcebook and Library. An Anthology of Ancient Writings which Relate to Pythagoras and Pythagorean Philosophy*, Grand Rapids Phanes Press.

Haddon Alfred C., 1890, « The Ethnography of the Western Tribe of Torres Straits », *The Journal of the Anthropological Institute of Great Britain and Ireland* 19, p. 297-440.

Hall Alfred J., 1888, « A Grammar of the Kwakiutl Language », *Proceedings and Transactions of the Royal Society of Canada* 6 (2), p. 59-106.

Harris John, 1987, « Australian Aboriginal and Islander Mathematics », *Australian Aboriginal Studies* 2, p. 29-37.

Heath Thomas, 1981, *A History of Greek Mathematics*, 2 vol., New York Dover.

Heck Richard G., [1998] 2013, « Introduction au théorème de Frege », *Philosophie des mathématiques. Ontologie, vérité et fondements*, Sébastien Gandon, Ivahn Smadja (éd.), Paris Vrin, p. 241-280.

Hegel Georg W. F., [1830] 1979, *La science de la logique*, trad. Bernard Bourgeois, Paris Vrin.

Heinzelin de Braucourt Jean, 1962, « Ishango », *Scientific American* 206, p. 105-116.

Hérodote, [Ve s. av. J.-C.] 1964, L'Enquête, *Hérodote-Thucydide. Œuvres complètes*, Andrée Barguet (éd.), Paris Gallimard, p. 51-654.

Hésiode, [VIIIe s. av. J.-C.] 1999, La Théogonie, *Hésiode. La Théogonie, Les Travaux et les Jours et autres poèmes*, Philippe Brunet, Marie-Christine Leclerc (éd.), Paris Le Livre de Poche Classique.

Houzel Christian, 2007, « Qu'est-ce qu'un nombre ? », *Histoire des nombres*, Paris Tallandier.

Howitt Alfred W., 1904, *The native tribes of South-East Australia*, Londres Macmillan and Co.

Husserl Edmund, [1891] 1972, *Philosophie de l'arithmétique, recherches psychologiques et logiques*, Paris PUF.

Huylebrouck Dirk, 2005, « L'Afrique, berceau des mathématiques », *Dossier Pour la science*, vol. 47, p. 46-50.

Izard Véronique, Dehaene-Lambertz Ghislaine, Dehaene Stanislas, 2008, « Distinct Cerebral Pathways for Object Identity and Number in Human Infants », *PLoS Biology* 6 (2), p. 275-285.

Izard Véronique, Sann Coralie, Spelke Elizabeth S., Streri Arlette, 2009, « Newborn infants perceive abstract numbers », *Proceedings of the National Academy of Sciences of the United States of America* 106 (25), p. 10382-10385.

Jitsumori Masako, Delius Juan D., 2001, « Object Recognition and Object Categorization in Animals », *Primate Origins of Human Cognition and Behavior*, Tetsuro Matsuzawa (éd.), New York Springer, p. 269-293.

Johnson Samuel, 1921, *The History of the Yorubas*, Lagos, CMS Bookshops.

Keller Olivier, 2004, *Aux origines de la géométrie. Le Paléolithique et le monde des chasseurs-cueilleurs*, Paris Vuibert.

Keller Olivier, 2006, *La figure et le monde. Une archéologie de la géométrie. Peuples paysans sans écriture et premières civilisations*, Paris Vuibert.

Keller Olivier, 2010, *Les fables d'Ishango, ou l'irrésisitible tentation de la mathématique-fiction*, www.bibnum.education.fr. consulté le 6/05/2016.

Krachun Carla, 2002, « Numerical Competence in Non-Human Primates : A Review of Indicators », *Carleton University Coognitive Science Technical Report* 11.

Kroeber Alfred L., 1925, « Handbook of the Indians of California », *Bulletin 78 of the Bureau of American Ethnology* (78), Washington Government Printing Office.

La Bible de Jérusalem, 1979, Paris Éditions du Cerf.

La Flesche Francis, 1921, « The Osage Tribe. Rite of the Chiefs ; Sayings of the Ancient Men », *36th Report of the Bureau of American Ethnology (1914-1914)*, Washington Government Printing Office.

La Flesche Francis, 1925, « The Osage Tribe. The Rite of the Vigil », *39th Report of the Bureau of American Ethnology (1917-1918)*, Washington Government Printing Office.

La Flesche Francis, 1928, « The Osage Tribe. Two Versions of the Child-Naming Rite », *43th Annual Report of the Bureau of American Ethnology (1925-1926)*, Washington Government Printing Office.

Lancry David, Strathern Andrew, 1981, « Making Twos. Pairing as an Alternative to the Taxonomic Mode of Representation », *American Anthropologist* 83, p. 773-795.

Lao-Tseu, [VIe-Ve s. av. J.-C. ?] 1967, « Tao-tö king », *Les philosophes taoïstes. Lao-tseu, Tchouang-tseu, Lie-tseu*, Étiemble (éd.), Paris Gallimard, p. 3-84.

Lean Glendon A. 1992. *Counting Systems of Papua New Guinea and Oceania*, University of Technology of Papua New Guinea.

Lebesgue Henri, 1975, *Sur la mesure des grandeurs*, Paris Blanchard.

Leenhardt Maurice, 1930, *Notes d'ethnologie néo-calédonienne*, Paris Institut d'Ethnologie.

Leenhardt Maurice, [1947] 1971, *Do Kamo. La personne et le mythe dans le monde mélanésien*, Paris Gallimard.

Leguy Cécile, 2005, « Noms de personne et expression des ambitions matrimoniales chez les Bwa du Mali », *Journal des africanistes* 75 (2).

Leibniz Gottfried W., [1765] 1990, *Nouveaux essais sur l'entendement humain*, Paris GF-Flammarion.

Leibniz Gottfried W., [1686] 2001, « Discours de métaphysique », *Discours de métaphysique et autres textes*, Christiane Frémont (éd.), Paris GF-Flammarion.

Leroi-Gourhan André, 1964, *Le geste et la parole. Technique et langage*, Paris Albin Michel.

Leroy Olivier, 1927, *La raison primitive, essai de réfutation de la théorie du prélogisme*, Paris Paul Geuthner.

Lessa William E., 1959, « Divination from Knots in the Carolines », *Journal of the Polynesian Society* 68-3, p. 188-204.

Lévi-Strauss Claude, 1967, *Structures élémentaires de la parenté*, Paris Mouton.

Lévi-Strauss Claude, [1952, 1971] 2001, *Race et histoire. Race et culture*, Paris Albin Michel.

Lévi-Strauss Claude, [1962] 2008-a, « La pensée sauvage », *Œuvres*, Vincent Debaene, Marie Mauzé, Martin Rueff (éd.), Paris Gallimard, p. 555-872.

Lévi-Strauss Claude, [1962] 2008-b, « Le totémisme aujourd'hui », *Œuvres*, F. K. Vincent Debaene, Marie Mauzé, Martin Rueff (éd.), Paris Gallimard, p. 449-551.

Lévy-Bruhl Lucien, 1910, *Les fonctions mentales dans les sociétés inférieures*, Paris Alcan.

Loeb Edwin M., 1926, « Pomo Folkways », *University of California Publications in American Archeology and Ethnology* 19 (2), p. 149-405.

Malinowski Bronislaw, 1963, *Les Argonautes du Pacifique occidental*, trad. André et Simone Devyver, Paris Gallimard.

Malinowski Bronislaw, 1974, *Les jardins de corail*, trad. P. Clinquart, Paris Maspero.

Mallery Garrick, 1972, *Picture-Writing of the American Indians*, 2 vol., New York Dover.

Man Edward, 1883, « On the Aboriginal Inhabitants of the Andaman Islands. Part I », *The Journal of the Anthropological Institute of Great Britain and Ireland* 12, p. 69-116.

Marshack Alexander, 1972, *Les racines de la civilisation*, Paris Plon.

Matsuzawa Tetsuro, 1985, « Use of Numbers by a Chimpanzee », *Nature* 315, p. 57-59.

Matsuzawa Tetsuro, 2001, « Use of numerical symbols by the chimpanzee (Pan troglodytes) : Cardinals, Ordinals and the introduction of zero », *Animal Cognition* 4, p. 193-199.

Maupoil B., 1943, *La géomancie à l'ancienne côte des esclaves*, Paris Institut d'ethnologie.

Mauss Marcel, [1923-1924] 2009, « Essai sur le don. Forme et raison de l'échange dans les sociétés archaïques », *Sociologie et anthropologie*, Paris PUF, p. 245-279.

Menninger Karl, 1977, *Number Words and Number Symbols. A cultural history of numbers*, Londres M.I.T. Press.

Mimica Jadran, 1988, *Intimations of Infinity. The Cultural Meaning of the Iqwaye counting and Number*, Oxford Berg.

Mitchell Donald, 1984, « Predatory Warfare, Social Status, and the North Pacific Slave Trade », *Ethnology* 23, p. 39-48.

Moret Alexandre, 1902, *Du caractère religieux de la royauté pharaonique*, Paris Ernest Leroux.

Müller Max (trad.), 1884, « The Upanishads », *Sacred Books of the East*, 50 vol., Max Müller (éd.), Oxford Clarendon Press, vol. 1 et 15.

Nilsson Martin P., 1920, *Primitive Time-Reckoning. A Study in the Origins and First Development of the Art of Counting Time among the Primitive and Early Culture Peoples*, Lund C.W.K. Gleerup.

Nissen Hans J., Damerow Peter, Englund Robert K., 1993, *Archaic Bookkeeping. Early Writing and Techniques of Economic Administration in the Ancient Near East*, Chicago The University of Chicago Press.

O'Bryan Aileen, [1956] 1993, *Navaho Indian Myths*, New York Dover.

Opler Morris Edward, [1938] 1994, *Myths and tales of the Jicarilla Apache Indians*, New York Dover.

Peano Giuseppe, [1889] 1981, « The principles of arithmetic presented by a new method », *A Source Book in Mathematical Logic, 1879-1931*, Jean van Heijenoort (éd.), Harvard University Press, p. 83-97.

Pétrequin Pierre et Anne-Marie, 1993, *Écologie d'un outil : la hache de pierre en Irian Jaya*, Paris, CNRS Éditions.

Piddock Staurt, 1965, « The Potlatch System of the Southern Kwakiutl : A New Perspective », *Southwestern Journal of Anthropology* 21 (3), p. 244-264.

Piette Édouard, 1896, « Les galets coloriés du Mas d'Azil », *L'Anthropologie*, vol. VII-3, p. 385-427.

Plester Vladimir, Huylebrouck Dirk, 2007, « An Interpretation of the Ishango Rods », *Ishango, 22000 and 50 years later : the cradle of mathematics ?*, Dirk Huylebrouck (éd.), Bruxelles Koninklijke Vlaamse Academie Van Belgie Voor Wetenschapen En Kunsten, p. 139-170.

Powers William K., 1994, *La religion des Sioux Oglala*, trad. Marie-Alix Solages, Monaco Éditions du Rocher.

Proust Christine, 2008, « Quantifier et calculer : usage des nombres à Nippur », *Revue d'Histoire des Mathématiques* 14 (2), p. 143-209.

Rabedimy Jean-François, Razafindehibe Etienne, 2011-2012, *La divination au quotidien : le sikidy et ses formes symboliques*, Université Toamasina, Madagascar.

Reichel-Dolmatoff Gerard, 1973 (1968), *Desana. Le symbolisme universel des Indiens Tukano du Vaupès*, trad. Carmen Bernaud, Paris Gallimard.

Renou Louis, 1956, *Hymnes spéculatifs du Véda. Traduits du sanskrit et annotés par Louis Renou*, Paris Gallimard.

Robson Eleanor, 2008, *Mathematics in Acient Iraq. A Social History*, Princeton University Press.

Rosendal Simon W., 1895, « The Involution of Wampum as Currency. The Story Told by the Colonial Ordinances of New Netherland, 1641-1662 », *New York Times*, 28 juillet 1895.

Rousseau Jean-Jacques, 1992, « Discours sur l'origine et les fondements de l'inégalité parmi les hommes », *Rousseau. Discours sur l'origine et les fondements de l'inégalité parmi les hommes. Discours sur les sciences et les arts*, Jacques Roger (éd.), Paris GF Flammarion, p. 145-257.

Sahagun Bernardino (de), [XVIᵉ s.] 1981, *Histoire générale des choses de la Nouvelle Espagne*, Paris Maspéro.

Sahlins Marshall, 1976, *Âge de pierre, âge d'abondance*, Paris Gallimard.

Sauneron Serge, Yoyotte Jean, 1959, « La naissance du monde selon l'Égypte ancienne », *La naissance du monde*, Maurice Lambert, Paul Garelli (éd.), Paris Seuil, p. 7-91.

Saxe Geoffrey B., 2012, *Cultural Development of Mathematical Ideas*, Cambridge University Press.

Schmandt-Besserat Denise, 1996, *How writing came about*, Austin University of Texas Press.

Smith Goeff, 1978, « Counting and Classification on Kiwai Island », *Papua New Guinea Journal of Mathematics Computing and Education* 14, p. 53-68.

Soustelle Jacques, 1967, *Les quatre soleils*, Paris Plon.

Spencer Baldwin, 1914, *Native tribes of the Northern Territory of Australia*, Londres Macmillan and Cᵒ.

Spencer Baldwin, Gillen Francis J., 1899, *The Native Tribes of Central Australia*, Londres, Macmillan and Cᵒ.

Spencer Baldwin, Gillen Francis J., 1927, *The Arunta. A Study of a Stone Age People*, London, Macmillan and Cᵒ.

Strathern Andrew, 1977, « Mathematics in the Moka », *Papua New Guinea Journal of Education* 13 (1), p. 16-20.

Talayesva Don C., [1959] 1982, *Soleil Hopi*, Paris Plon.

Tallet Pierre, 2014, « Des papyrus du temps de Chéops au ouadi el-Jarf », *Bulletin de la société française d'égyptologie* 118, p. 25-49.

Tannery Paul, 1915, *Mémoires scientifiques T3*, Paris Gauthiers-Villars.

Tedlock Barbara, 1992, *Time and the Highland Maya*, University of New Mexico Press.

Tedlock Dennis, 1985, *Popol Vuh. The Mayan Book of the Dawn of Life*, New-York Simon & Schuster.

Tempels Placide, 1948, *La philosophie bantoue*, trad. Antoine Rubbens, Paris Présence africaine.

Tylor Edward B., 1876-1878, *La civilisation primitive*, Paris C. Reinwald.

Urton Gary, 1997, *The Social Life of Numbers. A Quechua Ontology of Numbers and Philosophy of Arithmetic*, Austin University of Texas Press.

Van der Waerden Bartel L., 1983, *Geometry and Algebra in Ancient Civilizations*, Berlin Springer.

Varenne Jean, 1967, *Mythes et légendes extraits des Brahmanas. Traduit, introduit et annoté par Jean Varenne*, Paris Gallimard.

Varenne Jean, 1971, *Upanishads du Yoga*, Paris Gallimard.

Varenne Jean, 1981, *Sept Upanishads. Traduction commentée précédée d'une introduction générale aux Upanishads*, Paris Éditions du Seuil.

Varenne Jean, 1984, *Le Veda. Textes réunis, traduits et présentés sous la direction de Jean Varenne*, Paris Les Deux Océans.

Vauclair Jacques, 2000, « Connaissances protonumériques chez le primate et le jeune enfant », *Neuropsychologie des troubles du calcul et du traitement des nombres*, Xavier Seron, Mauro Pesenti (éd.), Marseille Solal.

Vernant Jean-Pierre, 1973, « La personne dans la religion grecque », *Problème de la personne. Exposés et discussions réunis et introduits par Ignace Meyerson*, Ignace Meyerson (éd.), Paris, Mouton, p. 23-37.

Walker James R., 1917, « The Sun Dance and other Ceremonies of the Oglala Division of the Teton Dakota », *Anthropological papers of the American Museum of Natural History*, vol. 16 Part II.

Wilhelm Richard, 1973, *Yi King*, Paris Librairie de Médicis.

Wolfers Edward, 1969, « Do New Guineans Count ? », *Institute of Current World Affairs Newsletter* 18.

Wynn Karen, 1992, « Addition and substraction by human infants », *Nature* 358, p. 749-750.

Xu Fei, Spelke Elizabeth S., Goddart Sydney, 2005, « Number sense in human infants », *Development Science* 8 (1), p. 88-101.

Zahan Dominique, 1950, « Pictographic Writing in the Western Sudan », *Man* 50, p. 136-138.

Zaslavsky Claudia, 1973, *Africa Counts*, Boston Prindle, Weber and Schmidt.

INDEX

collection-type : 17-18, 143, 153, 177, 179
Conant, Levi L. : 140, 187, 190, 195
Coppet, Daniel de : 148
Couchoud, Sylvia : 209

Dakota (Amérique du Nord) : 116
décade : 140, 264-266, 268-269, 276
Dehaene, Stanislas : 285, 287-288, 291, 295-298
Démocrite d'Abdère : 74, 302
Desana (Amérique du Sud) : 81
Descola, Philippe : 75, 78, 146, 305
Dieri (Australie) : 45
Dieterlen, Germaine : 41, 52, 63, 104-106, 172
Diogène Laërce : 277
Dixon, Roland B. : 162, 164-166, 188-190
Dogon (Afrique) : 52, 63-64, 78, 83-85, 103, 172, 184, 191, 302
doigt (unité) : 17-20, 70, 141-143, 155, 167-171, 176-197, 200, 202-204, 208-209, 257-258
dyade, dualité : 96, 108, 110, 127, 129, 224, 240, 242, 247, 249

Éléments : voir Euclide d'Alexandrie
encoche : 8, 17, 21-25, 27, 29-30, 32, 133-137, 140-141, 150, 153, 166, 176, 180-181, 194
Engels, Friedrich : 305
ennéade : 90-91, 99, 129
Euclide d'Alexandrie : 8-9, 219, 221-223, 225, 227-233, 251, 263, 272-273, 275-276, 281-282, 314-316
Eudoxe de Cnide : 276
Eurytos : 262

Fang (Afrique) : 42
Festugière, André-Jean : 95
Fon (Afrique) : 242
Fraenkel, Abraham A. : 15, 308
Frazer, James G. : 237, 239
Frege, Gottlob : 14, 307-308, 310, 316-318, 323-324

Frolov, Boris : 25

Galla (Afrique) : 237
genèse : voir mythes de création
Gillen, Francis J. : 43-44, 57, 81
Glowczewski, Barbara : 41, 46, 56, 133
Godelier, Maurice : 77, 144, 147-149
Guénon, René : 303

Haddon, Alfred C. : 169, 171
Haida (Amérique du Nord) : 48, 157-158
Hébreux : 78, 95
Hegel, Georg W. F. : 11, 315
Heinzelin, Jean de : 24-25
heptade : 127, 129-132
Héraclite : 261
Hésiode : 83, 117, 119, 121, 303
hexade : 127, 130-132
Hippocrate de Chio : 277
Hippon de Métaponte : 262-263, 265
homme (pour vingt) : voir personne
Hopi (Amérique du Nord) : 42, 49, 69, 114, 131, 135, 150
Hottentot (Afrique) : 238
Houzel, Christian : 16
Howitt, Alfred W. : 28-30, 48-49, 133, 147, 167-168
Hunt, George : 156
Husserl, Edmund : 318
Huylebrouck, Dirk : 23-25

Iatmul (Mélanésie) : 64
Igbo (Afrique) : 192, 239
Ion de Chio : 263
Iqwaye (Papouasie-Nouvelle-Guinée) : 70, 82, 141-143, 171, 181, 184, 187
Irénée (Saint) : 121, 267
Ishango (bâton ou os de ; Afrique) : 23-25

Jamblique de Chalcis : 267-268, 270, 279
Jicarilla (Amérique du Nord) : 82, 85, 103, 116-117, 121
Johnson, Samuel : 26, 192, 195-196

TABLE DES ILLUSTRATIONS

TABLE DES MATIÈRES